油气长输管道风险辨识与评价方法

成素凡　黄　鑫　等编著

石油工业出版社

内容提要

本书结合油气长输管道现场实际，筛选了 28 种常用的风险评价方法，简要地介绍了风险评价方法的特点、适用范围、评价步骤、应用实例和参考资料等内容，实用性较强，可以为从事风险管理的人员在提升风险识别能力、分析能力、评价能力和控制措施等方面提供帮助。本书适用于油气长输管道企业管理人员、技术人员和操作员工使用，也可作为企业 HSE 培训教材和工具书。

图书在版编目（CIP）数据

油气长输管道风险辨识与评价方法 / 成素凡等编著 .

—北京：石油工业出版社，2017.12

ISBN 978-7-5183-2281-7

Ⅰ.① 油… Ⅱ.① 成… Ⅲ.① 油气运输 – 长输管道 –

风险管理 Ⅳ.① TE973

中国版本图书馆 CIP 数据核字（2017）第 285066 号

出版发行：石油工业出版社

（北京安定门外安华里 2 区 1 号　100011）

网　址：www.petropub.com

编辑部：（010）64523550　　图书营销中心：（010）64523633

经　　销：全国新华书店

印　　刷：保定彩虹印刷有限公司

2017 年 12 月第 1 版　2017 年 12 月第 1 次印刷

787×1092 毫米　开本：1/16　印张：18.75

字数：400 千字

定价：75.00 元

我国当前和今后一个时期,经济将继续保持中高速增长,产业将迈向中高端水平,油气消费总量刚性增长,清洁能源需求依然旺盛,油气管道行业发展空间巨大、前景广阔。2015年,随着全球经济整体增速放缓,全球油气行业发展受到供需失衡及国际局势影响,油价大幅下落,油气储运行业投资整体下降,其高成本油气勘探开发项目投资逐步减少。从发展趋势来看,管道输送仍然是能源企业发展方向之一。但是随着管道使用年限的增长,风险发生概率不可避免地有所提高,同时新《中华人民共和国安全生产法》和《中华人民共和国环境保护法》、《中华人民共和国特种设备安全法》等法律法规要求的颁布实施,工程项目监管趋严,地方利益诉求多元,管道沿线城镇化进程加快,地区等级升级频繁,管道检测与评价技术能力不足,水工保护等管道防护设施前期投入不够,快速建设期留下的工程质量缺陷和隐患逐步显现,管道安全运行面临巨大压力。

中国石油的管道业务历经多年快速高效发展,在资源、规模和人才等方面优势突出,在国内管输市场中占据主导地位,积累了丰富的风险管理经验,因此借由本书向广大油气储运企业员工推广介绍适用于中国石油管道公司现场应用积累筛选出的风险评价方法,并以应用实例指导油气储运企业员工应用最适合的风险评价方法来识别、控制生产运行过程中的风险。

风险评价经历了从事故事件的统计分析,到安全评价,再到风险评价的近90年的发展历程,对风险的研究仍在不断地探索之中。从系统论的观点出发,当系统的稳定性受到危险有害因素的干扰时,系统的平衡受到搅动,会走向新的平衡。如果没有有效地控制系统的干扰性因素的变化,系统一旦发生质的变化就有可能是原有系统原貌的改变。因此,长期以来,对系统危险有害因素的识别和评价一直是系统、工程安全的关注焦点。系统、工程的防灾能力建设像是矛盾共同体中的盾一样，也一直是在基于风险的研究中完善。

　　本书第一章由成素凡、黄鑫、黄翼鹏、郑贤斌、陶建中、徐菊芳编写；第二章由成素凡、黄鑫、黄翼鹏、郑贤斌、陶建中、邹军装、张亚灵、成元灵、屈静、洪娜、罗钦、刘素艳编写；第三章由成素凡、黄鑫、郑贤斌、赵孝峰、郑登锋、奚占东、洪娜、刘永奇、张杰、李柯江、屈静编写；第四章由成素凡、黄鑫、黄翼鹏、王芳、罗钦、成元灵、罗旭、王雯娟、周化刚、张楠、刘永奇、胡鸿编写；第五章由成素凡、黄鑫、黄翼鹏、邹军装、刘素艳编写；第六章由成素凡、黄鑫、黄翼鹏、郑贤斌、李柯江、罗欢、张楠、王宇、刘裕伟编写。全书由成素凡、黄鑫统稿。

　　为了给从事风险管理的人员在提升自我风险识别能力、分析能力、评价能力和控制措施编制能力方面提供一些帮助，本书结合现场风险评价中广泛应用的风险评价方法，筛选了28种风险评价方法，简要地介绍了方法的原理、适用范围、参数取值、应用实例和参考标准等内容，实用性强，可作为教材和工具书使用。

目录

第一章　风险评价概述

风险可以说成是事故前的临界状态,又是危险有害因素发生渐变到可能伤害周边人、机、环等状态的前奏。为了实现对危险有害因素和风险事件的有效控制,全世界各行业的人们都在力求找到更为有效的途径和方法,力求更加全方位、全过程、多视觉地洞悉风险的生成、发展和危害需要保护的人、机、环系统,实现世间万事万物的和谐相处。

风险评价是利用安全系统工程理论和方法对拟建或已有系统、工程可能存在的风险性及其可能产生的后果进行综合评价和预测,并根据可能导致的风险事故的大小,提出相应的安全对策措施,以期达到系统、工程稳定和可控的过程。风险评价应贯穿于系统、工程的设计、建设、运行和处置整个生命周期的各个阶段。对系统、工程进行风险评价既是国家安全监督管理的需要,也是企业、生产经营单位搞好安全生产的重要保证。

第一节　风险评价的由来

一、风险评价在国外的发展历程

风险评价起源于 20 世纪 30 年代,西方从研究保险业的担保风险等经济领域的风险防控发展到应用于安全环保风险的防控,从不同的领域、不同的防控对象的研究,寻找了大量的评价理论、方法和应用技术,到 1962 年 4 月,美国公布了第一个关于系统安全说明书《空军弹道导弹系统安全工程》,以此作为与民兵式导弹计划有关的承包商提出的系统安全要求,这就是系统安全理论的首次实际应用。

系统安全工程理论和技术的发展与应用,为进行事故预测预防系统风险评价奠定了科学的基础,风险评价的现实作用促进了许多国家政府、工业企业集团加强对风险评价的研究,开发自己的评价方法。1964 年,美国道化学公司编制了"火灾、爆炸危险指数法",1974年英国帝国化学公司在道化学法的基础上,引入毒性概念,发展了某些补充系数,形成了"蒙德火灾爆炸毒性指数评价法"等。

从 20 世纪 70 年代开始,安全环保风险管理一直是海外油气公司研究的重要内容,到80 年代末 90 年代初,各种独立的石油管道风险管理理论研究和试验逐步得到了系统化发展,形成了较为系统的理论和方法。美国从 20 世纪 70 年代开始进行油气管道风险分析方面的研究工作,其中,1985 年美国 Battelle Columbus 研究院发表了《风险调查指南》,在管道风险分析方面运用了评分法。1992 年美国 W.Kent Muhlbauer 出版专著《管道风险管理手册》，同年美国 WKM 咨询公司总裁 W. Kent Muhlbauer 在《管道风险管理手册》中详细论述了管道风险评价模型和各种评价方法，将风险因素作为了管道风险的评价指标，这是美国在前 20 年开展管道风险评价技术研究工作的成果总结，被世界各国普遍接受并采用。20 世纪 90 年代初期美国的许多油气输送管道都采用了风险管理技术来指导线路维护工作。21 世纪，国际上开始将标准的理念引入了风险管理，2000 年 10 月，国际标准化组织又发布了 ISO 17776：2000《石油和天然气工业海上开采装置危险识别和风险评估用方法和技术导则》，专门指明该标准适用于管道输送企业，该套规范给出了危险识别、风险评估和风险管理方法和技术，并以全生命周期的形式给出各个阶段风险评估内容和危险检查清单。

二、风险评价在我国的发展历程

从 20 世纪 80 年代初期，我国开始引入安全检查表、故障树分析、事件树分析、预先危险分析、故障模型及影响分析、危险可操作性研究、火灾爆炸指数评价法、人的可靠性分析等系统安全分析方法和危险评价方法以来，机械、化工、石化、冶金等工业领域先后研究和开发了适用于各自行业的风险评价方法或标准，在许多企业得到了推广应用，促进了我国安全管理的科学化。2005 年，刘铁民等编著的《安全评价方法应用指南》推出了评价方法 52 种，2011 年，在国际标准 ISO 31010 的基础上编制了 GB/T 27921《风险管理 风险评估技术》推出了评价方法 33 种，进一步丰富了风险评价的方法。

实践证明，通过风险评价可以掌握企业安全生产状态，明确安全整改项目，提升安全整改目标，提高设备、设施的本质安全水平和安全管理水平，实现安全与生产的同步发展，使安全生产工作真正转移到预防为主的轨道上来。

风险评价就是对工业生产企业的危险源进行辨识和评估。危险源是指导致事故的潜在的不安全因素。危险源的危险性评价包括对危险源自身危险性的评价及对危险源危害程度的评价两个方面。危险源的危害程度与对危险源的控制效果有关。对危险源自身危险性的评价包括确认危险源和来自危险源的危险性。

罗韦（W.D.Rowe）在《危险性分析》中阐述危险性评价包括确认危险性和评价危险程度两个方面（图 1-1）。危险性确认在于辨识危险源和量化来自危险源的危险性。虽然定性辨识只能概略地区别危险源的危险程度，当然，这也是必要的。要更为精确地明确事故发生概率的大小及后果严重程度，则需要进行定量辨识。借助于一些数学方法，可以将定性辨识转变为定量辨识，从而提高定性辨识的精确度。将反复校核过的危险性定量结果与允许界限进行比较，以确认危险程度。采取控制措施后仍然存在危险源的危险性再进行评价，以确认危险是否可以接受。

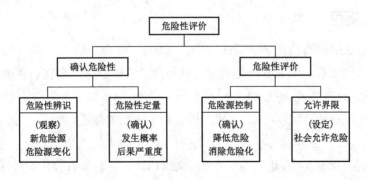

图 1-1 《危险性分析》一书中危险性评价原理图

第二节 风险评价原理

一、因果关系

有因才有果,这是事物发展变化的规律。事物的原因和结果之间存在着类似函数一样的密切关系。若研究、分析各个系统之间的依存关系和影响程度就可以探求其变化的特征和规律,并可以预测其未来状态的发展变化趋势。

事故和导致事故发生的各种原因(危险因素)之间存在着相关关系,表现为依存关系和因果关系;危险因素是原因,事故是结果,事故的发生是由许多因素综合作用的结果。分析各因素的特征、变化规律、影响事故发生和事故后果的程度以及从原因到结果的途径,揭示其内在联系和相关程度,才能在评价中得出正确的分析结论,采取恰当的对策措施。例如,可燃气体泄漏爆炸事故是由可燃气体泄漏,与空气混合达到爆炸极限和存在引燃能源三个因素综合作用的结果,而这三个因素又是设计失误、设备故障、安全装置失效、操作失误、环境不良、管理不当等一系列因素造成的,爆炸后果的严重程度又和可燃气体的性质(闪点、燃点、燃烧速度、燃烧热值等)、可燃性气体的爆炸量及空间密闭程度等因素有着密切的关系,在评价中需要分析这些因素的因果关系和相互影响程度,并定量地加以评述。

事故的因果关系是:事故的发生有其原因因素,而且往往不是由单一原因因素造成的,而是由若干个原因因素耦合在一起,当出现符合事故发生的充分与必要条件时,事故就必然会立即发生;多一个原因因素不需要,少一个原因因素事故就不会发生。而每一个原因因素又由若干个二次原因因素构成;依次类推三次原因因素,……。

消除一次、二次、三次,……原因因素,破坏发生事故的充分与必要条件,事故就不会产生,这就是采取技术、管理、教育等方面的安全对策措施的理论依据。

在评价系统中,找出事故发展过程中的相互关系,借鉴历史、同类情况的数据、典型案例等,建立起接近真实情况的数学模型,则评价会取得较好的效果,而且越接近真实情况,效果越好,评价得越准确。

二、相关原理

生产技术系统结构的特征和事故的因果关系是相关原理的基础。相关是两种或多种客观现象之间的依存关系。相关分析是对因变量和自变量的依存关系密切程度的分析。通过相关分析，人们透过错综复杂的现象，测定其相关程度，提示其内在联系。系统危险性通常不能透过试验进行分析，但可以另一事故发展过程中的相关性进行评价。系统与子系统、系统与要素、要素与要素之间都存在相互制约、相互联系的相关关系。只有透过相关分析，才能找出它们之间的相关关系，正确地建立相关数学模型，进而对系统危险性做出客观、正确的评价。

系统的合理结构可以用以下式（1-1）、式（1-2）来表示：

$$E = \max F(X, R, C) \tag{1-1}$$

$$S_{opt} = \max\{S|E\} \tag{1-2}$$

式中　X——系统组成要素集；

　　　R——系统组成要素的相关关系集；

　　　C——需要组成要素的相关关系分布形式；

　　　F——X, R, C 的结合效果函数；

　　　S——系统结构的各个阶层。

对于系统危险性评价来说，就是寻求 X, R, C 的最合理结合形式，即具有最优结合效果 E 的系统结构形式，即在条件下保证安全的最佳系统。

效果与案例对于深入研究评价对象与相关事物的关系，对评价对象所处环境进行全面分析具有指导意义，它是因果评价的方法基础。

三、类推评价原理

"类推"亦称"类比"。类推推理是人们经常使用的一种逻辑思维方法，常用来作为推出一种新知识的方法。它是根据两个或两类对象之间存在着某些相同或相似的属性，从一个已知对象还具有某个属性来推出另一个对象具有此种属性的一种推理。它在人们认识世界和改造世界的活动中，有着非常重要的作用，在安全生产风险评价中同样也有着特殊的意义和重要的作用。

其基本模式为：

若 A、B 表示两个不同对象，A 有属性 $P_1, P_2, \cdots\cdots, P_m, P_n$，$B$ 有属性 $P_1, P_2, \cdots\cdots, P_m$，则对象 A 与 B 的推理可用如下公式表示：

A 有属性 $P_1, P_2, \cdots\cdots, P_m, P_n$；

B 有属性 $P_1, P_2, \cdots\cdots, P_m$；

所以，B 也有属性 $P_n（n > m）$。

类比推理的结论是或然性的。所以，在应用时要注意提高其结论可靠性，方法有：

（1）要尽量多地列举两个或两类对象所共有或共缺的属性。

（2）两个类比对象所共有或共缺的属性越本质，则推出的结论越可靠。

（3）两个类比对象共有或共缺的对象与类推的属性之间具有本质和必然的联系，则推出结论的可靠性就高。

类比推理常常被人们用来类比同类装置或类似装置的职业安全的经验、教训，采取相应的对策措施防患于未然，实现安全生产。

四、概率推断原理

系统事故的发生是一个随机事件，任何随机事件的发生都有其特定的规律，其发生规律是一客观存在的定值。所以，可以用概率来预测现在和未来系统发生事故的可能性大小，以此来评价系统的危险性。

概率是指某一事件发生的可能性大小。事故的发生是一种随机事件；任何随机事件，在一定条件下是否发生是没有规律的，但其发生概率是一客观存在的定值。因此，根据有限的实际统计资料，采用概率论和数理统计方法可求出随机事件出现各种状态的概率。可以用概率值来预测未来系统发生事故可能性的大小，以此来衡量系统危险性的大小、安全程度的高低。

五、惯性原理

任何系统的发展变化都与其历史行为密切相关。历史行为不仅影响现在，而且还会影响到将来，即系统的发展具有延续性，该特性称为惯性。惯性表现为趋势外推，并以趋势外延推测其未来状态。利用系统发展具有惯性这一特征进行评价通常要以系统的稳定性为前提。但由于系统的复杂性，绝对稳定的系统是不存在的。

任何事物在其发展过程中，从其过去到现在以及延伸至将来，都具有一定的延续性，这种延续性称为惯性。

利用惯性可以研究事物或一个评价系统的未来发展趋势。如从一个单位过去的安全生产状况、事故统计资料找出安全生产及事故发展变化趋势，以推测其未来安全状态。

利用惯性原理进行评价时应注意以下两点：

（1）惯性的大小。

惯性越大，影响越大；反之，则影响越小。

例如，一个生产经营单位如果疏于管理，违章作业、违章指挥、违反劳动纪律严重，事故就多，若任其发展则会愈演愈烈，而且有加速的态势，惯性越来越大。对此，必须要立即采取相应对策措施，破坏这种格局，亦即中止或改进这种不良惯性，才能防止事故的发生。

（2）一个系统的惯性是这个系统内的各个内部因素之间互相联系、互相影响，互相作用按照一定的规律发展变化的一种状态趋势。因此，只有当系统是稳定的，受外部环境和内部因素的影响产生的变化较小时，其内在联系和基本特征才可能延续下去，该系统所表现的惯性发展结果才基本符合实际。但是,绝对稳定的系统是没有的,因为事物发展的惯性在受外力作用时,可使其加速或减速甚至改变方向。这样就需要对一个系统的评价进行修正,即在系统主要方面不变,而其他方面有所偏离时,就应根据其偏离程度对所出现的偏离现象进行修正。

六、量变到质变原理

任何一个事物在发展变化过程中都存在着从量变到质变的规律。同样,在一个系统中,许多有关安全的因素也都一一存在着量变到质变的规律;在评价一个系统的安全时,也都离不开从量变到质变的原理。例如:许多定量评价方法中,有关危险等级的划分无不一一应用着量变到质变的原理。如"道化学公司火灾、爆炸危险指数评价法"(第七版)中,关于按 F&EI(火灾、爆炸指数)划分的危险等级,从 1~159,经过了 60,61~96,97~127,128~158,159 的量变到质变的不同变化层次,即分别为"最轻"级、"较轻"级、"中等"级、"很大"级、"非常大"级;而在评价结论中,"中等"级及其以下的级别是"可以接受的",而"很大"级、"非常大"级则是"不能接受的"。

因此,在风险评价时,考虑各种危险、有害因素,对人体的危害,以及采用的评价方法进行等级划分等,均需要应用量变到质变的原理。

上述原理是人们经过长期研究和实践总结出来的。在实际评价工作中,人们综合应用基本原理指导风险评价,并创造出各种评价方法,进一步在各个领域中加以运用。

掌握评价的基本原理可以建立正确的思维程序,对于评价人员开拓思路、合理选择和灵活运用评价方法都是十分必要的。由于世界上没有一成不变的事物,评价对象的发展不是过去状态的简单延续,评价的事件也不会是自己的类似事件的机械再现,相似不等于相同。因此,在评价过程中,还应对客观情况进行具体细致的分析,以提高评价结果的准确程度。

第三节　风险评价的作用和意义

风险评价也称安全评价。风险评价是以实现系统安全为目的,运用安全系统工程原理和方法对系统中存在的风险因素进行辨识与分析,判断系统发生事故和职业危害的可能性及其严重程度,从而为制定防范措施和管理决策提供科学依据。

我国的《中华人民共和国职业病防治法》对建设项目和建设单位提出了严格的危害预评价的要求。新的《中华人民共和国安全生产法》第 29 条指出:"矿山、金属冶炼建设项目和用于生产、储存、装卸危险物品的建设项目,应当按照国家有关规定进行安全评价。"作为预测、预防职业病和事故重要手段的风险评价,在贯彻安全生产方针中发挥着重要作用。

一、风险评价的作用

风险评价的目的是查找、分析和预测工程、系统存在的危险、有害因素及可能导致的危险、危害后果和程度,提出合理可行的安全对策措施,指导危险源监控和事故预防,以达到最低事故率、最少损失和最优的安全投资效益。风险评价要达到的目的包括以下几个方面:

(1)促进实现本质安全化生产。

系统地从工程、系统设计、建设、运行等过程对事故和事故隐患进行科学分析,针对事故和事故隐患发生的各种可能原因事件和条件,提出消除危险的最佳技术措施方案。特别是从设计上采取相应措施,实现生产过程的本质安全化,做到即使发生误操作或设备故障时,系统存在的危险因素也不会因此导致重大事故发生。

(2)实现全过程安全控制。

在设计之前进行风险评价,可避免选用不安全的工艺流程和危险的原材料以及不合适的设备、设施,或当必须采用时,提出降低或消除危险的有效方法。设计之后进行的评价,可查出设计中的缺陷和不足,及早采取改进和预防措施。系统建成以后运行阶段进行的系统风险评价,可了解系统的现实危险性,为进一步采取降低危险性的措施提供依据。

(3)建立系统安全的最优方案,为决策提供依据。

通过风险评价分析系统存在的危险源、分布部位、数目、事故的概率、事故严重度,预测和提出应采取的安全对策措施等,决策者可以根据评价结果选择系统安全最优方案和管理决策。

(4)为实现安全技术、安全管理的标准化和科学化创造条件。

通过对设备、设施或系统在生产过程中的安全性是否符合有关技术标准、规范相关规定的评价,对照技术标准、规范找出存在问题和不足,以实现安全技术和安全管理的标准化、科学化。

二、风险评价的意义

风险评价的意义在于可有效地预防事故发生,减少财产损失和人员伤亡和伤害。风险评价与日常安全管理和安全监督监察工作不同,风险评价从技术带来的负效应出发,分析、论证和评估由此产生的损失和伤害的可能性、影响范围、严重程度及应采取的对策措施等。

(1)风险评价是安全生产管理的一个必要组成部分。

"安全第一,预防为主"是我国安全生产基本方针,作为预测、预防事故重要手段的风险评价,在贯彻安全生产方针中有着十分重要的作用,通过风险评价,可确认生产经营单位是否具备了安全生产条件。

(2)有助于政府安全监督管理部门对生产经营单位的安全生产实行宏观控制。

安全预评价将有效地提高工程安全设计的质量和投产后的安全可靠程度;投产时的安

全验收评价将根据国家有关技术标准、规范对设备、设施和系统进行符合性评价,提高安全达标水平;系统运转阶段的安全技术、安全管理、安全教育等方面的安全状况综合评价,可客观地对生产经营单位安全水平做出结论,使生产经营单位不仅了解可能存在的危险性,而且明确如何改进安全状况,同时也为安全监督管理部门了解生产经营单位安全生产现状、实施宏观控制提供基础资料;通过专项风险评价,可为生产经营单位和政府安全监督管理部门提供管理依据。

(3)有助于安全投资的合理选择。

风险评价不仅能确认系统的危险性,而且还能进一步考虑危险性发展为事故的可能性及事故造成损失的严重程度,进而计算事故造成的危害,即风险率,并以此说明系统危险可能造成负效益的大小,以便合理地选择控制、消除事故发生的措施,确定安全措施投资的多少,从而使安全投入和可能减少的负效益达到合理的平衡。

(4)有助于提高生产经营单位的安全管理水平。

风险评价可以使生产经营单位安全管理变事后处理为事先预测、预防。传统安全管理方法的特点是凭经验进行管理,多为事故发生后再进行处理的"事后过程"。通过风险评价,可以预先识别系统的危险性,分析生产经营单位的安全状况,全面地评价系统及各部分的危险程度和安全管理状况,促使生产经营单位达到规定的安全要求。

风险评价可以使生产经营单位安全管理变纵向单一管理为全面系统管理,风险评价使生产经营单位所有部门都能按照要求认真评价本系统的安全状况,将安全管理范围扩大到生产经营单位各个部门、各个环节,使生产经营单位的安全管理实现全员、全面、全过程、全时空的系统化管理。

系统风险评价可以使生产经营单位安全管理变经验管理为目标管理。仅凭经验、主观意志和思想意识进行安全管理,没有统一的标准、目标。风险评价可以使各部门、全体职工明确各自的安全指标要求,在明确的目标下,统一步调,分头进行,从而使安全管理工作做到科学化、统一化、标准化。

(5)有助于生产经营单位提高经济效益。

安全预评价可减少项目建成后由于安全要求引起的调整和返工建设,安全验收评价可将一些潜在事故消除在设施开工运行前,安全综合评价可使生产经营单位较好地了解可能存在的危险并为安全管理提供依据。生产经营单位的安全生产水平的提高无疑可带来经济效益的提高,使生产经营单位真正实现安全、生产和经济的同步增长。

参考文献

(1)AQ 8001—2007 安全评价通则[S].

(2)刘铁民,张兴凯,刘功智.安全评价方法应用指南[M].北京:中国石化出版社,2005.4.

（3）罗云等.风险分析与安全评价［M］.北京：化学工业出版社,2009.12.

（4）张景林,崔国璋.安全系统工程［M］.北京：煤炭工业出版社,2002.8.

（5）沈斐敏.安全系统工程理论与应用［M］.北京：煤炭工业出版社,2001.6.

（6）胡二邦.环境风险评价实用技术和方法［M］.北京：中国环境科学出版社,2000.6.

（7）国家安全生产监督管理总局.安全评价（上下册）［M］.北京：煤炭工业出版社,2005.5.

第二章　常用定性风险评价方法

定性风险评价是根据人的经验和判断能力对生产工艺、设备、环境、人员、管理等方面的状况进行评价,如安全检查表等。主要是对于事物不易量化的质的方面的分析和研究。定性风险评价主要是通过理解和解释,来把握事物的整体意义和相互关系的。对于安全管理问题主要是依靠定性风险评价作为危害因素识别的基本方法。

定性风险评价方法分为静态分析和动态分析两类。其中,静态分析是将评价对象与事先准备的检查内容或分析项目所规定的标准相对照,来判断系统的安全水平,能帮助风险管理者在使用方法的过程中"按图索骥",如安全检查表法、作业危险和危害分析法等。因为这些方法的资料来源于前人的识别成果或规章制度,编制起来也很容易。动态分析是推断评价对象内在的危险因素与可能导致的事故之间的联系,来判断系统危险程度,属于"追根求源"的方法,如预先危险分析、故障类型和影响分析、危险和可操作性研究等。其中,预先危险分析是以系统潜在的危险作为分析的起点;故障类型和影响分析是以系统可能出现的故障作为分析的起点;而危险和可操作性研究则是以系统可能发生的偏差作为分析的起点。这些方法主要取决于风险管理者对系统风险的认知水平,需要有一定的逻辑推理能力。

定性风险评价具有简单实用,针对性强,容易掌握的优点,因此在油气长输管道安全环保风险评价中应用较广泛。

第一节　安全检查表法(SCL)

一、方法概述

安全检查表法(Safety Checklist Analysis,简称 SCL)是依据相关的标准、规范,对工程、系统中已知的危险类别、设计缺陷以及与一般工艺设备、操作、管理有关的潜在危险性和有害性进行判别检查。按照安全检查表进行检查,可以提高检查质量,不会漏掉重要的危险因素。安全检查表的制定、使用、修改完善过程,实际是对安全工作的不断总结提高的过程。通过多年实践,可以形成一整套安全检查表标准,提高企业安全管理水平。

安全检查表通常可以按检查结果定性类型和用途分为以下几类:

(一)按照检查结果定性类型分类

按照检查的结果定性类型,安全检查表可分为定性、半定量、定量安全检查表。

1. 定性安全检查表

安全检查表应列举需查明的所有导致事故的不安全因素，通常采用提问方式，并以"是"或"否"来回答，"是"表示符合要求；"否"表示还存在问题，有待于进一步改进，或者用"√"、"×"表示。为了提出的问题有所依据，可以收集有关的此项问题的规章制度、规范标准，在有关条款后面注明名称和所在章节。

2. 半定量安全检查表

半定量安全检查表的特点是设置了检查表判分分级。

典型的例子就是菲利浦石油公司制定的安全检查表，其采用了检查表判分——分级系统，在这里作为安全检查表的判分系统采用的是三级判分系列 0—1—2—3，0—1—3—5，0—1—3—5—7，其中评判的"0"为不能接受的条款。低于标准较多的判给"1"；稍低于标准的条件判给刚低于最大值的分数；符合标准条件的判给最大的分数。

判分的分数是一种以检查人员的知识和经验为基础的判断意见，检查表中分成不同的检查单元进行检查。为了得到更为有效的检查结果，用所得总分数除以各种类别的最大总分数的比值，以便衡量各单元的安全程度。

3. 定量安全检查表

定量安全检查表的特点是较半定量安全检查表引入了各分项或子系统，设置了权重系数。

按照检查表的预设计算方法，首先计算出各子系统或分系统的评价分数值，再计算出各评价系统的评价得分，最后计算出评价系统（装置）的评价得分，确定系统（装置）的安全评价等级。

（1）评分方法通常如下：

① 采用安全检查表赋值法，安全检查表按检查内容和要求逐项赋值，每一张检查表以100分计。

② 不同层次的系统、分系统、子系统给予权重系数，同一层次各系统权重系数之和等于1。

③ 评价时从安全检查表开始，按实际得分逐层向前推算，根据子系统的分数值和权重系数计算上一层分系统的分数值，最后得到系统的评价得分。系统满分应为100分。

（2）定量安全检查表实施要求：

① 每张检查表归纳了子系统（或分系统）内应检查的内容和要求，并制定评分标准和应得分。

② 依照制定的安全检查表中各项检查的内容及要求，采取现场检查或查资料、记录、档案或抽考有关人员等方法，对评价对象进行检查。对不符合要求之项，根据"评分标准"给予扣分，扣完为止，不计负分。

③ 根据检查表检查的实得分，按系统划分图逐层向前推算，计算出评价系统的最终得

分,并根据分数值划分安全等级,最后汇总安全检查中发现的隐患,提出相应的整改措施。

（3）定量安全检查表的评价结果通用计算方法:

① 系统或分系统评价分数值计算,见式（2-1）。

$$M_i = \sum_{j=1}^{n} k_{ij} m_{ij} \tag{2-1}$$

式中　M_i——分系统或子系统分数值;

　　　k_{ij}——分系统或子系统的权重值;

　　　m_{ij}——分系统或子系统的评价分数值;

　　　n——分系统或子系统的数目。

② 缺项计算:

用检查表检查如出现缺项的情况,其检查结果由实得分与应得分之比乘以100得到,见式（2-2）。

$$M_i = \frac{\sum_{j=1}^{n} k_{ij} m_{ij}}{\sum_{j=1}^{n} k_{ij}} \tag{2-2}$$

式中　M_i——分系统或子系统分数值;

　　　k_{ij}——分系统或子系统的权重系数;

　　　m_{ij}——分系统或子系统的评价分数值。

③ 最终评价结果计算,见式（2-3）。

$$A = \frac{g}{100} \sum_{i=1}^{n} K_i M_i \tag{2-3}$$

式中　A——装置最终评价分数值;

　　　g——综合安全管理分系统分数值;

　　　K_i——各系统权重系数;

　　　M_i——各系统评价分数值。

装置满分应为100分。

系统（装置）安全等级划分根据评价系统最终的评价分数值,按表（2-1）确定系统（装置）的安全等级。

表 2-1　系统风险评价等级划分

安全等级	系统安全评价分值范围 A
特级安全级	$A \geqslant 95$
安全级	$95 > A \geqslant 80$
临界安全级	$80 > A \geqslant 50$
危险级	$A < 50$

（二）按照检查表用途分类

按用途分类,通常可以分为项目设计审查/竣工验收安全检查表、厂级安全检查表、车间用安全检查、工段或岗位用安全检查表、专业性安全检查表。详见表2-2。

表 2-2　常见安全检查表类型表

序号	检查表类型	主要内容
1	项目设计审查、竣工验收安全检查表	新、改、扩建项目,利用"三同时"原则全面、系统地审查工程的设计、施工和投产等各项的安全状况。检查表中除了已列入的检查项目外,还要列入设计应遵循的原则、标准和必要数据。用于设计的安全检查表主要应包括厂址选择、平面布置、工艺过程、装置的布置、建筑物与构筑物、安全装置与设备、操作的安全性、危险物品的贮存以及消防设施等方面
2	厂级安全检查表	主要用于全厂性安全检查,也可用于安全技术、防火等部门进行日常检查时使用。其主要内容包括主要安全装置与设施、危险物品的贮存与使用、消防通道与设施、岗位操作、安全管理、遵章守纪等方面的情况
3	车间用安全检查表	用于车间进行定期检查和预防性检查的检查表,重点放在人身、设备、运输、加工等不安全行为和不安全状态方面。其内容包括工艺安全、设备布置、安全通道、通风照明、安全标志、尘毒和有害气体的浓度、消防措施及操作管理等
4	工段或岗位用安全检查表	用于工段和岗位进行自检、互检和安全教育的检查表,重点放在因违规操作而引起的多发性事故上。其内容应根据岗位的操作工艺和设备的抗灾性能而定。要求检查内容具体、易行
5	专业性安全检查表	此类表格是由专业机构或职能部门所编制和使用的,主要用来进行定期的或季节性的安全检查,如对电气设备、起重设备、压力容器、特殊装置与设施等的专业性检查

1. 特点

检查表的编制系统全面,可全面查找危险、有害因素,避免了传统安全检查中易遗漏、疏忽的弊端;检查表中体现了法规、标准的要求,使检查工作法规化、规范化;针对不同的检查对象和检查目的,可编制不同的检查表,应用灵活广泛;检查表简明易懂,易于掌握,检查人员按表逐项检查,操作方便可用,能弥补其知识和经验不足的缺陷;编制安全检查表的工作量及难度较大,检查表的质量受制于编制者的知识水平及经验积累。

2. 适用范围

该方法简明易懂,容易掌握,适用于工程、系统的各个阶段,可以编制各种类型的安全检查表,其中有针对企业综合安全管理状况的检查表,针对公司主要危险设备、设施的检查表,针对各不同专业类型的检查表,还有面向站队、岗位不同层次的安全检查表。对于新设计的工艺、设备,还可以制定设计审查用检查表。

二、评价流程

安全检查表的评价流程图也即编制流程图如图2-1所示。

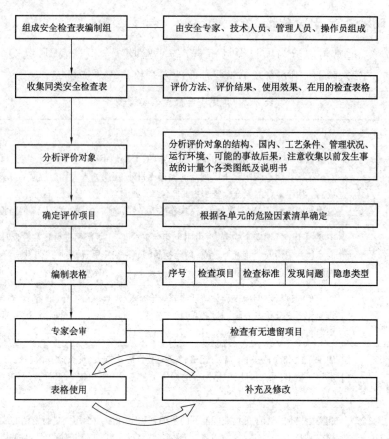

图 2-1　安全检查表编制流程图

安全检查表使用的操作步骤如下：

1）成立编写小组

由熟悉本行业的管理者、技术人员、实际操作者组成的编写小组。

2）收集同类安全检查表

收集同类安全检查表，搜集有关的安全法规、标准、制度及事故案例等资料，作为编制安全检查表的重要依据，并根据现场工艺，梳理可参考的安全检查表的评价方法、评价结果是否符合本单位实际情况。

资料参考如下：

（1）国家、地方的相关安全法规、规定、规程、规范和标准及行业、企业的规章制度、标准及企业安全生产实际状况及操作规程。

（2）上级、行业和单位（企业）领导关于安全生产的要求。

（3）国内外同行业、企业事故统计案例，经验教训。结合本企业的实际情况，有可能导致事故的危险因素。

（4）行业及企业安全生产的经验，特别是本企业安全生产的实践经验，引发事故的各种潜在不安全因素及成功杜绝或减少事故发生的经验。

（5）系统安全分析的结果，即是为防止重大事故的发生而采用事故树分析方法，对系统进行分析得出能导致引发事故的各种不安全因素的基本事件，作为防止事故的控制点源列入检查表。

3）分析评价对象

对被检查对象进行系统分析，包括分析系统的结构、功能、工艺流程、主要设备、操作条件、布置和已有的安全消防设施等有关安全的详细情况。

4）确定评价项目

按功能或结构将系统划分成若干个子系统或单元，逐个分析潜在的危险因素。

5）编制表格

针对危险有害因素分析的结果，依据相关法规、标准规定，参考事故案例、经验分享等，确定安全检查表的检查要点、内容和为达到安全指标应在设计中采取的措施，编制检查表。

6）专家会审

由公司技术骨干或技术专家、公司管理层组织会审，对可能存在的问题进行修改。

7）表格使用

建议定期对安全检查表组织评审，在使用的过程中不断完善、补充。

三、方法应用

安全检查表法在现场安全环保风险管理中应用非常广泛，主要用于调查现场管理问题和物理系统的物质、机械等超出标准规范、规章制度等方面存在的问题。

（一）实例

下面以安全检查表法在安全监督监测工作中的应用为实例进行用法简介。

（1）成立编写小组：根据单位年度安全监督检查工作计划、上级要求或近段时间常见风险事件等，安排专人编制监督检查方案。监督检查方案的编制可参考《HSE 管理方案编制指南》的相关要求。

（2）收集安全检查表：安全检查表的收集主要基于上级主管部门编制的安全检查表，再收集相关同类企业的安全检查表。

（3）分析评价对象：

安全监督检查是针对管理活动中的重点部位、重点管理项目、隐患治理等开展的，因此在编制方案时要大量收集相关资料。

在编制监督检查方案时，要包含以下内容：

①活动或任务的 HSE 目标和指标；

② 各相关层次为实现目标指标的职责、权限和责任人；

③ 实现目标指标所采取的方法和措施；

④ 资源需求及配置；

⑤ 方案实施的进度安排；

⑥ 需要的协商和沟通；

⑦ 评审或验证的时机和方式等。

（4）确定检查项目：检查项目的设定可参照 Q/SY 65—2010《油气管道安全生产检查规范》、Q/SY 1124—2012《石油企业现场安全检查规范》等系列规范。

（5）编制表格：按照安全检查表编制和编制流程的要求编制监督检查表。也可以参考 Q/SY 135—2012《安全检查表编制指南》进行编制。

管道企业安全检查表编制实例流程如图 2-2 所示。

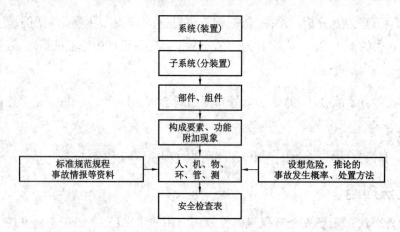

图 2-2　管道企业安全检查表编制流程

（6）专家会审：管道企业用于管理、现场和设备设施等的危害因素辨识安全检查表是结合系统功能展开辨识法进行编制的。会审的专家应由管理、技术、仪控、安全等方面的专业人员组成。纵向为辨识对象系统功能展开后形成的功能模块、功能组件，其中功能组件部分为组件、作业和管理三个部分构成；横向为评价模块和组件所需的引导词、危害因素、危害因素可能后果三个部分，其中引导词由描述人机料法环的方面组成。

（7）表格使用：将编制和会审完成的检查表应用到现场检查问题。安全监督检查工作流程如图 2-3 所示。

（二）注意事项

为了取得预期目的，应用安全检查表时，应注意以下几点：

（1）各类安全检查表都有适用对象，专业检查表与日常定期检查表要有区别。专业检查表应详细、突出专业设备安全参数的定量界限，而日常检查表尤其是岗位检查表应简明扼要，突出关键和重点部位。

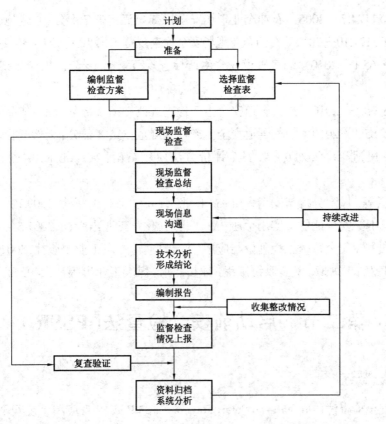

图 2-3 安全监督检查工作流程图

（2）应用安全检查表实施检查时,应落实安全检查人员。企业厂级日常安全检查,可由安技部门现场人员和安全监督巡检人员会同有关部门联合进行。车间的安全检查,可由车间主任或指定车间安全员检查。岗位安全检查一般指定专人进行。检查后应签字并提出处理意见备查。

（3）为保证检查的有效定期实施,应将检查表列入相关安全检查管理制度,或制定安全检查表的实施办法。

（4）应用安全检查表检查,必须注意信息的反馈及整改。对查出的问题,凡是检查者当时能督促整改和解决的应立即解决,当时不能整改和解决的应进行反馈登记、汇总分析,由有关部门列入计划安排解决。

（5）应用安全检查表检查,必须按编制的内容,逐项目、逐内容、逐点检查。有问必答,有点必检,按规定的符号填写清楚。为系统分析及安全评价提供可靠准确的依据。

四、方法参考资料

（1）GB/T 27921—2011 风险管理 风险评估技术［S］.

（2）JGJ 59—2011 建筑施工安全检查标准［S］.

（3）Q/SY 135—2012 安全检查表编制指南［S］.

（4）Q/SY 1124.7—2008　石油企业现场安全检查规范　第7部分:管道施工作业［S］.

（5）Q/SY 1124.10—2012　石油企业现场安全检查规范　第10部分:天然气集输站［S］.

（6）Q/SY 65.1—2010　油气管道安全生产检查规范　第1部分:安全生产管理检查通则［S］.

（7）Q/SY 65.2—2010　油气管道安全生产检查规范　第2部分:原油成品油管理［S］.

（8）Q/SY 65.3—2010　油气管道安全生产检查规范　第3部分:天然气管理［S］.

（9）刘铁民,张兴凯,刘功智.安全评价方法应用指南［M］.北京:中国石化出版社,2005.4.

（10）罗云等.风险分析与安全评价［M］.北京:化学工业出版社,2009.12.

（11）李姜庆.安全评价员实用手册［M］.北京:化学工业出版社,2007.5.

（12）沈斐敏.安全系统工程理论与应用［M］.北京:煤炭工业出版社,2001.6.

（13）张景林,崔国璋.安全系统工程［M］.北京:煤炭工业出版社,2002.8.

第二节　启动前安全检查法（PSSR）

一、方法概述

启动前安全检查法（PreStart-up Safety Review,简称PSSR）是应用工艺安全管理标准对装置能否安全启动做出的全面性评估,主要应用在工艺设备启动前对所有相关因素进行检查确认,并将所有必改项整改完成,批准启动的过程。PSSR是OSHA工艺安全管理体系中的基本要素,在全球范围内石油炼化等高危行业得到了广泛的应用,基于对安全要求不断提高,对过程安全控制不断完善的目标下发展和建立起来的,其目的在于判定新改扩建项目及停运再投运的设备能否安全启动,是国外大多数高危行业过程管理中的一个必需的要素。

以往项目建设开工前的审核通常称为开工前竣工验收,其涉及的验收范围小,仅针对设备设施的制造、安装质量、现场安全、环境、消防和环保设施以及人员培训的状况进行验收,而对于最终资料文件移交范围、建设过程中发生的各类变更、前期工艺危害识别工作的追踪验证等大为忽略。PSSR作为过程安全管理的要素之一,它则以装置的生命周期为基准,要求对所有影响装置设备、设施启动及长时间安全运行的各要素从人、机、料、法、环等进行审核和确认,判定是否能安全启动,并要求跟踪验证。其目的是为新的和修改后的设备提供一个最后核查点,以确认所有过程安全相关的要素都得到满意落实。

PSSR在项目建设至开工前需进行两次。一是在装置设备设施安装完成,能量（如水、电、气等蕴含能量的物质）引入之前进行。其目的是确保设备设施的安装符合规范和设计要求,能量的引入不会造成危害。二是在危险物料引入装置之前进行。其目的是确保第一阶段发现的问题都已整改,不会留下隐患,同时开车所需的条件都已完全具备。主要是从系统准备方面检查满足开工的条件,即安全相关系统是否建立,如人员培训、应急管理和程序、维护保养程序等,并确立物资准备情况,以确保开车及其随后生产过程的安全。所以 PSSR 有严格的管理制度和实施流程来定义每个阶段的工作任务,管理标准明确。

特点:PSSR 与以往项目建设开工前的竣工验收一样,是一种审核手段,是企业过程安全控制中的一个要素,故而其总体实施方式一致。它们之间存在的区别则主要表现于审核范围和具体审核方式上。

适用范围:该方法适用于新改扩建项目开工前的安全检查验收、设备设施检修后投运前的准备、工艺设备变更后的工艺可靠性验证、发生过意外事故后的设施综合检查和闲置封存设施再次投入使用前的准备。

二、评价步骤

为确保启动前安全检查的质量,应根据项目的进度安排,提前组建 PSSR 小组。根据项目管理的级别,指定 PSSR 组长。组长选定并明确每个组员的分工。PSSR 小组成员可由工艺技术、设备、检维修、电气仪表、主要操作和安全环保专业人员组成。必要时,可包括承包商、具有特定知识和经验的外部专家等。评价流程如图 2-4 所示。

PSSR 评价一般采用以下步骤:

(1)成立 PSSR 小组。

(2)制定 PSSR 安全检查表,其检查表主要涵盖内容:

① 人身安全;

② 职业卫生;

③ 人机工程;

④ 工艺安全信息(PSI);

⑤ 工艺安全分析(PHA);

⑥ 操作规程 / 标准 / 方案;

⑦ 工艺 / 设备变更;

⑧ 质量保证;

⑨ 机械完整性;

⑩ 设施安全;

⑪ 电气安全;

⑫ 仪表 / 连锁系统;

⑬ 消防;

⑭ 事故调查;

⑮ 培训;

⑯ 承包商;

⑰ 应急准备;

⑱ 环境。

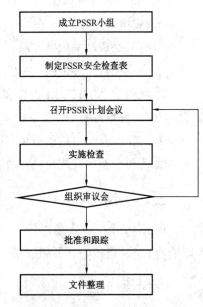

图 2-4 启动前安全检查法评价流程图

（3）召开 PSSR 计划会议。其会议议程通常包括：

① 介绍项目概况；

② 审查并完善 PSSR 检查清单内容；

③ 明确组员任务分工；

④ 明确进度计划；

⑤ 明确其他相关方资源。

（4）实施检查。实施检查分为两个阶段：

① 文件审查；

② 现场检查。

（5）组织审议会：

① 分阶段、分专项实施 PSSR；

② 汇报发现问题；

③ 审议并分类必改项、待改项；

④ 编制 PSSR 综合报告。

（6）批准和跟踪：

① 所有必改项完成整改后，PSSR 组长将检查报告移交给区域或单位负责人；

② 根据项目管理权限，由相应责任人审查并批准启动；

③ 项目启动后，PSSR 组长和区域或单位负责人应跟踪 PSSR 待改项，检查其整改结果。

（7）文件整理：

① 对于涉及变更的整改项，应将相关图纸、设计文件等进行更新并归档；

② 待改项整改完成后，应形成书面记录，与 PSSR 清单、综合报告一并归档。

三、方法应用

PSSR 安全检查表是进行 PSSR 审核的基础和依据，PSSR 安全检查表的质量好坏直接影响着 PSSR 审核的开展和成果。

（一）应用

（1）成立 PSSR 小组。PSSR 小组应针对工艺设备的特点开展资料收集，主要包括以下内容：

① 工艺技术：

—— 所有工艺技术安全信息（如危险化学品安全技术说明书、工艺设备设计依据等）已归档；

—— 工艺危害分析建议措施已完成；

—— 操作规程和相关安全要求符合工艺技术要求并经过批准确认；

—— 工艺技术变更经过批准并记录在案，包括更新工艺或仪表图纸。

② 人员：

—— 所有相关员工已接受有关 HSE 危害、操作规程、应急知识等的培训；

—— 承包商员工得到相应的 HSE 培训，包括工作场所或周围潜在危害及应急知识；

—— 新上岗或转岗员工了解新岗位可能存在的危险并具备胜任本岗位的能力。

③ 设备：

—— 设备已按设计要求制造和安装；

—— 设备运行、检维修、维护的记录已按要求建立；

—— 设备变更引起的风险已得到分析，操作规程、应急预案已得到更新。

④ 事故调查及应急响应：

—— 针对事故教训制定的改进措施已得到落实；

—— 确认应急预案与工艺技术安全信息相一致，相关人员已接受培训。

（2）制定 PSSR 安全检查表：

PSSR 检查样表可参见表 2-3。

表 2-3 启动前安全检查清单

生产单元/设备名称					
检维修项目的将要描述：					
清理所有不必要的维修材料	□		整项不适用		
	选择		需要行动项目		检查情况或整改要求
	无关	有关	必改项	待改项	

（3）召开 PSSR 计划会：

PSSR 组长应召集所有组员召开计划会议。主要内容如下：

① 介绍整个项目概况；

② 审查并完善 PSSR 检查清单内容；

③ 明确组员任务分工；

④ 明确进度计划；

⑤ 确认其他相关方的资源支持。

（4）实施检查：

检查分为文件审查和现场检查。PSSR 组员应根据任务分工，依据检查清单对工艺设备进行检查，将发现的问题形成书面记录并明确检查内容、检查地点、检查人。

（5）组织召开审议会：

① 完成 PSSR 检查清单的所有项目后，各组员汇报检查过程中发现的问题，审议并将其分类为必改项、待改项，形成 PSSR 综合报告，确认启动前或启动后应完成的整改项、整改时

间和责任人；

② 分阶段、分专项多次实施的 PSSR，在项目整体 PSSR 审议会上，应整理、回顾和确认历次 PSSR 结果，编制 PSSR 综合报告；

③ 所有必改项已经整改完成及所有待改项已经落实监控措施和整改计划后，方可批准实施启动。

（6）批准和跟踪：

① 所有必改项完成整改确认后，PSSR 组长将检查报告移交给项目负责人。根据项目管理权限，由相应责任人审查并批准工艺设备启动；

② PSSR 组长和项目负责人跟踪 PSSR 待改项，并检查其整改结果。

（7）文件整理：

对于涉及变更的整改项，应将相关图纸、设计文件等进行更新并归档。待改项整改完成后，应形成书面记录，与 PSSR 清单、综合报告一并归档。

（二）注意事项

（1）要了解设备设施性能能否满足工艺功能要求，与规定的性能要求存在多大差距。特别是在对待必改项和待改项等问题时。因此，要规定特定项目必须由专家确认。

（2）岗位员工在既定的人机环境能否有效操作、合理提示、无障碍行走和应急处置。对人机环境可能的风险处置如流，具有规定的能力，包括资质证和培训合格证。

（3）对整个系统应有逻辑失效模式或工艺失效模式的系统分析报告。各独立功能单元要有相应的技术方案和管理方案。对于特定项目，要组织阶段测试或独立测试。

四、方法参考资料

（1）Q/SY 1245—2009　启动前安全检查管理规范［S］.

（2）Q/SY 1601—2013　油气管道投产前安全检查规范［S］.

（3）张景林，崔国璋.安全系统工程［M］.北京：煤炭工业出版社，2002.8.

（4）沈斐敏.安全系统工程理论与应用［M］.北京：煤炭工业出版社，2001.6.

（5）刘铁民，张兴凯，刘功智.安全评价方法应用指南［M］.北京：中国石化出版社，2005.4.

（6）李姜庆.安全评价员实用手册［M］.北京：化学工业出版社，2007.5.

第三节　工作前安全分析法（JSA）

一、方法概述

工作前安全分析法（Job Safety Analysis，简称 JSA）是针对一项具体的作业，通过有组织的过程对作业中所存在的危害进行识别、评估,并按照优先顺序来采取控制措施,从而将风险降低到可接受的程度,也称工作危害分析方法(Job Hazard Analysis,简称JHA)。它将一项工作活动分解为相关联的若干个步骤,识别出每个步骤中的危害,并设法控制事故的发生。这是一种定性与定量相结合的方法,先辨识出工作中的危害,然后根据风险度=风险发生的概率×后果的公式来计算出数值,根据其数值大小来确定风险的大小和分级,然后采取相应的措施。

工作前安全分析法的作用在于可以有效消除作业过程重大的危害,实现规章和政策的需要,关注在实际的工作任务,将整个工作过程纳入管理,提高现场员工对危害的认识或增强识别新危害的能力,确保控制措施有效并得到落实,持续改善安全标准和工作条件,从而减小现场作业事故发生概率。该方法把一项工作分解为若干个主要步骤,分解出合理的工作步骤,结合相关标准和工作经验进行辨识,并列出清单,判断危害发生的可能性和后果的严重性,比照已划分好的标准分别填写相应的数值。

特点:工作前安全分析法是通过事先或定期对工作任务进行风险评价,重点关注任务、设备、物料、能力、程序、数据、事故,并根据评价结果制定和实施相应的控制措施,最大限度消除或控制风险的方法。

适用范围:

适用的作业活动有:

(1)发生过事故的作业;

(2)需要工作许可的作业;

(3)承包商作业;

(4)无规范管理、控制的工作;

(5)新的工作(首次由操作人员或承包商人员实施的工作);

(6)有规范控制,但工作环境变化或工作过程中可能存在规范未明确的危害;

(7)非常规作业;

(8)作业规范或工作发生变化的作业;

(9)现场作业人员提出需要进行JSA的工作任务。

不适用工作前安全分析法(JSA)的情况:

(1)危害/风险明确且已被清楚了解的工作;

(2)已经有标准操作程序的工作;

(3)需要用其他专门方法进行危害分析的。例如:工艺;其他专业领域:如消防安全、人机工程学、职业病等。

二、评价步骤

工作前安全分析法评价流程图如图2-5所示。

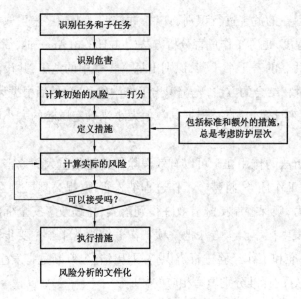

图 2-5　工作前安全分析法评价流程图

工作前安全分析法实施步骤：

（1）成立 JSA 小组：分析前应当成立分析小组，分析小组成员包括项目负责人、操作员工、安全员、承包商现场施工人员等。

（2）识别任务和子任务：确定分析的具体工作，把这项工作分解成若干步骤后，填写到工作危害分析记录表中。

首先要明确以下内容：

① 谁提出：现场作业人员均可提出需要进行 JSA 的工作任务；

② 谁审核：基层单位负责人进行审核；

③ 要做哪些工作：判断是否需要做 JSA，明确执行 JSA 的人员，明确工作计划。

其次要做好识别记录。

记录表包括工作步骤，该步骤的潜在危害、主要后果、风险度和建议改进措施等内容。把一项工作分解为若干主要步骤，即先做什么，后做什么，用三四个词表示一个步骤。分解时应该认真研究这项工作，班组有关人员一起讨论，分解出合理的工作步骤；

承包商现场作业符合下列情况之一，进行 JSA：

① 无程序管理、控制的工作；

② 新的工作（首次由操作人员或承包商人员实施的工作）；

③ 有程序控制，但工作环境变化或工作过程中可能存在程序未明确的危害，如：可能造成人员伤害、发生井喷、有毒气体泄漏、火灾、爆炸等；

④ 可能偏离程序的非常规作业。

（3）识别危害：要在明确每一项子任务的属性的基础上，辨识出每一步骤的潜在危害，并确定所有步骤识别完成。

JSA 小组审查工作计划安排,搜集相关信息,实地考察工作现场,分解工作任务,重点核查以下内容:

① 以前此项工作任务中出现的健康、安全、环境问题和事故;

② 工作中是否使用新设备、新工艺和新材料;

③ 工作环境、空间、光线、空气流动、出口和入口等;

④ 实施此项工作任务的关键环节;

⑤ 实施此项工作任务的人员是否有足够的知识和技能;

⑥ 是否需要作业许可及作业许可的类型;

⑦ 是否有严重影响本工作任务安全的交叉作业。

JSA 小组识别该工作任务的危害及影响,并填写工作前安全分析表。依据危害的类别——根据 GB/T 13861—2009《生产过程危险和有害因素分类与代码》,从物理的、化学的、生物的、心理的、生理的、行为的和其他危害(如环境)等方面识别出风险,并对识别出的风险进行评价。评价时可采用风险矩阵法,也可采用作业条件危险性评价法(LEC)进行评价。

识别危害因素时应充分考虑人员、设备、材料、环境、方法五个方面和正常、异常、紧急三种状态。

确定重大风险的原则:

① 违法、违规的;

② 曾经发生过重大事故,且未有采取有效防范措施的;

③ 直接观察到可能导致重大事故的错误且无适当控制措施的;

④ LEC 法计算的,D 值 > 70 即危险级别在 3 级以上(包含 3 级)的危害因素;

⑤ 较为严重和亟待采取措施进行控制的风险,应列入本单位《重大风险清单》。

危害辨识还仅仅是企业建立 HSE 体系的基础工作。在此基础上,企业应系统地列出危害清单,制定防范措施,制定关键任务分配表和相应的应急预案,落实防范措施负责人,实现风险管理系统化,并不断改进。

(4)计算初始风险:对识别出的危害,对照风险评价准则进行打分。

其中,针对每一因素制定具体的测算标准,根据工作中的实际情况逐项比照标准填写相应的数值。测算的标准可参见表 2-4 所列内容。

表 2-4　测算危害发生可能性 L 判断标准

等级分级	偏差发生频率	安全检查	操作规程	员工胜任程度（意识、技能、经验）	防范、控制措施
1	从未发生过	按标准检查	有操作规程,而且严格执行	高度胜任	有有效的防范控制措施
2	每年发生	偶尔不按标准检查	有,但偶尔不执行	胜任但偶尔出错	有,但偶尔不完好

等级分级	偏差发生频率	安全检查	操作规程	员工胜任程度（意识、技能、经验）	防范、控制措施
3	每季发生	部分时间按标准检查	有操作规程，只是部分执行	一般胜任（有上岗证，经过培训但经验不足）	有，但部分防范措施不完好
4	每月发生	偶尔按标准检查	有，只是偶尔执行但操作规程规定不具体	不够胜任（有上岗证但未经有效培训）	有防范控制措施，但不充分，部分需要的控制措施没有落实
5	每周或每天发生、经常	从未检查或应该有，但没有检查标准	没有操作规程或有操作规程，但从不执行	不胜任（无上岗证，无任何培训）	无任何防范或控制措施

在测算危害发生的可能性时，重点考虑同类事故以前是否发生过，以及人体暴露在危险中的频繁程度、安全防范措施、安全检查、操作规程和员工技能等方面的因素。

在测算危害的后果严重程度时，重点考虑法律影响、人身影响、经济影响、损失工时影响、环境的影响、企业形象的影响等方面。针对每一个方面的影响划定不同的具体标准，以此来确定影响的程度，便于在具体分析时操作。测算危害影响后果的严重性标准，可参见表2-5。

表2-5　测算危害影响后果的严重性 S 评判标准

等级分级	人身伤亡程度	财产损失	环境影响	法规及规章制度符合状况	形象受损程度
1	没有受伤	无	无	完全符合	没有影响
2	轻微伤害	小损失	小影响	不符合企业规章制度	有限影响
3	重大伤害	局部损失	局部影响	不符合企业规章制度和相关标准	很大影响
4	特大伤害	严格损失	严重影响	潜在不符合法律法规	国内影响
5	重特大伤害	特大损失	巨大影响	违法	国际影响

JSA 小组结合表2-4和表2-5对识别出的危害因素的可能性和严重度进行评价。在现场的初始风险评价过程中，往往由于缺乏类似作业子任务失效概率和严重度的数据，不能较为准确地评价出风险的等级。因此，在评价失效概率的时候，可结合整个作业识别出的危害因素数量进行评估。危害因素数量越多，失效概率越大。评价后果严重度的时候，可结合整个作业识别出的危害因素的能量进行评估。危害因素能量越大，后果严重度就越大。

（5）定义措施：通过危害识别和初步风险计算，对高中度风险可能带来的伤害用风险链的原理进行分析，用防护层的理念确保每一环节失效时的危害伤害后果能得到削减。确定可以实施的能量控制措施、危害控制措施、间距控制措施、防误操作措施、警示设施和个体防护设施有专人负责执行。

控制措施可以是技术型的、管理型的和监控型的。

技术型控制措施如下：

① 消除；

② 预防；

③ 减少 / 代替；

④ 工程控制（隔离、上锁、连锁等）；

⑤ 警告；

⑥ 个人防护设备（PPE）。

以上六项措施为技术型措施，其顺序排列也叫"优先顺序"。

管理型控制措施见表 2-6。

表 2-6　安全控制措施类型表

序号	安全控制措施	序号	安全控制措施
1	国家法律、法规	9	许可制度（受限空间、动火作业等）
2	行业标准	10	作业程序
3	管理规定、管理办法	11	变更管理
4	操作规程和手册	12	减少暴露时间
5	监测和取样	13	应急计划
6	审核	14	应急措施
7	培训和指导	15	探测和报警设备
8	监督	16	逃生和急救设备和服务

监控型控制措施如下：

① 要注意作业人员的变化；

② 作业场所出现的新情况；

③ 未识别出的危害因素；

④ 无作业许可要求的作业，应由 JSA 小组组长或其指定人员对作业过程进行巡查；

⑤ 如果作业过程中出现新的危害或发生未遂事件、事故，应首先停止作业任务，JSA 小组应立即审查先前的 JSA，重新进行 JSA。

（6）计算实际风险：对于每一项风险控制措施都要反复验证其可靠性，对于没有验证过的措施，要由相关技术和安全专家确认后方能实施；对每一风险链产生的后果要采用属于风险计算方法进行验证，认为可接受后方能实施。

（7）执行措施：根据计算出的实际风险，对照评价标准，判断风险结果是否可以接受，如果可以接受，最后确定相应的预防措施。

（8）分析成果文件化：工作前安全分析记录的所有内容经记录人员整理后，填入表 2-7中，但需经主管领导或项目负责人审查后形成。

每完成一个 JSA 分析表，可作为作业许可证件办理过程的附带文件。每一份 JSA 表要存留备查。

表 2-7　工作前安全分析表

记录编号：　　　　　　　日期：

单　位		JSA 组长		分析人员	

工作任务简述：

□新工作任务　□已作过工作任务□交叉作业□承包商作业□相关操作规程□许可证□特殊作业人员资质证明

工作步骤	危害因素描述	后果及影响人员	风险评价				现有控制措施	建议改进措施	残余风险是否可接受
			暴露频率	可能性	严重度	风险值			

工作前安全分析法操作步骤内涉及的工作内容系统地陈列于图 2-6 中。

三、方法应用

（一）实例

某次承包商进入站场维修高盏灯,涉及高处作业。其开展工作前安全分析法评价流程如下：

1. 成立 JSA 小组

JSA 工作的实施主体：承包商,需要时由站场各专业人员提供技术支持。

成员：项目负责人、岗位操作工人、承包商现场施工人员等。JSA 小组要具备的能力：JSA 小组成员应熟悉 JSA 方法;了解工作任务及所在区域环境、设备和相关的操作规程。

2. 把工作分解成具体工作任务或步骤

分解步骤时应注意：不可分解的过于笼统,也不可过于细节化,可参照原来的标准操作程序进行分解步骤确认。

例如：换灯这项工作,请大家列出所有的你做这项工作的子任务：

搭梯子—攀爬—换灯。

3. 识别危害

识别子任务中的危害因素：

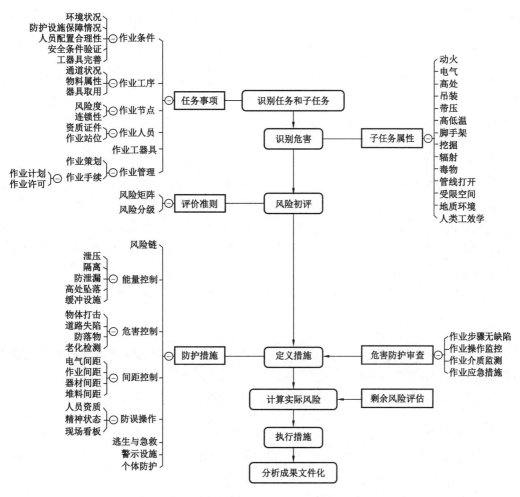

图 2-6 工作前安全分析法分析要点示意图

（1）物的不安全状态？

梯子本身类型，人字梯，斜直梯，还是门型梯？

梯子的承重能力是否符合；

梯子本身的物理缺陷有无；

防梯子底部滑动的固定措施有无；

防梯子上部搭接滑脱的固定措施有无；

防梯子挠性弯曲的措施有无等。

（2）人的不安全行为？

人员是否穿戴安全绳；

人员是否会违章操作；

人员是否会高空抛物式传递工具；

人员是否会不带绝缘手套；

人员是否会不穿防滑鞋子等。

4. 计算初始风险

在这个作业中,主要的危险就是人员高处坠落、高处坠物伤人和换灯时的触电或电击。这三项主要危险中,人员高处坠落和触电伤害都是危险度高的子任务。在没有采取防护措施的情况,换灯作业为风险等级高的作业。

5. 定义措施

JSA 小组应针对识别出的风险制定控制措施,将风险降低到可接受的程度。如果目前的安全控制措施不足以控制危害,要采取行动计划讨论新的或更安全、有效的工作方式。

定义措施时,对于消除高处坠落,首先要考虑到的是取消高处作业,其次的情况是完善防坠措施或使用可靠的操作平台;对于高处坠物,首先要考虑到的是设置防坠网,其次的情况是防坠物伤害的安全帽或防坠工具袋等;对于防止触电或电击,首先要考虑到的是截断电源,其次的情况是使用安全工器具或穿戴绝缘手套等。

6. 计算实际风险

JSA 小组在决定可能使用的安全防护措施后,重新根据这些危害因素的控制措施进行风险值的计算,再根据计算结果查表 2-4 得出实际风险等级。

剩余风险的计算可参见第三章第四节"保护层分析法"部分。

7. 实施措施

经判断,剩余风险是可接受的,JSA 小组负责组织作业前的安全交底,按之前定义的安全措施组织实施。

(1)作业前应对参与此项工作的每个人,进行有效的沟通。

(2)做完工作安全分析,需要办理作业许可证的作业活动,作业前应获得相应的作业许可,才可开展工作。

8. 总结和反馈

(1)作业人员总结:若发现缺陷和不足,向 JSA 小组反馈。

(2)由作业任务负责人填写 JSA 跟踪评价表,判断作业人员对作业任务的胜任程度。

(3)SA 小组提出更新完善作业任务程序的建议。

此外,JSA 小组还可参照工作循环分析法给出的操作步骤对 JSA 表单进行分析,找出 JSA 过程中的缺陷,并继续完善 JSA 分析表。

(二)注意事项

在选择影响因素时,应当结合企业实际,无关的影响因素可以去除,有特别影响的因素也可增加。

另外,针对其中的某项因素在测算时应当根据企业的实际情况制定相应的符合实际的标准,例如:形象受损程度一项,有的企业只有少数人员,危险性也不大,不可能造成什么国内影响或国际影响,那么这一因素的每一分值的具体标准就应降低;停工时间一项,企业结合国家标准和实际,制定一个符合本企业的工时损失测算标准。

这样,每项因素的测算均能与企业的实际情况结合,班组在具体应用时才能测算得比较符合实际,不至于出现较大的偏差。

四、方法参考资料

(1)AQ/T 8009—2013 建设项目职业病危害预评价导则[S].

(2)Q/SY 1238—2009 工作前安全分析管理规范[S].

(3)(美)项目管理协会.工作分解结构(WBS)实施标准(第2版)[M].北京:电子工业出版社,2008.7.

(4)国家安全生产监督管理局.危险化学品安全评价[M].北京:中国石化出版社,2003.8.

第四节 工作循环分析法(JCA)

一、方法概述

工作循环分析法(Job Cycle Analysis,简称JCA)是以操作主管和员工合作的方式对已经制定的操作程序和员工实际操作行为进行分析和评价的一种方法。以操作主管(基层单位队长或班组长)与员工合作的方式进行。

工作循环分析一般分为准备阶段、初始阶段、现场评价、最终评估、记录分析等五个阶段。参与角色通常分为参与者和评估者,其中参与者通常是指该操作规程的实际操作人员,评估者通常是指站队长、专业工程师。

特点:从安全的角度审视操作规程或实际操作行为,验证操作规程的适宜性和可操作性;用于验证实际操作与操作规程的符合情况,可操作性得到改善;保持操作规程是最新的和最全面的;员工的参与实际就是一次最好的培训;且员工真正参与了操作规程的制定;按正确的操作规程操作,防止事故的发生;促进了主管与员工的沟通和交流。

适用范围:该方法在管道企业主要用于有效地规范与关键作业有关的操作规范的检查、分析工作,明确规定检查、分析工作的工作程序及要求,确保操作规范持续的适用性。同时员工参与操作规程的制定,促进对操作规程的理解和掌握,改善员工被动执行操作规程的局面,增加操作主管与操作人员沟通,减少违章、减少事故。

二、评价步骤

工作循环分析法评价流程如图2-7所示。

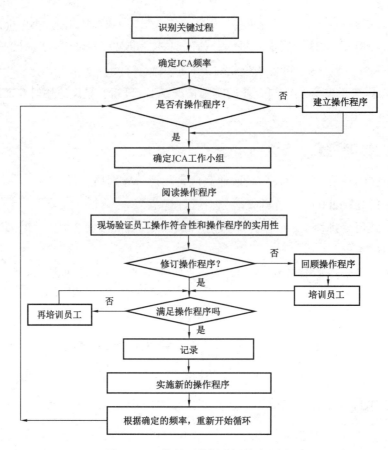

图 2-7　工作循环分析法评价流程图

工作循环分析法操作步骤：

1. 识别关键过程

识别关键作业过程和关键设备,判断该项作业过程是否有无对应操作规程。其中识别作业和关键设备过程中有 5 个判断原则：

（1）不可过于笼统；

（2）不可过于细节化；

（3）关注以往发生过的事故或未遂事件；

（4）考虑一旦失控的后果；

（5）可用 JSA 进行风险评价。

识别时可结合上述安全检查表法、启动前安全检查法、工作前安全分析法中已经提到的识别对象。

2. 初始评估

对关键的作业过程或关键设备的操作规程情况进行初步分析和判断。初始阶段也叫作书面评估。

（1）有操作规程的作业活动。

评估者与实际操作者进行沟通和交流，验证员工对操作程序的理解程度及操作程序的完整性和适用性。

通常评估人员主持过程中，可参考交流以下问题：

①该操作需要哪些防护设备？我们现在有吗？如果有是否完好？

②该操作需要哪些工具？我们现在有吗？如果有是否完好并且好用吗？

③进行该操作时有哪些安全方面的要求？现在的操作规程中有吗？全面吗？

④我们能按此操作规程操作吗？现有的操作程序实际操作者会认为正确吗？能保证安全吗？

⑤你认为如何使该项工作更安全，更有效？你认为需要改变操作程序吗？

（2）没有操作规程的作业活动。

①识别关键作业环节和步骤，参考收集以下内容进行讨论：

许可证或作业票；PHA；JSA；经验；以往或最近或类似装置发生的事故。

②没有规程的讨论是否需要制定操作规程，还是使用许可证控制。

③如决定制定操作规程，则按照上述有操作规程的作业活动方式进行评估。

3. 现场评价

评估人与实际操作者到现场，实际操作者操作（可模拟），评估人观察，观察实际操作者按操作程序作业。

通过观察员工实际操作与操作程序的偏差，找到操作程序本身的缺陷，找出潜在的风险及其他不安全事项。观察的过程中，评估人员与实际操作人员应同时在现场，确保整个实际操作过程应是安全的条件下进行，且应记录下实际操作程序记录。当不具备实际操作条件的操作程序现场评价过程，可进行模拟操作。如果发现操作程序有重大隐患应立即整改（包括现场隐患和操作程序缺陷）。

（1）观察的重点，可参考以下内容：

①员工能否顺利按操作程序完成操作？操作程序本身或员工操作的问题？

②个人防护装备是否满足操作要求？

③工具、仪器、设备是否满足操作要求？

④操作空间是否足够？

⑤危害识别是否全面？安全措施是否足够？

⑥是否需要或有无配套的应急预案？

⑦……

（2）记录的内容，可参考以下内容：

①员工实际操作与操作程序的偏差；

② 操作程序本身的缺陷；

③ 操作过程中可能出现的其他不安全事项,比如：

打击危害；

不安全进入受限空间；

有缺陷的设备；

缺乏所需要的设备、工具、仪器；

没有逃生路线或被堵塞；

没有足够的空间实施工作；

缺少现场隔离措施；

环境危害(例如：泄漏)；

其他不安全行为和不安全条件。

4. 最终评估

评估人员和实际操作人员讨论发现的问题,确认整改建议。讨论过程中要注意以下要求：

（1）操作主管应尊重员工。

（2）相关建议应经过讨论达成共识。

（3）员工应做出遵守操作规程的承诺。

5. 记录分析

分析现场验证记录,结合现场员工掌握操作程序的程度(特别是修订后的),为制订下一次培训计划提供有针对性的依据。

记录分析通常涵盖以下内容：

（1）所观察操作程序的描述；

（2）操作程序检查的类型和范围；

（3）操作程序是否理解和遵守；

（4）工作是否按照目前的程序在执行；

（5）观察到的不安全行为、做法描述；

（6）工作环境的条件、防护设备和状况；

（7）如何使该项工作更安全,更有效,或者改变操作程序；

（8）员工的描述；

（9）操作主管的描述。

工作循环分析法主要为验证操作规程的完整性,注重对操作人员的步骤完整性的评定和操作行为可靠性的观察,因而在操作人员操作作业过程中需要形成相应的记录。同时,在操作前也要识别出作业的危险,防止不必要的伤害。

记录表单样式可参考《年度 JCA 计划表(参考)》《初始评估表》《现场评估表》《最终

评估表(参考)》,见表2-8～表2-11。

表 2-8 年度 JCA 计划表(参考)

区域:XX站　　　填写人:李队长　　　JCA 协调员:张三　　　日期:2014 年 9 月 10 日

JCA 顺序	操作程序编码	操作程序简要描述	操作主管	有关员工	时间表	
					初始	最终
1		气焊工操作规程	张三	李四、王五	9 月 11 日	9 月 11 日
2		管工安全操作规程	黄一	李四	10 月 10 日	10 月 11 日

表 2-9 初始评估表

报告对象:　　　　　日期:　　　　　报告人:　　　　　班次:
员工姓名:　　　　　　　　　　　员工号码:

所观察操作程序的描述	
工作分析类型	实际操作(　) 　　过程模拟(　)
验证范围	
工作环境条件	有效(　) 　　整洁(　)
所观察操作不安全、做法和条件	不安全行为描述: 防护设备:足够吗? 是(　)　　不(　) 状况? 好(　)　　不好(　) 工具使用:是否容易获取? 好用吗? 是否需更换? 其他危害
操作规程	知道吗?　　遵守吗?　　升级了吗?
工作程序	按目前的执行吗? 是(　)　　不(　)
工作改进的方法 员工描述	
工作改进的方法 操作主管描述	

表 2-10 现场评估表

序号	作业活动	偏差关键点	潜在的风险		建议
			有风险	说明	

表 2-11 最终评估表(参考)

序号	所观察的不一致项	建议	负责人	日期

三、方法应用

（一）实例

工作循环分析方法实际应用过程的重点工作及分工安排可参见表2-12。

（1）识别关键过程：通过分析找出系统的工艺操作的关键作业过程和关键设备。记录在表2-12中。

（2）初步评估：初步的分析判断结果记录在表2-12的初始评估栏中。评估时可参照图2-6给定的任务分析和任务属性的分析内容。

（3）现场评估：有操作员现场操作，操作过程严格执行操作规程规定的步骤和要求，现场操作主管要从人类工效学的角度、工艺安全性的角度观察操作人员的操作，要考虑到动作失效的后果。

（4）最终评估：操作实践完成后，由主管和操作员一起讨论操作规程的不一致项，提出改进意见。

（5）记录分析：将记录存档，定期查阅分析。对已经变化部分告知相关人员，并形成记录。

表2-12　各阶段的重点工作及分工情况

评价阶段	重点工作	参与者
准备阶段	（1）识别关键作业过程和关键设备	协调员、站队长
	（2）清理与关键作业过程、关键设备有关的操作规程	协调员、站队长
	（3）没有相应规程时，建立相应规程	协调员、相关操作人
	（4）建立操作规程清单	协调员
	（5）制订JCA计划，确定时间与频次，并通知相关人员	协调员、站队长
初始评估	（1）讨论实际操作情况与程序的差异，沟通以下内容： ①防护设备及完好状态； ②工具及完好状态； ③执行操作规定涉及的一些关键安全要求； ④操作规程中是否已包含该安全要求； ⑤执行该操作程序能否使工作安全、有效地进行。 （2）实际操作可能存在的风险项目	操作主管、相关操作人
现场评估	（1）员工操作，操作主管观察、记录	操作主管、相关操作人
	（2）操作的站位、工器具的使用	
最终评估	（1）主管将观察到的不一致项、修订操作程序和整改隐患的建议、负责人及其实施日期，形成记录，由协调员审核并上报	操作主管、协调员、相关操作人
	（2）操作主管和员工应达成共识，即如果操作程序是完备的，员工应做出承诺，按照操作程序进行操作；如果操作程序不完备，修订后员工应保证按照修订的操作程序进行操作。如果有新发现的风险要记录在案，并调整作业步骤和操作要领	操作主管、相关操作人

评价阶段	重点工作	参与者
记录分析	（1）协调员应建立工作循环检查记录档案，当一个工作循环检查完成时，将所有与这个工作循环检查有关的记录装订并保存	协调员
	（2）操作主管应定期查阅记录档案，确保所有相关员工都能及时掌握操作程序的变化	操作主管
	（3）协调员应根据年度计划表，核实已完成的工作循环检查任务，定期公示每个班（站、队）工作循环检查完成情况，并保存公示结果	协调员
	（4）协调员应定期对工作循环检查完成情况进行统计并将结果上报主管部门。主管部门应对上报数据进行统计	协调员

（二）注意事项

该方法应用过程中，注意以下要求：

（1）所有的与关键作业有关的操作程序每年至少分析一次。

（2）每个员工每年至少参与一次工作循环检查。

（3）每年应建立 JCA 计划，确定哪些操作程序需要评估？什么人参加？

（4）记录评估过的操作程序及员工参与情况。

（5）培训员工正确的操作规程。

（6）实施工作循环检查之前，对现场操作安全要求和区域的风险控制措施进行验证，准备防护设施。

（7）操作主管应尊重员工。

（8）相关建议应经过讨论达成共识。

（9）员工应做出遵守操作规程的承诺。

四、方法参考资料

（1）Q/SY 1239—2009 工作循环分析管理规范［S］．

（2）Q/SY 1238—2009 工作前安全分析管理规范［S］．

（3）（美）项目管理协会．工作分解结构（WBS）实施标准(第 2 版)［M］．北京：电子工业出版社，2008.7.

第五节 预先危险性分析法（PHA）

一、方法概述

预先危险性分析法（Preliminary Hazard Analysis，简称 PHA）是一种定性分析系统危险因素和危险程度的方法。对系统存在的危险类型、来源、出现条件、事故后果以及有关措施等进行分析,找出预防、纠正、补救措施,消除或控制危险因素,并根据事故原因的重要性和事故后果的严重程度,确定危险因素的危险等级。

预先危险分析的结果一般采用表格的形式列出,表格的格式和内容可根据实际情况确定。该方法可以达到四个目的:

（1）大体识别与系统有关的主要危险。

（2）鉴别产生危险原因。

（3）预测事故发生对人员和系统的影响。

（4）判别危险等级,并提出消除或控制危险性的对策措施。

在预先危险性分析法中,把危险发生可能性等级划分为"频繁的"、"很可能的"、"偶然的"、"很少的"、"几乎不可能"五个等级,见表2–13。

表 2–13　危险发生可能性等级划分表

特征	发生特点		
	等级	元件	设备、设施
频繁的	A	可能经常发生	经常都会遇到
很可能的	B	在其生命周期内将发生几次	将频繁地发生
偶然的	C	在其寿命内可能会发生	在使用期内将发生几次
很少的	D	不能说不可能发生	并非不可能发生
几乎不可能	E	发生概率接近零	不能说它不可能发生

在预先危险性分析法中,把危险性等级划分为"安全的(可忽视的)"、"临界的"、"危险的"、"灾难性的"四个级别,见表2–14。

表 2–14　危险性等级划分表

级别	危险程度	可能导致的后果
I	安全的(可忽视的)	不会造成人员伤亡和系统损坏
II	临界的	处于事故的边缘状态,暂不至于造成人员伤亡、系统损坏或降低系统性能,但应予以排除,可采取控制措施
III	危险的	会造成人员伤亡和系统损坏,要立即采取防范措施
IV	灾难性的	造成人员重大伤亡及系统严重破坏的灾难性事故,必须予以果断排除并进行重点防范

特点:预先危险性分析是进一步进行危险分析的先导,是一种宏观概略定性分析方法,在管道企业中一般在设计阶段使用。在项目发展初期使用 PHA 有以下优点:

（1）方法简单易行、经济、有效。

（2）及早采取措施,避免考虑不周造成的损失。

（3）能为项目开发组分析和设计提供指南。

（4）能识别可能的危险，用很少的费用、时间就可以实现改进。

（5）分析结果可以提供应遵循的注意事项和指导方针。

（6）分析结果可为制定标准、规范和技术文献提供资料。

（7）分析结果可编制安全检查表。

适用范围：预先危险性分析适用于固有系统中采取新的方法，接触新的物料、设备和设施的危险性评价。该法一般在项目的发展初期使用。当只希望进行粗略的危险和潜在事故情况分析时，也可以用 PHA 对已建成的装置进行分析。预先危险分析法可提供下述信息：

（1）为制（修）订安全工作计划提供信息。

（2）确定安全性工作安排的优先顺序。

（3）确定进行安全性试验的范围。

（4）确定进一步分析的范围，特别是为故障树分析确定不希望发生的事件。

（5）编写初始危险分析报告，作为分析结果的书面记录。

（6）确定系统或设备安全要求，编制系统或设备的性能及设计说明书。

二、评价步骤

预先危险性分析法评价流程如图 2-8 所示。

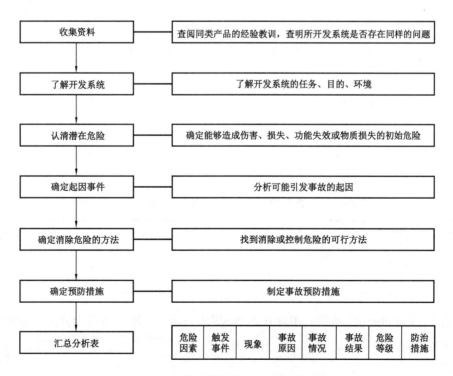

图 2-8　预先危险性分析法评价流程图

预先危险性分析法 PHA 操作步骤：

1. 收集资料

参照过去同类产品或系统发生事故的经验教训,查明所开发的系统(工艺、设备)是否也会出现同样的问题。

2. 了解开发系统

了解所开发系统的任务、目的、基本活动的要求,包括对环境的了解。

3. 认清潜在危险

确定能够造成受伤、损失、功能失效或物质损失的初始危险。

在识别系统的危险性时,要通过分析形成下列表单。

(1)预先危险性记录表见表 2-15。

(2)预先危险性分析表见表 2-16、表 2-17。

表 2-15　预先危险性记录表

区域： 图号：		会议日期： 分析人员：				
序号	危险	原因	主要后果	危险等级	建议改正/避免措施	备注

表 2-16　预先危险性分析表(1)

项目名称	危险因素	触发事件	现象	事故原因	事故结果	危险等级	防治对策

表 2-17　预先危险性分析表(2)

潜在事故	危险因素	触发事件(2)	发生条件触发事件(2)	事故后果	危险等级	防范措施

危险性等级的确定:当系统中存在很多危险因素时,可用专家综合评定法或矩阵比较法量化确定其危险性等级。

矩阵比较法:

某系统共有 6 个危险因素需要进行比较,以进行等级判别,可分别用字母 A、B、C、D、E、

F 代表,画出一个方阵图如图 2-17 所示。按方阵图中顺序,比较每一列因素与行因素的相对重要性。用"×"符号表示。见表 2-18。

表 2-18 严重程度等级矩阵判别表(1)

	A	B	C	D	E	F
A			×		×	
B	×				×	
C		×			×	
D	×	×	×		×	×
E						
F	×	×	×		×	
Σ	3	3	3	0	5	1

从表中可以看出,E 最严重,A 比 B、D、F 重要,B 比 C、D、F 重要,C 比 A、D、F 重要,D 比各元素都轻,但 A、B、C 三者的合计数均为 3,尚未得到明显比较。因此,为单独对比 A、B、C,在没有相互关系的空格中增加 1,则变为表 2-19。

表 2-19 严重程度等级矩阵判别表(2)

	A	B	C	D	E	F
A		1	×		×	
B	1		1		×	
C	1	×			×	
D	×	×	×		×	×
E						
F	×	×	×		×	
Σ	3	2.5	3.5	0	5	1

4. 确定起因事件

风险可能引发事故的起因,确定初始危险的起因事件。

5. 确定消除危险的方法

找出消除或控制危险的可能方法。

6. 确定预防措施

对事故的节点部位进行监测和趋势预测,制定事故预防措施。

事故预防对策的基本要求:

（1）预防生产过程中产生的危险和有害因素。

（2）排除工作场所的危险和有害因素（表 2-20）。

（3）处置危险和有害物并减低到国家规定的限值内。

（4）预防生产装置失灵和操作失误产生的危险和有害因素。

（5）发生意外事故时能为遇险人员提供自救条件的要求。

表 2-20　危险源控制措施分类表

序号	大类	中类	特征
1	直接安全技术措施		生产设备本身,应具有本质安全性能,保证不出现任何事故和危害
2	间接安全技术措施		若不能或不完全能实现直接安全技术措施时,必须为生产设备设计出一种或多种安全防护装置,最大限度地预防、控制事故或危害的发生
3	指示性安全技术措施	（1）标识； （2）信号(光、电)； （3）声音	间接安全技术措施也无法实现时须采用检测报警装置、警示牌等措施,警告、提醒作业人员注意,以便采取相应的对策或紧急撤离危险场所
4	管理性安全技术措施	（1）安全操作规程； （2）安全教育； （3）培训； （4）个人防护用品	若间接、指示性安全技术措施仍然不能避免事故、危害发生,则应采用安全操作规程,安全教育、培训和个人防护用品等来预防、减弱系统的危险、危害程度

7. 汇总分析表

根据已经分析到的危险因素、触发事件、现象、事故原因、事故情况、危险等级和防治措施等做好汇总编制工作。在危险不能控制的情况下,分析最好的预防损失方法,如隔离、个体防护、救护等。

三、方法应用

（一）实例

钢铁厂需要定期进行高炉大修。某钢铁公司针对高炉拆装工程进行预先危害分析,具体分析表见表 2-21。其中,把危险性分为发生事故可能性和后果严重程度两栏。

（1）收集资料:收集同类开发系统已经发生或分析成果,为查找危害提供依据。

（2）了解开发系统:将整个作业分解为表 2-21 中的三个施工阶段。

（3）认清潜在危险:见表 2-21 中的"危害"列。参照表 2-18 和表 2-19 确定危害的危险等级。见表 2-21"危险性"列。

（4）确定起因事件:针对危害性后果,应用工作前安全分析法的分析方式,寻找风险链的构成,找出基础事件或触发事件。

（5）确定消除危险的方法：针对基础事件或触发事件，根据本方法的评价步骤中描述的预防对策要求和表2-20控制措施类型，编制预防措施。见表2-21"预防措施"列。

表2-21　高炉拆装工程预先危害分析（部分）

施工阶段	危害	危险性		预防措施
		发生可能性	危害严重度	
拆除阶段	（1）人员高处坠落； （2）高处脱落构件击伤人员； （3）爆破拆除基础伤人	D B C	Ⅱ Ⅱ～Ⅲ	（1）设安全网，加强个体防护； （2）划出危险区域并设立明显标志； （3）正确布孔、合理装药、定时爆破、设爆破信号及警戒
土建阶段	（1）塌方； （2）脚手架火灾	A D	Ⅱ～Ⅲ Ⅱ	（1）阶段性放坡，监控裂隙； （2）严禁明火
安装阶段	（1）高处坠落； （2）落物伤人； （3）排栅倒塌； （4）排栅火灾； （5）电焊把线漏电； （6）乙炔发生器爆炸； （7）吊物坠落	D B B D B C B	Ⅱ Ⅱ～Ⅲ Ⅱ～Ⅲ Ⅱ～Ⅲ Ⅱ Ⅱ Ⅱ	（1）设安全网，加强个体防护； （2）材料妥善存放，严禁向下抛掷； （3）定期检查、修理； （4）注意防火； （5）集中存放电焊机，焊把线架空； （6）安装安全装置，定期检查，严格控制引火源； （7）定期检修设备及器械

（二）注意事项

（1）应考虑生产工艺的特点，列出其危险性和状态。

（2）对系统的生产目的、物料、装置及设备、工艺过程、操作条件以及周围环境进行调查了解。

（3）收集以往的经验和同类生产中发生过的事故情况，查找能够造成系统故障、物质损失和人员伤害的危险性。

（4）对确定的危险源分类，制成预先危险性分析表。

（5）识别危险转化条件，研究危险因素转变成事故的触发条件。

（6）进行危险性分级，确定其危险程度，找出应重点控制的危险源。

（7）制定事故或灾害的预防性对策措施。

四、方法参考资料

（1）API 750：1990　工艺危害管理（Management of Process Hazards）［S］.

（2）GB/T 27921—2011　风险管理　风险评估技术［S］.

（3）SY/T 6776—2010　海上生产设施设计和危险性分析推荐作法［S］.

（4）SY/T 6519—2010　易燃液体、气体或蒸气的分类及电气设备安装危险区的划分［S］.

（5）张景林，崔国璋.安全系统工程［M］.北京：煤炭工业出版社，2002.8.

（6）沈斐敏.安全系统工程理论与应用［M］.北京：煤炭工业出版社，2001.6.

第六节 故障类型与影响分析法（FMEA）

一、方法概述

故障类型与影响分析法（Failure Mode Effects Analysis，简称FMEA）是采用系统分割的方法，根据需要将系统分割成子系统或元件，然后逐个分析子系统或元件潜在的各种故障类型、原因及对子系统乃至整个系统产生的影响，并制定措施加以预防或消除，以提高系统的安全可靠性。

最早用于飞机发动机的危险分析。现在在原子能工业、电气工业、仪表工业都有广泛的应用，在化学工业应用也有明显的效果，如美国杜邦公司就将其作为化工装置三阶段安全评价中的一个环节。

评价原理如图2-9所示。

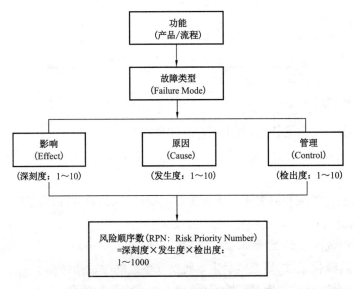

图2-9 故障类型与影响分析法原理图

按故障可能产生后果的严重程度（故障类型的影响程度），采用如下定性等级：

（1）安全的（一级），不需要采取措施。

（2）临界的（二级），有可能造成较轻的伤害和损坏，应采取措施。

（3）危险的（三级），会造成人员伤亡和系统破坏，要立即采取措施。

（4）破坏性的（四级），会造成灾难性事故，必须立即排除。

特点：其特点是从元件、器件的故障开始，逐次分析其影响及应采取的对策。其基本内容是为找出构成系统的每个元件可能发生的故障类型及其对人员、操作及整个系统的影响。

适用范围：适用于管道企业预评价和现状及专项评价，是一种归纳分析法，主要适用于对特殊或关键设施的风险控制，是一个注重项目细节风险控制的方法。

二、评价步骤

故障类型与影响分析法评价流程如图 2-10 所示。

故障类型与影响分析法 FMEA 操作步骤：

图 2-10 故障类型与影响分析法评价流程图

1. 系统分割

了解分析对象，明确系统任务和组成，将系统分割成子系统。

（1）在分割系统前要准备如下资料：

① 设计任务书及技术设计说明书；

② 有关此类生产的法令、标准、规范和制度；

③ 工艺流程，主要设备图纸及说明；

④ 管理人员和操作人员素质；

⑤ 同类系统的事故事例、设备故障等方面的数据和资料；

⑥ 预先危险性分析、图表及可靠性数据等。

（2）绘制系统功能框图和可靠性框图。

绘制功能框图时需要将系统按照功能进行分解，并表示出子系统及各功能单元的输入和输出关系（图 2-11）。可靠性框图是研究如何保证系统正常运行的系统图，它侧重表达系统的功能与各功能元件的功能之间的关系。

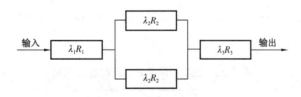

图 2-11 系统功能框图

2. 失效模式分析

明确了系统、子系统的任务后，就要确定分析原则，分析原则主要包括：

（1）对系统应完成的任务，分清主次，并概要说明任务进行的各个阶段。

（2）指出环境和操作对系统的影响。

（3）查明系统元件的故障原因所在。

（4）决定分析到什么程度。

（5）解释各种符号的意义。

（6）说明冗长元件发生故障所造成的影响。

分析每个子系统可能发生的失效模式,首先要了解系统中可能遇到的失效模式:

变形、裂纹、破损、磨耗、脱落、咬紧、松动、折断、烧坏、变质、泄漏、渗透、杂物、开路、短路、杂音等都是故障的表现形式。

造成元件发生故障的原因,大致为下述几点:

(1)设计上的缺点:由于设计所采用的原则、技术路线等不当带来先天性的缺陷,或者由于图纸的不完善或有错误等。

(2)制造上的缺点:加工方法不当组装方面失误。

(3)质量管理方面的缺点:检验不够或失误一级工程管理不当等。

(4)使用上的缺点:误操作或未按设计规定条件操作等。

(5)维修方面的缺点:维修操作失误或检修程序不当等。

分析故障原因既要注意系统的内在因素,也得注意系统的外在因素。要列举出系统的各种故障类型,并对应找出每种故障类型的相应的检测方法。

3. 影响等级评定

根据失效模式对系统或子系统影响程度的不同,定性地或半定量地划分成不同的等级。

致命度(CA):故障发生频度与故障影响度的乘积。

致命度 = 故障发生频度 × 故障影响度

致命度指标可以用来评估特定故障模式的发生频度以及故障对上层系统或安全性、经济性及环境的影响。

故障等级:指故障造成系统中断或中止的时间长度或受损范围的广度所形成的后果。

根据 GB/T 7826—2012《系统可靠性分析技术 失效模式和影响分析(FMEA)程序》中 5.2.8 的表 2 得出表 2-22,相关记录见表 2-23。

表 2-22 针对最终影响的严酷度分级表

等级	严酷度水平	失效模式对人员或环境的影响
IV	灾难性的	可能潜在地导致系统基本功能丧失,致使系统和环境严重毁坏或人员伤害
III	严重的	可能潜在地导致系统基本功能丧失,致使系统和环境有相当大的损坏,但不严重威胁生命安全或人身伤害
II	临界的	可能潜在地使系统的性能、功能退化,但对系统没有明显的损伤、对人身没有明显的威胁或伤害
I	轻微的	可能潜在地使系统功能有退化,但对系统不会有损伤,不构成人身威胁或伤害

4. 填写评定结果

将评定结果填入记录表单,见表 2-23。

表 2-23 FMEA 分析记录表

最终产品： 工作周期：			相关产品： 版本：					制定人： 日期：			
产品标记	产品功能描述	失效模式	失效模式编码	可能的失效原因	局部影响	最终影响	探测方法	补偿措施	严酷度等级	发生概率	备注

三、方法应用

（一）实例

空气压缩机的储罐属于压力容器，其功能是储存空气压缩机产生的压缩空气。这里仅考察储罐的罐体和安全阀两个元素的故障类型及其影响（表 2-24）。

（1）系统分割：对空气压缩机的储罐功能进行分割，也可叫分解。

（2）失效模式分析：对储罐的罐体和安全阀依据分析原则进行失效模式分析，得出表 2-24 的"故障类型"列。通过分析可以得出表 2-24 的"故障原因"、"故障影响"、"检测方法"等列的内容。其中，"检测方法"的确定十分重要，这样才能确保分析人员明确相应的纠正措施。

（3）影响等级评定：分析人员根据表 2-22 的准则判断后得出故障等级，见表 2-24"故障等级"列。

（4）填写评定结果：评定结果填入表 2-24。

表 2-24 空气压缩机故障类型及影响分析记录表

单元	故障类型	故障原因	故障影响	检测方法	故障等级	措施
罐体	轻微漏气	接口不严	能耗增加	听漏气噪声、空气压缩机频繁打压	Ⅱ	加强维修保护
	严重漏气	焊接裂缝	压力迅速下降	压力表度数下降	Ⅱ	停机修理
	破裂	材料缺陷、外力破坏	压力迅速下降、损伤人员和设备	压力表度数下降	Ⅲ	停机修理
安全阀	漏气	接口不严、弹簧疲劳	能耗增加、压力下降	听漏气噪声、空气压缩机频繁打压	Ⅱ	加强维修保护
	错误开启	弹簧疲劳、折断	压力迅速下降	压力表度数下降	Ⅱ	停机修理
	不能安全泄压	锈蚀物堵塞阀口	超压时失去安全功能、系统压力迅速增高	压力表度数迅速升高	Ⅲ	停机检查更换

（二）注意事项

进行 FMEA 必须熟悉整个要分析的系统情况，包括系统结构方面的、系统使用维护方面的以及系统所处环境等方面的资料，应获悉以下信息：

（1）技术规范与研制方案。

（2）设计方案论证报告。

（3）设计数据和图纸。

（4）可靠性数据。

四、方法参考资料

（1）IEC60812：2006　系统可靠性分析技术 – 失效模式和效应分析［S］.

（2）API 581：2008　基于风险的检测技术（RBI）［S］.

（3）GB/T 27921—2011　风险管理　风险评估技术［S］.

（4）GB/T 7826—2012　系统可靠性分析技术　失效模式和影响分析（FMEA）程序［S］.

（5）SY/T 6714—2008　基于风险检验的基础方法［S］.

（6）沈斐敏.安全系统工程理论与应用［M］.北京：煤炭工业出版社，2001.6.

（7）张景林，崔国璋.安全系统工程［M］.北京：煤炭工业出版社.2002.8.

（8）罗云等.风险分析与安全评价［M］.北京：化学工业出版社，2009.12.

（9）刘铁民，张兴凯，刘功智.安全评价方法应用指南［M］.北京：中国石化出版社，2005.4.

（10）王凯全，邵辉等.危险化学品安全评价方法（第 2 版）［M］.北京：中国石化出版社，2005.5.

第七节　危险与可操作性分析法（HAZOP）

一、方法概述

危险与可操作性分析法（Hazard and Operability Analysis，简称 HAZOP）是英国帝国化学工业公司（ICI）于 1974 年开发的，由有经验的跨专业的专家小组对装置的设计和操作提出有关安全上的问题，共同讨论解决问题的方法。以系统工程为基础，主要针对化工设备、装置而开发的危险性评价方法。该方法是以关键词为引导，寻找系统中工艺过程或状态的偏差，然后再进一步分析造成该变化的原因、可能的后果，并有针对性地提出必要的预防对策措施。

HAZOP 是对工艺或操作设置分析节点，通过分析"节点"处发生的"偏差"，识别潜在的危险。"偏差"通过引导词或关键词引出。偏差是指使用引导词系统地对分析节点的工艺参数进行分析发现的一系列偏离工艺指标的情况。偏差的形式通常用"引导词＋工艺参数"。

常用引导词是用于定性或定量设计工艺指标的简单词语,如温度、压力、流量等。

特点:该方法是一种归纳分析法,主要适用于对特殊或关键设施的风险控制,是一个注重项目细节风险控制的方法。适用于对现有生产装置中的连续生产工艺过程进行安全评价。在连续过程中,管道内物料工艺参数的变化反映了各单元设备的状况。因此,管道是连续过程中的分析对象。通过分析管道内物料的状态及工艺参数的偏差,可以查找系统存在的危险。在对所有管道进行分析之后,就可以对整个系统存在的危险有全面的了解。

适用范围:适用于管道企业预评价和现状及专项评价,该法既适用于新建的工程项目,也适用于在役的装置。当工艺设计要求很严格时,使用 HAZOP 方法将很有效。当需要对设计进行变动时,在主要费用变动不大情况下,可以在工艺操作的初期使用 HAZOP。但HAZOP 分析并不能完全替代设计审查。

二、评价步骤

危险与可操作性分析法评价流程如图 2-12 所示。

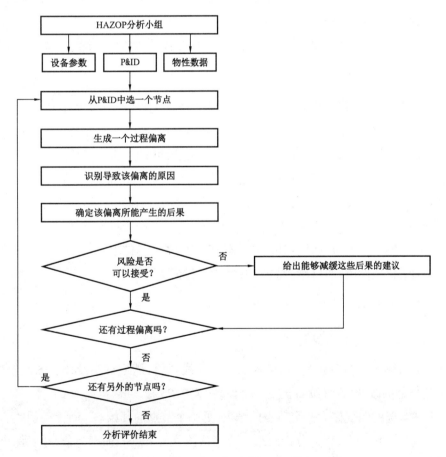

图 2-12 危险与可操作性分析法评价流程图

HAZOP 分析一般按以下步骤进行：

1. 成立分析小组

根据研究对象,成立一个由多方面专家(包括操作、管理、技术、设计和监察等各方面人员)组成的分析小组,一般为 4~8 人组成,并指定负责人。

2. 收集资料

分析小组针对分析对象广泛地收集相关信息、资料。可包括工艺说明、环境因素等方面的资料。

应收集资料包括(但不限于)以下内容。

(1)产品资料:产品参数、介质数据表、管道数据表、设备数据表和安全附件资料等。

(2)工艺资料:现有流程图(带控制点工艺流程图 PFD)、装置布置图、仪表控制图(工艺仪表流程图 PID)、逻辑图、计算机程序等。

(3)管理制度:程序文件、作业文件等。

(4)操作规范:工厂操作规程、工艺技术规程、安全技术规程、岗位操作规程、装置操作与维护手册和工艺运行条件说明等。

(5)厂家或供应方资料:设备制造手册、使用说明书、失效数据清单、备品备件清单等。

3. 划分评价单元

将研究对象划分成若干单元,一般可按连续生产工艺过程中的单元以管道为主、间歇生产工艺过程中的单元以设备为主的原则进行单元划分。要注意单元的边界确认。

(1)依据介质流向,如原油管道、成品油管道、混合油管道、天然气管道等。

(2)依据工艺功能,如分流、加热、净化、计量、增压、调压、储存、清管、输送等。

(3)依据危害因素类别,如将噪声、辐射、粉尘、毒物、高温、低温、体力劳动强度危害的场所各划归一个评价单元。

(4)依据关键设备类型,如压缩机、燃气轮机、电驱电机、储罐等。

(5)依据危化品性质,如可燃、易燃、易爆、有毒等。

4. 选定评价节点

1)分析节点划分的基本原则

(1)一般按照工艺流程进行,从进入的 PID 管线开始,继续直至设计意图的改变,或继续直至工艺条件的改变,或继续直至下一个设备(表 2–25)。

(2)上述状况的改变作为一个节点的结束,另一个节点的开始。

(3)在选择分析节点以后,分析组组长应确认该分析节点的关键参数,并确保小组中的每一个成员都知道设计意图。

表 2-25　主要节点类型表

序号	节点类型	序号	节点类型
1	管线	7	热交换器 / 炉子
2	泵	8	油气处理装置
3	压缩机	9	加热装置
4	罐 / 容器 / 塔	10	阀门
5	收发球筒	11	调压装置
6	分离 / 过滤器	12	以上节点单元的组合

2）工艺参数分类

（1）概念性的工艺参数：当与引导词组合成偏差时，常发生歧义，如"过量 + 反应"可能是指反应速度快，或者说是指生成了大量的产品。

（2）具体的工艺参数：有些引导词与工艺参数组合后可能无意义或不能称之为"偏差"，如"伴随 + 压力"，或者有些偏差的物理意义不确切，应拓展引导词的外延和内涵。如：

① 对"时间 + 异常"，引导词"异常"就是指"快"或"慢"；

② 对"位置"、"来源"、"目的"而言，引导词"异常"就是指"另一个"；

③ 对"液位"、"温度"、"压力"而言，引导词"过量"就是指"高"。

图 2-13 为危险与可操作性分析法分析要点图，描述了分析过程中的各个节点。

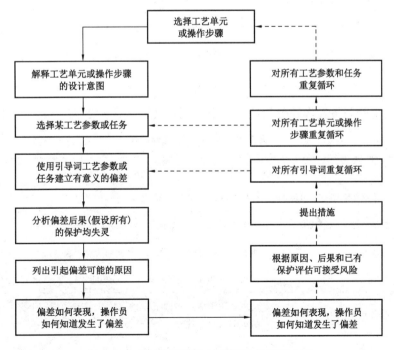

图 2-13　危险与可操作性分析法分析要点图

5. 定义关键词

危险与可操作性分析法常用引导词含义解释见表 2-26。

表 2-26 引导词含义表

引导词	含义说明
无流量	错误的路线,堵塞,盲板位置不正确,NRV 不合适,管道爆破,大量的泄漏,设备故障,不正确的压力,隔离错误,无物料,汽锁
流量少	管线小,过滤器堵塞,泵损坏,淤塞,密度或黏度问题,工艺物料规格不正确
反向流量	NRV 坏,弯管影响,不正确的差压,双向流,紧急排放,不正确的路线
流量多	泵的能力提高,提高的吸入压力,降低的输送压头,更大的介质密度,换热器的泄漏,未安装限流孔板,系统交叉连接,控制波动,阀故障开
压力低	真空条件,冷凝,液体中的气体解溶,泵或压缩吸入管线限制,不可检测的泄漏,容器泄漏
压力高	浪涌问题,不正确的高压系统泄漏,气体突破,安全阀坏的隔离程序,热过压,齿轮泵,故障开 PCV,反应失控
温度低	环境条件,压力降低,换热器管程淤塞或故障,热损失
温度高	环境条件,压力降低,换热器管程淤塞或故障,火灾,冷却水故障,控制失灵,加热炉控制故障,内部着火,反应器控制失灵
黏度低	物料规格或温度不正确
黏度高	物料规格或温度不正确
组分变化	隔离阀泄漏,换热器管泄漏,相变,不正确的进料/不正确的物料规格,不恰当的质量控制,流程控制
更多	含有换热器管或隔离阀泄漏,系统的操作不正确,系统的内部连接,腐蚀的影响,错误的添加剂,空气进入系统,杂质,特殊阶段

化学工艺危险与可操作性分析法常用引导词含义解释见表 2-27。

表 2-27 化学工艺引导词表

准则词	含义	备注
不或没有	完成这些意图是不可能的	任何意图都实现不了,但也没有任何事情发生
更多/更少	数量增加或数量减少	参考数量加物理量如流量、温度以及加热和反应活动
以及	定性增加	所有的设计与操作意图均与其他的活动一起获得
部分	定性减少	仅仅有一部分意图能够实现,一些不能
反向	逻辑上与意图是相反的	这多数用于活动,例如相反的流量或反应,也能用于物质,如用毒物代替解毒剂或 D 代替 L 光学异构体
除了	完全替换	没有任何原来的意图可以实现,某些事情非常不可能发生

6. 节点偏差识别

按照 HAZOP 中给出的关键词逐一分析各单元可能出现的偏差。

（1）需考虑不同的工况，包括：

① 开车；

② 正常操作；

③ 停车；

④ 维修；

⑤ 手动操作时；

⑥ 装料卸料；

⑦ 工艺波动；

⑧ 紧急停车。

（2）考虑的危害，包括：

① 可燃物；

② 爆炸物；

③ 有毒气体；

④ 高压容器中的物质；

⑤ 高温物料；

⑥ 热源；

⑦ 离子散射源；

⑧ 物质分解释放的能量。

7. 分析产生偏差的原因及其后果

1）不考虑保护措施的事故频率（Fu）

① 事故频率（Fu）由初始原因事件频率和促使原因事件发展为后果事件的条件事件发生的概率决定。

② 事故频率（Fu）计算见式（2-4）。

$$Fu=F \times P_1 \times P_2 \times \cdots \qquad （2-4）$$

式中　Fu——事故发生的频率；

　　　F——初始原因事件频率；

　　　P_1，P_2——条件（条件 1、条件 2）事故发生的概率。

2）考虑保护措施的事故频率（Fm）

（1）保护措施是指可以独立地行使安全保护功能而不受其他保护措施失效影响的安全保护措施。

① 自动行动的安全连锁系统；

② 基本控制、报警系统；

③ 全仪表系统；

④ 固有的安全设计特征；

⑤ 操作人员的干预；

⑥ 压力释放系统；

⑦ 工厂紧急响应；

⑧ 公众紧急响应。

（2）常用的保护措施及失效概率统计数据见表2-28。

表 2-28　常见保护措施及失效概率停机数据表

独立的保护措施种类	失效概率（PFD）
阀门	0.1
止逆阀	0.001
安全阀	0.001
静电保护	0.001
减压阀	0.001
爆破片	0.001
冷冻水	0.001
电	0.001
报警	0.001
呼吸阀	0.001

（3）保护措施总失效概率（*TPFD*）计算见式（2-5）。

$$TPFD = PFD_1 \times PFD_2 \times \cdots \qquad (2-5)$$

（4）事故频率（*Fm*）计算见式（2-6）。

$$Fm = Fu \times TPFD \qquad (2-6)$$

式中　*Fm*——考虑保护措施的事故频率；

　　　Fu——不考虑保护措施的事故频率；

　　　TPFD——保护措施总失效概率。

3）事故频率等级分类

根据计算结果进行事故频率等级分类，见表2-29。

表 2-29 事故频率等级分类表

频率等级	频率范围
1	$10^{-6} \sim 10^{-7}$/年
2	$10^{-5} \sim 10^{-6}$/年
3	$10^{-4} \sim 10^{-5}$/年
4	$10^{-3} \sim 10^{-4}$/年
5	$10^{-2} \sim 10^{-3}$/年
6	$10^{-1} \sim 10^{-2}$/年
7	$1 \sim 10^{-1}$/年

4）事故后果等级分类

根据表 2-30 定义的事故后果等级进行等级分类。

表 2-30 后果等级分类表

等级	严重程度	说　明
1	微后果	职员——无伤害； 公众——无任何伤害； 环境——事件影响为超过界区； 设备——最小的设备损害,估计损失低于10000元,没有产品损失
2	低后果	职员——很小伤害或无伤害,无时间损失； 公众——无伤害、危险； 环境——事件不会受到主管部门的通告或违反允许条件； 设备——最小的设备损害,估计损失低于10000元,没有产品损失
3	中后果	职员——1人受到伤害,不是特别严重,可能会损失时间； 公众——因气味或噪声等引起公众的抱怨； 环境——释放时间受到主管部门通告或违反允许条件； 设备——有些设备受到损害,估计损失大于100000元或有小量的产品损失
4	高后果	职员——1人或多人严重伤害； 公众——1人或多人受伤； 环境——重大泄漏,给工作场所外带来严重影响； 设备——生产过程设备受到损害,估计损失大于1000000元或有部分的产品损失
5	很高后果	职员——人员死亡或永久性失去劳动能力； 公众——1人或多人严重受伤； 环境——重大泄漏,给工作场所外带来严重环境影响,且会导致直接或潜在的健康危害； 设备——生产过程设备严重或全部损害,估计损失大于1000万元或产品严重损失

8. 制定相应的对策措施

制定的对策要从后果严重度较大的节点开始,从完善设备设施的基本过程控制功能、参数控制性能入手,通过实施制度完整性管理、操作规程的严格执行、设备设施的检查与维护等保持设备设施的完好运行。

在危险与可操作性分析法的基础上,可以有两种衍生的方法:参数优先选择法和引导词优先选择法。

参数优先选择法就是以工艺参数为基准,将所有参数与引导词结合,从而逐一确定偏差的过程。具体流程如图 2-14 所示。

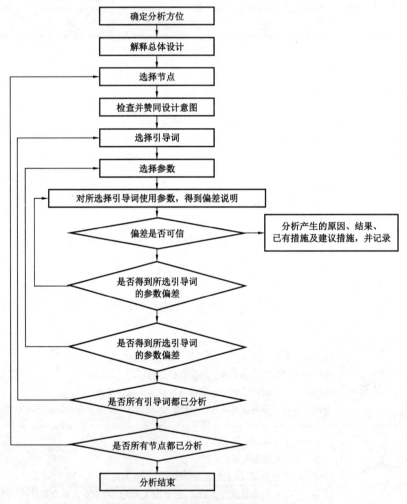

图 2-14 参数优先选择法流程图

引导词优先选择法就是以引导词为基准,将所有引导词与参数结合,从而逐一确定偏差的过程。具体流程如图 2-15 所示。

图 2-16 为危险与可操作性分析法过程要点示意图。

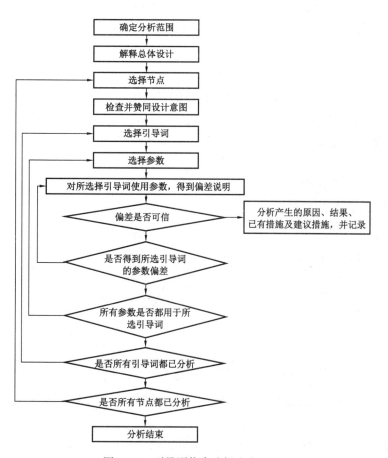

图 2-15 引导词优先选择法流程图

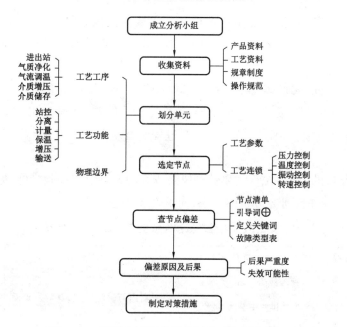

图 2-16 危险与可操作性分析法要点示意图

三、方法应用

（一）实例

图 2-17 为磷酸和氨混合,制备磷酸二氢铵的连续生产流程。如果反应完全,将生成没有危险的产品磷酸二氢铵。如果磷酸的比例减少,反应将不完全,会有氨放出。如果减少氨加入量,过程将会是安全的,但产品却不理想。将制备磷酸氢二铵的过程进行"可操作性研究"分析。

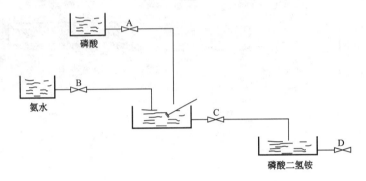

图 2-17　磷酸二氢铵连续生产流程图

（1）成立分析小组:选定操作、管理、技术、设计和监察等各方面人员作为分析小组成员。

（2）收集资料:依据"评价步骤"中提供的资料清单进行资料收集。

（3）划分评价单元:以介质流入流出过程、具有特定工艺功能的结构为评价单元。

（4）选定评价节点:选定影响产品质量的参数变化为指引。假定磷酸和氨水自高位槽中靠重力流入反应器,反应器为常压操作。因为是一个连续过程,可取磷酸槽出口管路作为对象。

（5）定义关键词:参照表 2-27 确定关键词,并定义关键词的含义。

（6）节点偏差识别:按关键词做引导,分析可能的偏差,见表 2-31"偏差"列。

（7）分析产生偏差原因及其后果:工艺过程的偏差就是危害,其偏差的原因和后果见表 2-31。

（8）制定相应的对策措施:主要针对风险较大的节点设置控制措施,见表 2-31。

由此得出可操作性研究分析的结果,列于表 2-31。

表 2-31　磷酸二氢铵连续生产事故原因分析表

关键词	偏差	原因	结果	措施
空白	流量为零	阀 A 故障关闭 磷酸供应中断（无料） 管道堵塞或破裂	反应器内有过量的氨,氨散发到操作环境中	磷酸流量减少时自动关闭阀 B

续表

关键词	偏差	原因	结果	措施
减量	流量减少	阀 A 部分关闭	反应器内有过量的氨,氨散发到操作环境中,氨散发量与流量大小有关	磷酸流量减少时自动关闭阀 B
		管道部分堵塞或管道泄漏		
过量	流量增加	阀门 A 开启过大	产品质量下降(磷酸过量)	
部分	磷酸浓度降低	厂商发料错误	同"减量"	磷酸罐内加料后增加磷酸浓度检验分析
		添加磷酸时发生错误		
伴随	磷酸浓度提高	不可能,因采用最高浓度会影响质量		
相逆	倒流	不可能		
异常	磷酸管中有其他物料替代了磷酸	厂商发料错误;厂内仓库发料发生错误	依替代物的性质而有变化,根据现场可能得到的其他物料(如外观、包装相似),分析其潜在后果	往磷酸管内加料前,对物料进行检验

(二)注意事项

(1)每个偏差的分析及建议措施完成之后再进行下一偏差的分析。

(2)在考虑采取某种措施以提高安全性之前应对与分析节点有关的所有危险进行分析。

四、方法参考资料

(1)IEC 61882 危险与可操作性分析应用指南[S].

(2)GB/T 27921—2011 风险管理 风险评估技术[S].

(3)AQ/T 3049—2013 危险与可操作性分析(HAZOP 分析)应用导则[S].

(4)Q/SY 1362—2011 工艺危害分析管理规范[S].

(5)Q/SY 1363—2011 工艺安全信息管理规范[S].

(6)Q/SY 1364—2011 危险与可操作性分析技术指南[S].

(7)Q/SY 1420—2011 油气管道站场危险与可操作性分析指南[S].

(8)Q/SY 1449—2011 油气管道控制功能划分规范(2016 确认)[S].

(9)刘铁民,张兴凯,刘功智.安全评价方法应用指南[M].北京:中国石化出版社,2005.4.

(10)罗云等.风险分析与安全评价[M].北京:化学工业出版社,2009.12.

(11)张景林,崔国璋.安全系统工程[M].北京:煤炭工业出版社,2002.8.

(12)吴宗之,高进东,张兴凯.工业危险辨识与评价[M].北京:气象出版社,2000.4.

(13)王凯全,邵辉等.危险化学品安全评价方法(第 2 版)[M].北京:中国石化出版社,2005.5.

第八节 危害分析法（HAZID）

一、方法概述

危害分析法（Hazard Identification，简称 HAZID）是一项用于识别与所涉及的特殊活动相关的所有重大危险的技术。因此，该方法也称危险源识别分析法。相关事件定义后，分析员可识别系统、流程以及发生时造成该后果的装置危险。危险识别的常用方法包括分析工艺材料特性和工艺条件、评审组织和行业经验、开发互动矩阵以及运用危险评价技术，如事故树或粗略失效模式与影响分析。此时，应扩大思考范围，确保未忽略任何可预见的危险。各项所列危险经评估后可确定其是否与所涉及的情况和活动相关。此时，不会针对危险的重要性或严重程度作出任何决定，而评估将在未来进行。相关的已识别危险将列入危险总清单内。应记录危险总清单和归类为非重大危险的原因。若工艺或操作条件发生变化，记录有利于危险的再评估。危险归类为非重大危险前，需仔细考虑所有的风险范围（人员、环境和资产）。清单、类似活动的危险记录以及先前的 HAZID 常用于辅助后果识别和危险识别工作。通常，通过编写正式的危险记录，可详述各项危险和相关数据，如潜在原因、潜在后果、系统、设备和地理位置（视情况而定）以及某些识别参考形式。若可能，可对危险进行分组，这有利于进一步减少计算的工作量。

特点：危害分析法（HAZID）中应用的识别不良后果的结构化方法首先涉及广泛的分类，如人类活动的影响、对环境的影响和对经济的影响。这些分类还可按造成的损坏进一步细分，如接触有毒物质、热暴露、超压、机械力、辐射、电击等。相关事件定义的越准确，越易于识别危险。将一项危险归类为非重大危险的典型原因包括：

（1）发生频率很低，如小行星撞击事件。

（2）对风险等级影响很小，如远离装置的管道发生气体释放。

（3）一项危险发生后造成的影响可能包含于另一项会导致更为严重后果的危险。

适用范围：本方法主要适用于设计阶段和停用期间。适用于管道企业特殊情况的危险总清单完成制定（采用危险层次结构或考虑后果）工作后，评估各项危险，确定其是否为重大危险。

二、评价步骤

危险分析法评价流程如图 2-18 所示。

危害分析法评价操作步骤如下：

1. 准备资料

资料的准备是为了对评价对象更加全面地了解和熟悉，因而需要尽可能详细。通常有如下资料（但不限于）。

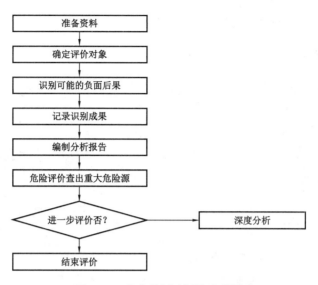

图 2-18　危害分析法评价流程图

（1）建设地气象水文地理地质数据；

（2）建设地社会环境分析；

（3）项目描述（项目各项备选方案、拟设计的生命周期和生产特性等）；

（4）本项目适用的法律法规、关键设计原则或要求等；

（5）工艺流程图（PFD）；

（6）物料平衡图（表）；

（7）总图布置；

（8）工艺描述（包括各种可能操作工况）；

（9）安全设计原则；

（10）初步的操作原则；

（11）产品方案。

在条件允许的情况下，可以更加详尽地补充收集如下资料：

（1）建设项目涉及的法律、法规、规章及规范性文件；项目所涉及国内外标准（国标、行标、地标、企业）、规范（建设及设计规范）。

（2）安全管理及工程技术资料收集：项目的基本资料包括项目平面、工艺流程、初步设计（变更设计）、安全预评价报告、各级批准（批复）文件，若实际施工与初步设计不一致时应提供"设计变更文件"或批准文件、项目平面布置简图、工艺流程简图、防爆区域划分图、项目配套安全设施投资表等。

（3）企业编写的资料：项目危险源布控图、应急救援预案及人员疏散图、安全管理机构及安全管理网络图、安全管理制度、安全责任制、岗位（设备）安全操作规程等。

（4）专项检测、检验或取证资料：特种设备取证资料汇总、避雷设施检测报告、防爆电气设备检验报告、可燃（或有毒）气体浓度检测报警仪检定报告、生产环境及劳动条件检测报告、专职安全员证、特种作业人员取证汇总资料等。

2. 确定评价对象

评价对象的确定是根据委托方选定的对象为依据,通常评价对象选定具有以下特征:

(1)位置布置相对独立。

(2)系统结构联系紧密。

(3)介质处理工艺相同。

3. 识别可能的负面后果

识别所有危害因素可能出现的负面后果。负面后果可结合国家相关事故管理规定、事故类型分类规范等。

在识别准备阶段、开始正式分析前,分析小组应根据本项目的具体特点,确定适用于本项目、大家共同关心的引导词或危险源。其中,共性危险源包括:外部和环境危险源(自然灾害、人为制造的危险、周边设施中可能存在的危险源、环境问题)和健康危险源。对于项目执行过程中涉及的管理问题,要识别到项目合同签订策略、项目风险管理策略、项目应急计划等内容。

在识别设施的危险源时,要从设施的工艺过程进行识别,物料的进口到产品出口的相关环节,如物料危险源、活动危险源(超压、开停车、施工、维修等)、控制方式和原则、泄漏、火灾和爆炸、公用工程。

根据准备阶段确定的 HAZID 分析范围,首先讨论共性问题,然后讨论与设施危险源相关的具体问题。在讨论共性问题时,整个项目可以作为一个"节点"予以考虑,如作为一个地理区域(包括多个功能区块)看待;在讨论与工艺过程相关的危险源时,可以按照项目的功能区块或装置单元划分多个"节点"。

在小组确定好分析的节点后,分析小组主席将引导组员按照确定好的引导词顺序,对每个节点进行"头脑风暴"式地分析,讨论可能存在的危险源、所导致的影响或后果,并记录到分析记录清单中。

常见引导词:

①烃;

②精炼烃;

③其他易燃物;

④易爆物;

⑤压力危险;

⑥与高度差有关的危险;

⑦承受诱导应力的物体;

⑧动态情况危险;

⑨环境危险;

⑩ 热表面；

⑪ 高温液体；

⑫ 冷表面；

⑬ 低温流体；

⑭ 明火；

⑮ 电；

⑯ 电磁辐射；

⑰ 电离辐射——开放式辐射源；

⑱ 电离辐射——封闭式辐射源；

⑲ 窒息；

⑳ 有毒气体；

㉑ 有毒流体；

㉒ 有毒固体；

㉓ 腐蚀性物质；

㉔ 生物危险；

㉕ 人体工程危险；

㉖ 心理危险；

㉗ 与安保有关的危险；

㉘ 自然资源的利用；

㉙ 医学；

㉚ 噪声；

㉛ 捕集。

这里提到的负面后果的识别，主要是基于对后果类型的了解。识别时使用的方法不仅有"头脑风暴法"，也可包含安全检查表法、工作前安全分析法、预先危险性分析法等在本书中包含的方法。方法的选用可参见第六章的内容。

4. 记录识别成果

见识别的成果按一定的格式记录下来，以便后期分析时使用。见表2-32。

表2-32 危害分析记录表

序号	危险源/引导词	后果	拟采取或既定的安全措施	建议措施	相应负责人	落实情况说明

记录表单的设计还可以将危害存在的部位、危害成因等信息增加进去。

在不确定是否各项危险会给相关活动带来重大风险的情况下，危险分析记录通常包含了所有可合理预见的危险。

5. 编制分析报告

分析过程中讨论的节点、识别的危险源及其可能导致的影响和后果都将录入 HAZID 分析记录清单里，以便项目后续 HSE 风险管理和监控。

分析报告还应包括项目简介、分析目的与范围、分析的基础资料、分析小组成员、分析所用引导词等必要内容。分析时还可以包括事故过程描述和事故原因分析等内容。

6. 危险评价查出重大危险源

制定危险总清单后，对各项危险进行评审，确定其是否为重大危险，是否需要进一步评价。

重大危险源的评价过程中，对于危险化学品主要依据 GB 18218—2009《危险化学品重大危险源辨识》的方法和第五章第一节和第二节的方法进行评价。

对于设备设施的评价，主要参考《国家安全监管总局关于公布首批重点监管的危险化工工艺目录的通知》（安监总管三〔2009〕116 号）和《国家安全监管总局关于公布第二批重点监管危险化工工艺目录和调整首批重点监管危险化工工艺中部分典型工艺的通知》（安监总管三〔2013〕3 号）两个通知内容。

7. 结束评价

经判断若不再做深度分析后，完成评价工作，编制评价报告。

图 2-19 为危害分析法评价要点示意图，描述了评价过程的细节和分析要点中间的相互关系。

三、方法应用

（一）实例

某输油首站建设项目 HAZID 分析过程。

1. 组成分析小组

HAZID 分析组长（可以理解为主持人）：熟悉 HAZID 分析技术、具有较高的沟通技巧、会议进度控制能力和会场控制能力，可以在规定时间内，引领、激发分析小组所有成员投入HAZID 分析过程，开展积极讨论，并带领分析小组取得卓有成效的分析成果。

分析小组成员（4~6 人，涉及项目管理、工艺、生产调度、操作、安全等专业技术负责人、承包商、运营商或者投资方的项目高级管理人员）：熟悉项目背景、建设地情况、了解各种备选方案，具有丰富类似项目经验。此外高级管理人员可以只参加全局性、共性和项目执行问题的讨论。

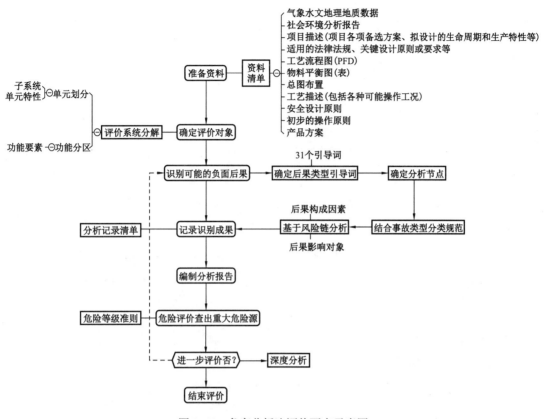

图 2-19　危害分析法评价要点示意图

2. 准备资料

除按照评价步骤描述的资料收集清单外,在熟悉企业情况的基础上,对企业提供的文件资料,进行详细核查,对项目资料缺项提出增补资料的要求,对未完成专项检测、检验或取证的单位提出补测或补证的要求,将各种资料汇总成图表形式。

3. 确定评价对象

除按评价步骤中描述的评价对象选定依据进行确定外,还要对评价对象进行单元划分和功能分解,把一个复杂的系统变成一个个相对单一危险信息的子系统或单元体。

对于油气储运系统,可参照 Q/SY 1449—2011《油气管道控制功能划分规范(2016确认)》进行分解,以便逐一识别。

4. 识别可能的负面后果

后果的识别主要集中在人员伤害、财产损失、环境破坏和商誉损伤几个方面,与风险评价矩阵提供的内容相符。见表2-33。

表 2-33 输油首站建设危害分析记录清单

序号	危险源/引导词	后果	拟采取或既定的安全措施	建议措施	相应负责人	落实情况说明
1	项目应急计划	事故时,出现指挥混乱,造成人员财产损失	编制应急预案	列入督办事项,定期监督	李四	—
	......	......				
14	压力危险	溢油、滴油,造成物质损失,为油库火灾爆炸事故下埋下重要隐患	管道设置泄压装置;可燃气体泄漏检测装置等	严格按照设计施工安装	张三	已安排专人对有压力危险的要害部位进行隐患排查
	......					

表 2-33 中的补救建议措施不是 HAZID 分析工作范围内,但 HAZID 分析小组可以提出一些替代的、削减风险的建议措施,以作为专家建议供项目组予以考虑,这些建议可以作为后续跟踪的内容纳入 HAZID 分析报告。

5. 编辑分析报告

通过对分析记录清单的整理和分类,可以形成表 2-34 的记录清单。

表 2-34 危害及其影响记录清单

危险序号	危险源及引导词描述	影响对象			来源
		安全	健康	环境	
1	**烃**				
1.01	压力油	MH	C	D	出油管、管线、压力容器及管道
1.02	地层中的烃	MH	—	D	油井(尤其是钻井、入井或修井过程中)
1.03	液化石油气(如丙烷)	MH	C	D	工艺分馏设备、储罐
1.04	液化天然气	MH	C	D	深冷装置、油轮
1.05	冷凝液态天然气	MH	C	D	气井、输气管、气体分离容器
1.06	烃气	MH	C	D	油/气分离器、气体加工装置、压缩机、输气管
1.07	低压油	MH	C	D	油罐
1.08	蜡	F	C	D	过滤分离器、井管、管线
1.09	煤	F	P	R	燃料源、采矿作业
2	**精炼烃**				
2.01	润滑/密封油	—	C	D	发动机、转动设备
2.02	液压油	—	C	D	液压活塞/箱/泵

续表

危险序号	危险源及引导词描述	影响对象			来源
		安全	健康	环境	
2.03	柴油燃料	F	C	D	发动机、仓储
2.04	石油溶剂/汽油	F	C	D	仓储
3	**其他易燃物**				
3.01	纤维素质	F	—	—	包装材料、木板、纸质垃圾
3.02	自燃物	F	C	D	含酸环境中容器脱落的金属屑、含酸环境中过滤器的剥落物、海绵铁脱硫装置
4	**易爆物**				
4.01	雷管	WP	C	—	地震作业、管道建造
4.02	常规易爆物	MH	C	Pr	地震作业、管道建造、平台停运
4.03	射孔器弹药	MH	—	—	与钻机和修井作业有关的完井作业
5	**压力危险**				
5.01	瓶装压力气体	WP	—	—	焊接和金属切割作业、实验室气源
5.02	管道工程中的受压水	WP	—	—	水处理、注水作业、管道工程的强度试验、油井压裂与处理
5.03	管道工程中的受压非烃类气体	MH	—	—	设施的吹扫和泄漏试验
5.04	高压空气	WP	—	—	地震气枪及相关管道
5.05	高压作业(潜水)	WP	P	—	海底作业
5.06	减压(潜水)	WP	P	—	海底作业
5.07	受压油及受压烃气	WP	—	D	出油管、管线、压力容器及管道
6	**与高度差有关的危险**				
6.01	作业高度超过2m的人员	MH	—	—	其中包括在脚手架、悬浮通道、梯子、平台、开挖处、塔状物、烟囱、屋顶、舷外及二层台上作业
6.02	作业高度低于2m的人员	WP	—	—	易滑/不平整表面,上下楼梯、障碍物、松动隔栅
6.03	架空设备	MH	—	—	在人体及设备或工艺系统高度以上、上升的工作台、吊挂处提升/搬运物品或作业时的物品坠落
6.04	水下人员	MH	—	—	高架作业中的物体落在潜水员身上
7	**承受诱导应力的物体**				
7.01	拉伸物体	WP	—	—	支索、锚链、拖缆及固定驳船所用索具、桁索
7.02	受压物体	WP	—	—	弹簧承载装置,例如泄压阀及其执行机构、液压作业装置

危险序号	危险源及引导词描述	影响对象			来源
		安全	健康	环境	
8	**动态情况危险**				
8.01	水上运输（船运）	WP	—	—	出发/到达地点和营地的船运，运送材料、供应品和产品；海上地震作业；移动钻机和修井设备的船舶
8.02	空中运输（空运）	MH	—	—	出发/到达地点和营地的直升机和定翼飞机运输，运送材料、供应品和产品
8.03	船只碰撞对其他船舶及海上结构的危害	MH	—	—	航道交通、产品运输船舶、供应和维修用驳船、漂流艇
8.04	带有活动或转动组件的设备	WP	—	—	发动机、电动机、压缩机、钻柱、动力定位船只上的推进器
8.05	危险性手工工具的使用（辗磨、拉锯）	WP	—	—	车间、施工场地、维修场地、转动设备
8.06	刮刀、砍刀及其他锋利物体的使用	WP	—	—	船上厨房、清除地震测线、挖掘作业
8.07	从船只向海上平台的转移	WP	—	—	利用篮子或绳索转移
9	**环境危险**				
9.01	天气	WP	—	—	风、温度极限、雨等
9.02	海面状况	MH	—	—	海浪、潮汐或其他海面状况
9.03	地质构造	MH	—	—	地震或其他地球运动
10	**热表面**				
10.01	60~150℃的工艺管道和设备	WP	P	—	油井管道、分馏系统中的管道、乙二醇再生管道
10.02	60~150℃的工艺管道和设备	MH	P	—	高温油管、与整流器和再沸器相连的管道
10.03	发动机和涡轮排气系统	WP	P	—	发电、压缩气体、冷冻压缩机、叉式升降机等发动机驱动设备
10.04	蒸汽管道	WP	P	—	硫化装置、动力锅炉、废热回收系统、伴热管道及夹套
11	**高温流体**				
11.01	温度为100~150℃	WP	P	—	乙二醇再生、低质量蒸汽系统、冷却油、船上厨房
11.02	温度高于150℃	MH	P	—	动力锅炉、蒸汽发生器、硫化装置、废热回收装置、高温油加热系统、与催化剂和干燥剂一起使用的再生气体

续表

危险序号	危险源及引导词描述	影响对象			来源
		安全	健康	环境	
12	**冷表面**				
12.01	25～80℃之间的工艺管道	MH	P	—	低温环境气候、焦耳—汤姆逊膨胀（工艺和裂缝）、丙烷制冷系统、液化石油气装置
12.02	低于80℃的工艺管道	MH	P	—	深冷装置、液化天然气装置、液化天然气存储容器,包括气罐和液氮存储蒸汽管线
13	**低温流体**				
13.01	温度在10℃以下的海水和湖水	—	P	—	北部和南部海洋及湖泊
14	**明火**				
14.01	带有火管的加热器	F	P	D	乙二醇再沸器、胺再沸器、盐浴加热器、水浴加热器（管线加热器）
14.02	直接燃烧式加热炉	F	P	D	热油加热炉、克劳斯装置反应炉、催化剂和干燥剂再生气体加热器、焚烧炉、动力锅炉
14.03	火焰	—	P	D	减压和泄压系统
15	**电**				
15.01	电缆电压范围在50～440V之间	MH	—	—	电缆、施工场地的临时供电线路
15.02	设备电压范围在50～440V之间	WP	—	—	电动机、电气开关、发电机、焊机、变压器次级线圈
15.03	电压高于440V	MH	—	—	电线、发电机、变压器初级线圈、大型电动机
15.04	雷闪放电	WP	—	—	主要的雷电易发区域
15.05	静电能量	WP	—	—	非金属储存容器及管道、产品转移用软管、擦拭布、未接地设备、铝／钢、高速气体排放
16	**电磁辐射**				
16.01	紫外辐射	—	P	—	弧焊、阳光照射
16.02	红外辐射	—	P	—	火焰
16.03	微波	—	P	—	船上厨房
16.04	激光	—	P	—	仪器的使用、勘测
16.05	电磁辐射 高压交流电缆	—	P	—	变压器、电缆

续表

危险序号	危险源及引导词描述	影响对象			来源
		安全	健康	环境	
17	**电离辐射—开放式辐射源**				
17.01	α、β—开放式辐射源	—	P	D	测井、放射线照相、显像密度计、接口仪器
17.02	γ射线—开放式辐射源	—	P	D	测井、放射线照相
17.03	中子—开放式辐射源	—	P	D	测井
17.04	自然发生的电离辐射	—	P	D	管材和容器的剥落物、工艺装置流体（尤其是在C3回流中）
18	**电离辐射—封闭式辐射源**				
18.01	α、β—封闭式辐射源	—	P	—	测井、放射线照相、显像密度计、接口仪器
18.02	γ射线—封闭式辐射源	—	P	—	测井、放射线照相
18.03	中子—开放式辐射源	—	P	—	测井
19	**窒息**				
19.01	缺氧	—	C	—	封闭空间、储罐
19.02	二氧化碳过量	—	C	D	利用二氧化碳的消防系统（例如透平罩壳）
19.03	溺水	—	C	—	舷外作业、海上地震作业、水上运输
19.04	氮气过量	—	C	—	用氮气吹扫容器
19.05	哈龙（卤代烷灭火剂）	—	C	D	使用哈龙灭火系统的区域,例如透平罩壳和电气开关设备及蓄电池室
19.06	烟尘	—	C	D	焊接/灼烧作业、火灾
20	**有毒气体**				
20.01	硫化氢（酸性气体）	MH	C	D	酸性气体生产、滞水中的细菌活动、酸性作业的封闭空间
20.02	废气	—	C	D	封闭的环境
20.03	二氧化硫	—	C	D	硫化氢火焰和焚烧炉烟道废气的成分
20.04	苯	—	C	D	原油、乙二醇废气的浓缩物、维姆科装置
20.05	氯	MH	C	D	水处理设施
20.06	焊接烟尘	—	C	—	施工和金属制造/维修、焊接有毒金属（镀锌钢、镀镉钢）、金属切割、辗磨

续表

危险序号	危险源及引导词描述	影响对象			来源
		安全	健康	环境	
20.07	烟草烟尘	—	LS	—	住宿和办公楼、船只、飞机
20.08	含氯氟烃	—	—	D	空调、制冷、烟雾剂喷射
21	**有毒液体**				
21.01	汞	—	C	D	电气开关、气体过滤器
21.02	多氯联苯	—	C	D	变压器冷却油
21.03	生物杀灭剂(戊二醛)	—	C	D	水处理系统
21.04	甲醇	—	C	D	气体干燥与水化抑制
21.05	卤水	—	C	D	烃类生产、压井液、封隔器液体
21.06	乙二醇	—	C	D	气体干燥与水化抑制
21.07	脱脂剂(萜烯)	—	C	D	维修车间
21.08	异氰酸酯	—	C	D	双组分油漆系统
21.09	硫化物	—	C	D	气体脱硫
21.1	胺	—	C	D	气体脱硫
21.11	抗腐蚀剂	—	C	D	管线和油/气井内的添加剂、铬酸盐、磷酸盐
21.12	防垢剂	—	C	D	冷却及注入水添加剂
21.13	钻井液添加剂	—	C	D	钻井液添加剂
21.14	添味剂(硫醇)	—	C	D	气体、液化石油气、液化天然气的输油监测设备
21.15	含醇饮料	WP	LS	—	
21.16	非处方药	WP	LS	—	
21.17	所使用的发动机润滑油(多环芳烃)	—	C	D	所使用的发动机润滑油
21.18	四氯化碳	—	C	D	工厂实验室
21.19	灰水和/或黑水	—		D	污水处理系统、营地、清洁剂
22	**有毒固体**				
22.01	石棉	—	C	D	保温及建筑材料、旧屋顶(在拆除过程中会遇到)
22.02	人造矿物纤维	—	C	D	保温及建筑材料
22.03	水泥粉尘	—	C	D	油井和气井的固井、土木建筑
22.04	次氯酸钠	—	C	D	钻井液添加剂

危险序号	危险源及引导词描述	影响对象			来源
		安全	健康	环境	
22.05	粉状钻井液添加剂	—	C	D	钻井液添加剂
22.06	硫黄粉尘	—	C	D	硫黄回收装置
22.07	生铁废渣	—	C	D	管道清理过程
22.08	油基钻井液	—	C	D	油气井钻井
22.09	仿油基钻井液	—	C	D	油气井钻井
22.1	水基钻井液	—	C	D	油气井钻井
22.11	水泥浆	—	C	D	油气井钻井、厂建
22.12	灰尘	—	C	D	喷丸处理、喷砂处理、催化剂(倾倒、筛选、移除、振动)
22.13	镉化合物及其他重金属	—	C	D	焊接烟尘、搬运镀膜螺栓
22.14	油基钻井液	—	C	D	清理油罐
23	**腐蚀性物质**				
23.01	氢氟酸	WP	C	D	井的增产措施
23.02	氢氯酸	WP	C	D	井的增产措施
23.03	硫酸	WP	C	D	湿电池、反渗透造水机的再生剂
23.04	苛性钠(氢氧化钠)	—	C	D	钻井液添加剂
24	**生物危险**				
24.01	食源性细菌(例如大肠杆菌)	—	B	—	受污染的食物
24.02	水源性细菌(例如军团杆菌)	—	B	—	冷却系统、生活用水系统
24.03	寄生昆虫(蜱虫、臭虫、虱子、跳蚤)	—	B	—	清洗/清理食物、手、衣物、起居处的方法不当(蜱虫、臭虫、虱子、跳蚤)
24.04	感冒和流感病毒	—	B	—	他人
24.05	艾滋病病毒(HIV)	—	B	—	受污染的血液、血液制剂以及他人的体液
24.06	其他传染病	—	B	—	他人
25	**人体工程危险**				
25.01	人工搬运物料	—	E		在钻台上搬动管道、散料仓库麻袋装卸\在条件恶劣的位置操纵设备
25.02	损坏性噪声	WP	P	Pr	由减压阀、压力控制阀发出
25.03	85dBA以上的持续噪声	—	P	Pr	机房、压缩机房、钻井制动装置、气动工具

续表

危险序号	危险源及引导词描述	影响对象			来源
		安全	健康	环境	
25.04	热应力（较高的环境温度）	—	P	—	靠近火焰处、特定条件下的二层台上、夏季世界上某些地区的露天区
25.05	冷应力（较低的环境温度）	—	P	—	冬季气候寒冷地区的露天场地、冷藏区
25.06	高湿度	—	P	—	因汗液蒸发率过低而无法为人体降温的气候条件、个人防护服
25.07	振动	—	P	Pr	手工具振动、维修以及建筑工人、船运
25.08	工作站	—	E	—	设计拙劣的办公家具以及布局欠佳的工作站
25.09	照明	—	P	Pr	需要使用强烈、刺眼光线的工作区、缺少明暗对比以及光线不足的工作区
25.1	相互冲突的手动控制	—	E	—	工作场所控制装置的位置设计不当导致工人操作时需要非常用力；缺少恰当的标签；手动操作的控制阀（例如司钻房内）；重型机械；控制室
25.11	工作场所和机械所处的位置恶劣	—	E	—	由于位置欠佳导致很难对机械进行定期维护，例如较高处或较低处的阀门
25.12	与体能不符的工作	—	E	—	要求年纪大的工人按照 8/12h 工作制持续进行高强度体力劳动、身体单薄者从事较重的施工工作
25.13	与认知能力不符的工作	—	E	—	要求员工监控某过程而未通过分配更高的任务目标使其减少厌烦情绪，要求工人监管其没有能力监管的事情
25.14	工作时间 / 轮班工作时间过长或不规律	—	E	—	需要较长轮班周期、加班、夜班和延时轮班的海上作业
25.15	组织及工作设计不力	—	E	—	职位要求不明确，上报关系不明确，过度监管 / 监管不力，操作人员 / 承包商沟通不畅
25.16	工作规划问题	—	E	—	超负荷工作、目标不现实、规划不清晰、沟通不畅
25.17	室内气候（太热 / 冷 / 干燥 / 潮湿，通风）	—	E	—	长期有人员配备区域的气候不适
26	**心理危险**				
26.01	在工作场所生活、远离家人	—	Psy	—	想家、想念家人和社交活动、缺少社会归属感、孤独感以及怀念生活的某些方面。离开配偶和家人、发展不同的兴趣和友谊、配偶独立的威胁、分别伊始的缓冲期。无法帮助配偶度过家庭危机。很少有闲暇时间
26.02	工作和生活都在厂里	—	Psy	—	知道错误可能引发灾难，易受他人错误的影响，为他人的安全负责。知道突发事件中逃生的难度。知道乘坐直升机和恶劣天气的危险

危险序号	危险源及引导词描述	影响对象			来源
		安全	健康	环境	
26.03	创伤后压力	—	Psy	—	严重事故、自己和他人受伤
26.04	疲劳	—	Psy	—	工作严重消耗体力,工作时间较长或过长
26.05	倒班工作	—	Psy	—	需要24h工作的施工、操作或钻井作业,饱和潜水作业,与各种作业有关的作息时间的改变
26.06	同行压力	—	Psy	—	看到工作场所其他人收入增加而产生的压力
27	**与安保有关的危险**				
27.01	海盗	Se	—	—	
27.02	暴力袭击	Se	—	—	
27.03	蓄意破坏	Se	—	—	
27.04	危机(军事行动、内乱、恐怖行动)	Se	—	—	
27.05	偷盗	Se	—	—	
28	**自然资源的利用**				
28.01	水	—	—	R	冷却水
28.02	空气	—	—	R	涡轮、内燃机(泵和压缩机的驱动)
29	**医学**				
29.01	身体不适	—	M		从医学的角度来说不适合工作任务的员工
29.02	晕动病	—	M		水上船员更换,海上作业
30	**噪声**				
30.01	高分贝噪声	—	M		装置区,例如涡轮、压缩机、发电机、泵和排污装置等
30.02	干扰性噪声	—	Psy		休息区、办公区及娱乐区的干扰性噪声
31	**捕集**				
31.01	火灾/爆炸	MH	—		阻塞通往聚集地的通道或污染聚集区
31.02	机械损害	WP	—		阻塞通道/逃生路线的物体
31.03	潜水	WP	—		阻断线路/潜水器脐带

注:1. 安全危险包括:F=易燃;MH=主要危险;Se=安保危险;WP=作业惯例。
　　2. 健康危险包括:B=生物因素;C=化学因素;E=人类工程因素;P=身体因素;Psy=心理因素;M=医学问题。
　　3. 环境危险包括:D=排放危险;R=自然资源的利用;Pr=存在;LS=生活方式因素。

6. 危险评价查出重大危险源

可以依据评价步骤中描述的物质重大危险源和设施重大危险源进行查找。对于物质的重大危险源要依据物质的性质和临界量进行识别,反复比对。对于设备的重大危险源要注重对设备在整个工艺过程中的连锁反应进行识别,对于一些因事故造成系统破坏的关键设备也可以列入重点关注的危险设备名录。

7. 结束评价与跟踪落实

对输油站场项目进行危害分析完成后,还可以参照预先危险性分析成果和危险与可操作性分析成果等,在确认项目的每一个环节都分析到位后,确认结束评价。

评价结束后,可将 HAZID 分析报告及其分析结果记录清单纳入整个项目的 HSE 风险管理系统中,可以采用"危害因素识别表"、"隐患治理台账"或"风险管理台账"的形式予以跟踪落实管理。

由于 HAZID 分析可能是项目的第一个风险分析活动,故此项目最初的"危害因素识别表"也将在 HAZID 分析报告的基础上生成。"危害因素识别表"应能够反映所辨识的危险源、可能的后果、控制措施、落实情况、后续的风险分析活动及其跟踪情况等等。利用"危害因素识别表"、"隐患治理台账"或"风险管理台账",可以实现对 HAZID 分析以及项目后续各种风险分析活动的持续跟进和管理。

(二)注意事项

通常,通过编写正式的危险记录,可详述各项危险和相关数据,如潜在原因、潜在后果、系统、设备和地理位置(视情况而定)以及某些识别参考形式。若可能,可对危险进行分组,这有利于进一步减少计算的工作量。

四、方法参考资料

(1)ISO 17776∶2002 石油和天然气工业—海上开采装置—危险识别与风险评估的工具和技术导则[S].

(2)GB/T 13861—2009 生产过程危险和有害因素分类与代码[S].

(3)GB/T 19538—2004 危害分析与关键控制点(HACCP)体系及其应用指南[S].

(4)GB/T 27341—2009 危害分析与关键控制点体系食品生产企业通用要求[S].

(5)刘铁民,张兴凯,刘功智.安全评价方法应用指南[M].北京:中国石化出版社,2005.4.

第九节 故障假设分析法(WIA)

一、方法概述

故障假设分析法(What…If Analysis,简称 WIA)是对某一生产过程或工艺过程的创造性分析方法。使用该方法时，要求人员应对工艺熟悉，通过提出一系列"如果……怎么办？"的问题，对工艺过程或操作预先提出一系列的故障假设，然后分析人员对假设进行分析来识别危险和可能的事故及后果，进而提出安全措施的过程。评价结果一般以变革的形式表示，主要内容包括故障假设、可能的后果或危险、已有的安全保护、建议措施等。该方法包括检查设计、安装、技改或操作过程中可能产生的偏差。要求评价人员对工艺规程熟知，并对可能导致事故的设计偏差进行整合。

故障假设分析法通常对工艺过程进行审查，一般要求评价人员用"What…If"作为开头对有关问题进行考虑，从进料开始沿着流程直到工艺过程结束。任何与工艺安全有关的问题，即使它与之不太相关也可提出并加以讨论。故障假设分析结果将找出暗含在分析组所提出的问题和争论中的可能的事故情况。这些问题和争论常常指出了故障发生的原因。故障假设提出的问题诸如：如果原料的浓度不对将发生什么情况？通常，将所有的问题都记录下来，然后将问题分类。例如：按照电气安全、消防、人员安全等对问题进行分类，分别进行讨论。对正在运行的现役装置，则与操作人员进行交谈，所提出的问题要考虑到任何与装置有关的不正常的生产条件，而不仅仅是设备故障或工艺参数的变化。此外，对问题的回答，包括危险、后果、已有安全保护、重要项目的可能解决方法等都要记录下来。

特点：故障假设分析方法鼓励思考潜在的事故和后果，它弥补了基于经验的安全检查表编制时经验的不足，相反，检查表可以把故障假设分析方法更系统化。因此出现了安全检查表分析与故障假设分析在一起使用的分析方法，以便发挥各自的优点，互相取长补短。

适用范围：故障假设分析法较为灵活，适用范围很广，在管道企业它可以用于工程、系统的任何阶段。一般主要对过程危险初步分析，再用其他方法进行更详细的评价。

二、评价步骤

故障假设分析法很简单，它首先提出一系列问题，然后再回答这些问题。评价结果一般以表格的形式显示，主要内容包括：提出的问题，回答可能的后果，降低或消除危险性的安全措施。

故障假设分析法评价流程如图 2-20 所示。

1. 分析准备

（1）人员组成。进行这项分析应由 2～3 名专业人员组成小组。小组成员要熟悉生产工艺，有评价危险性的经验并了解分析结果的意义，最好有现场班组长和工程技术人员参加。

（2）确定分析目标。首先要考虑以取得什么样的

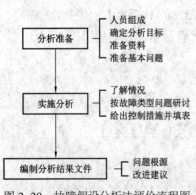

图 2-20　故障假设分析法评价流程图

结果作为目标,对目标又可进一步加以限定。目标确定之后就要确定分析哪些系统,如物料系统、生产工艺等。分析某一系统时应注意与其他系统的相互作用,避免漏掉危险性。如果是对正在运行的装置进行分析,分析组应与操作、维修、公用系统或其他服务系统的负责人座谈。此外,如果分析会议讨论设备的布置问题,还应当到现场掌握系统的布置、安装及操作情况。因此,在分析开始前,应拟定访问现场以及和有关人员座谈的日程。

（3）准备资料。故障假设分析法所需资料见表2-35。危险分析组最好在分析会议开始之前得到这些资料。

表 2-35　故障假设分析法所需资料

资料大类	详细资料
工艺流程及其说明	（1）生产条件;工艺中涉及的物料及其理化性质;物料平衡及热平衡; （2）设备说明书
工厂平面布置图	
工艺流程及仪表控制和管路图	（1）控制(连续监测装置,报警系统功能); （2）仪表(仪表控制图,监测方式)
操作规程	（1）岗位职责; （2）通信联络方式; （3）操作内容(预防性维修、动火作业规定、容器内作业规定、切断措施、应急措施)

（4）准备基本问题。它们是分析会议的"种子"。如果以前进行过故障假设分析,或者是对装置改造后的分析,则可以使用以前分析报告中所列的问题。对新的装置或第一次进行故障假设分析的装置,分析组成员在会议之前应当拟定一些基本的问题,其他各种危险分析方法对原因和后果的分析也可以作为故障假设分析的问题。

2. 实施分析

（1）了解情况,准备故障假设问题。分析会议一开始,应该首先由熟悉整个装置和工艺的人员阐述生产情况和工艺过程,包括原有的安全设备及措施。这些人员主要是分析组所分析区域的有关专业人员。分析人员还应说明装置的安全防范、安全设备、卫生控制规程。分析人员要向现场操作人员提问,然后对所分析的工艺过程提出有关安全方面的问题。但是分析人员不应受所准备的故障假设问题的限制或者仅局限于对这些问题的回答,而是应当利用他们的综合专业知识和分析组的相互启发,提出他们认为必须分析的问题,以保证分析的完整。分析进度不能太快也不能太慢,每天最好不要超过 4~6 h,连续分析不要超过一周。分析过程有两种会议方式可采用。一种方式是列出所有的安全项目和问题,然后进行分析;另一种方式是提出一个问题讨论一个问题,即对所提出的某个问题的各个方面进行分析后再对分析组提出的下一个问题(分析对象)进行讨论。两种方式都可以,但通常最好是在分析之前列出所有的问题,以免打断分析组的创造性思维。如果过程比较复杂,可以分成几部分,这样不至于让分析组花上几天时间来列出所有问题。

(2)按照准备好的问题,从工艺进料开始,一直进行到成品产出为止,逐一提出如果发生某种情况,操作人员应该怎么办的问题,分别得出正确答案,填入分析表中,常见的故障假设分析法分析表形式见表2-36。

表2-36　故障假设分析法分析表

如果……怎么办	危险性 / 结果	建议 / 措施

(3)将提出的问题及正确答案加以整理,找出危险、可能产生的后果、已有安全保护装置和措施、可能的解决方法等汇总后报相关部门,以便采取相应措施。在分析过程中,可以补充任何新的故障假设问题。

3. 编制分析结果文件

编制分析结果文件是将分析人员的发现变为消除或减少危险的措施的关键。分析组还应根据分析结果提出提高过程安全性的建议。根据对象的不同要求可对表格内容进行调整。表2-37为故障假设分析结果报告式样。

表2-37　故障假设分析结果报告式样

分析对象:　　　　　　　　分析人员:
分析主体:　　　　　　　　日期:日 / 月 / 年

What…If 问题	后果 / 危险	已有安全保护	建议

三、方法应用

(一)实例

以下故障假设分析方法是参考美国化学工程师学会(CCPS)《危害评价过程指南》中有关故障假设分析方法的事例。

1. 工艺中风险问题的提出背景

由于故障假设分析不需要氯乙烯单体装置设计的详细资料,并且有识别和评价危险的显著活性,所以小组推荐采用故障假设分析技术。

评价小组由如下专家组成:

A先生,某公司本地氯气装置的安全和紧急情况协调员,被选定为组长。

B先生,作为氯气专家,已经主持或参与过多个不同的危险评价,包括故障假设分析,主持故障假设分析。

化学专家——为帮助识别有害物和潜在化学品的相互影响,需要一位熟悉氯气、盐酸、乙烯、二氯化乙烯、氯乙烯单体某化学品的专家。A 先生将担任这一职务。

氯气专家——氯气专家必须有生产氯气方面的经验。来自某公司本地氯气装置的 E 女士,已有 10 年的丰富经验,将担任这一职务。

乙烯专家——乙烯专家应有识别与生产乙烯有关危险的能力。在这一领域,某公司没有经验,通过查询 CCPS 的《化学生产过程安全工作指南》,B 先生确定了几家在加工乙烯方面有经验的公司。在通过电话访问,获得这些公司的有关资料以后,B 先生雇用了碳氢化合物咨询股份有限公司的 P 先生协助进行故障假设分析。

安全专家——必须帮助了解与新项目相关的实际安全要求。安全专家(以及其他小组成员)应熟知与氯乙烯单体项目有关的过去的事故、近期的事故和安全改进。B 先生将担任这一职务。

B 先生将主持故障假设分析会议。根据由评价小组收集到的资料,此项目刚刚开始的事实,B 先生估计分析将花费一天到两天的时间。安排了会议,选择一个适宜的场所——当地工厂的培训教室。在开会前两周,B 先生送给每位成员一份氯乙烯单体生产过程的摘要和由研究小组收集的有关此项目的资料。

B 先生编制了在会议中要使用的故障假设分析检查表(表 2-38)。该表应能让小组成员畅所欲言地表达他们的安全观点。B 先生已发现,用少数问题作"球状滚动"提问,是非常有帮助的。

表 2-38　故障假设分析问题表

序号	问题
1	乙炔送料里有杂质吗?
2	氯气送料里有杂质吗?
3	氯气反应太快吗?
4	出现过熔炉爆炸吗?
5	乙烯同氯化氢副产品分离了吗?
6	使用了不适合的原料吗?
7	有管线破裂吗?
8	大量的氯气将二氯化乙烯携带到下面工序吗?
9	流到加热炉中的二氯化乙烯是间断的吗?
10	氯乙烯单体落到副产品液体中吗?
11	副产品被送到氯乙烯单体贮罐了吗?

2. 分析说明

两周以后,在周一9:00时,危险评价小组在当地工厂的培训教室集合开会。首先,B先生要求评价组人员互相介绍自己;然后,B先生说明了一天的安排,B先生简单回顾了氯乙烯单体风险项目的基本情况、化学进展和为什么要进行故障假设分析。在开始检查之前,B先生概述了下面的基本原则:

(1)所有小组成员都将平等发言。

(2)任何一个观点,无论它多么无意义,都是合理的提议。

(3)所有小组成员都要出一份力。

(4)由初始故障假设分析产生的疑问和想法在继续前进以前,给予优先权。

(5)不需对疑问或想法进行详细分析和鉴别。

(6)检查重点主要集中在识别危险上,检查的结论将由A先生和他本人写成文件,通过小组检查,然后作为正式的报告交给业务小组(B先生此时不能确定小组召集在一起检查这份报告?还是仅仅送一个报告给他自己?)

下面是故障假设分析小组会议讨论的摘录:

提出的问题有如下内容:

(1)对于乙烯供料中存在的杂质危害是什么?该怎么办?

(2)对于氯气供料中存在的杂质危害是什么?该怎么办?

(3)对于供料管道出现破裂的危害是什么?该怎么办?

(4)对于一条供料管线破裂存在的危害是什么?该怎么办?

(5)对于乙烯管道破裂存在的危害是什么?该怎么办?

在一天的时间内,一直以这种方式继续着。所有小组成员都提出问题和回答问题。回答一直继续,直到小组没有其他问题或要回答的疑问涉及以前相同的情况时才结束。

3. 结果讨论

分析结果被以表格形式列出(表2-39)。表中内容有:疑问提问,小组成员对疑问的回答,还有小组提出来的对策。在该公司的表格中,还包括为对策的执行和执行活动的情况。而该公司的表格中没有说明如何执行对策的决议栏。在有关人员被指定决定对策的时候,填写这一栏目。

表2-39　研究与开发阶段假设分析结果表

故障假设分析工作记录表　　　　页:1　　　　　　　　　　　　日期:8/15/85
生产过程和场所:氯乙烯装置基本原理课题调查:安全危险性
小组成员:B先生(领导——某地装置安全协调人)
A先生(负责某公司的研究与开发)
C女士(某地装置的工程师)
P先生(顾问)
设备/工作目的:直接氯化反应器加料

续表

故障假设分析	后果/危险	建议	负责人	解决时的签字和日期
1. 乙烯供料伴有杂质	1. 在乙炔中主要杂质是油,油与氯气剧烈反应。然而,在乙烯中的油通常是少量的,而且反应器中大量的二氯化乙烯将抑制任何的油/氯化反应,水也是微量杂质	1.a 查证高纯度乙烯的利用率和供料的可行性; 1.b 确定并检验油/氯化反应的反应动力学	1.a 乙烯专家; 1.b 化学专家	
2. 氯气供料有杂质	2. 在氯气中主要杂质是水。在氯气中有大量的水将会引起氯气装置设备的损坏,在送到氯乙烯单体装置时有水会引起停车。少量的水不会有问题			
3. 供料管线破裂	3. 氯气将有大量的液氯逸出,并在周围形成大量的氯气气雾。乙烯将会有大量的液体乙烯逸出形成大量的乙烯气雾,具有潜在的燃烧和爆炸危险	3.a 考虑给氯乙烯单体装置供给氯气气体; 3.b 评价某公司加工高度易燃原料的能力。考虑意外燃烧的安全培训和保护装置	3.a 化学专家; 3.b 装置消防主任、协会的培训官员	
4. 供料违章不稳定	4. 反应也许会失去控制,还不知道可接受的操作限度	4. 检验在各种乙烯/氯气供料比率下的反应速率	4. 化学专家(了解研究)	

由小组提出的许多疑问在会议中迅速解决,没有迅速解决的疑问指定了各小组成员在分析会议以后随行调查,被指定的小组成员要对分析报告中包括的这些疑问作出调查结论,要向小组领导汇报。有关检查中提出的疑问或获得的答案、对策要落实。

分析期间,A 先生继续关注有关问题的提出,后来他集中精力为业务小组打印一份正式报告。他在报告中包括了小组成员对在会议中遗留下来的疑问进行调查的结论和建议。

4. 评价小结

故障假设分析小组对小组每位成员和某公司员工提出的对策负有落实的责任。协调氯乙烯项目的一位业务小组成员——A 先生,已同意会晤某公司员工并保证这些对策被落实,B 先生认为不需要为之后的工作再召开一次会议。落实对策的结果被合并到故障假设分析结果中,并且作为递送业务小组的报告资料。

5. 结论和报告

故障假设分析方法非常成功的原因是:

(1)负责人经验十分丰富,分析过程按部就班进行,较好地完成任务。

(2)参加评价人员选择合理,人员水平较高。

(3)分析组不是把所有的问题都解决,而是有重点地解决。

（二）注意事项

故障假设分析作为一种系统安全分析方法,其作用主要是识别和分析系统或工程中的潜在危险、可能的事故后果以及事故发展的逻辑事件链。至于该事故的风险度有多大,可否接受,已有的安全措施中作用效果如何,是否需要另外增加安全措施,故障假设分析不能给予回答。因而,它只完成了风险辨识工作,要进一步进行风险评价和风险控制,必须借助其他评价方法来完成。

四、方法参考资料

（1）美国化学工程师学会 . 危害评价过程指南 .

（2）Guidelines for Quantitative Risks Assassment,Committee for Prevention of Disasters,1999.

（3）GB/T 27921—2011　风险管理　风险评估技术［S］.

（4）刘铁民,张兴凯,刘功智 . 安全评价方法应用指南［M］.北京:中国石化出版社,2005.4.

第十节　故障假设/检查表法（WI/CA）

一、方法概述

故障假设分析/检查表分析法（What…If/Checklist Analysis,简称WI/CA）是故障假设分析和安全检查表分析方法的结合。由熟悉工艺过程的人员所组成的分析组来进行。分析组用故障假设分析法确定过程的各种事故类型,然后分析组用一份或多份安全检查表帮助补充可能的疏漏,此时所用的安全检查表与通常的安全检查表略有不同,不再着重于设计或操作特点,而着重于危险和事故产生的原因。这些安全检查表能启发对与工艺过程有关的危险类型和原因的思考。

故障假设分析方法鼓励评价人员思考潜在的事故和后果,弥补了检查表编制时可能存在的经验不足;检查表把故障假设分析方法更系统化。这两种方法的组合弥补了单独使用时各自的不足。这种方法需要有丰富工艺经验的人员完成,常用于分析工艺中存在的最普遍的危险。虽然也能够用来评价所有层次的事故隐患,但故障假设分析/检查表分析一般主要对过程危险初步分析,然后可用其他方法进行更详细的评价。两种方法的组合弥补了单独使用时各自的不足。

特点:故障假设/检查表分析的目的是识别潜在危险,考虑工艺或活动中可能发生事故的类型,定性评价事故的可能后果,确定现有的安全设施是否能够防止事故发生。与其他大多数的评价方法相类似,这种方法同样需要有丰富工艺经验的人员完成,常用于分析工艺中存在的最普遍的危险。

适用范围:该方法能够用来评价所有层次的事故隐患,但故障假设/检查表法一般主要是对过程中的危险进行初步分析,然后可用其他方法进行更详细的评价。通常,评价人员还应提出降低或消除工艺操作危险的措施。在管道企业,故障假设/检查表法可用于工艺项目的任何阶段。

二、评价步骤

故障假设/检查表法评价流程如图 2-21 所示。

故障假设/检查表法操作步骤为:

(1)成立分析小组:组织者首先选择合适的分析小组成员,组织成立分析小组。

(2)确定分析目标:确定分析对象的物理分析范围。如果过程或活动比较大,则分成几个功能或物理区域,或者是多个分析任务的顺序。

(3)收集资料及准备:故障假设分析准备过程的几个重要方面,请参考故障假设分析方法。对于本分析的安全检查表部分,分析小组的组织者应当获得或建立合适的安全检查表,以便分析小组能与故障假设分析配合使用,安全检查表应着重在工艺或操作的主要危险特征上。

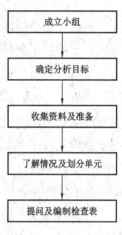

图 2-21 故障假设/检查表法评价流程图

(4)了解情况及划分单元:分析会议开始后,应该先由熟悉整个装置和工艺的人员对过程进行阐述。参加人员还应说明装置的安全防范、安全设备、职业健康控制规程。

危险分析人员在分析会上围绕他们所确定的安全分析项目对工艺过程或操作进行分析,提出有关安全方面的问题。在分析会上鼓励每个分析人员利用他们的综合专业知识和分析人员间的相互启发,对假定的故障问题发表不同的看法。故障假设提出的问题如:"如果原料的浓度不对将发生什么情况?"接着分析小组分析系统将作出反应,如:"如果酸的浓度加倍,反应将不可控制,结果是迅速放出热量。"然后分析小组提出建议,如安装紧急停车系统或对送入反应器的原料采取特殊的预防措施。问题和对问题的回答,包括危险和后果、已有安全保护、重要项目的可能解决方法都要记录下来。在分析过程中,小组成员可以补充任何新的故障假设问题。

(5)提问及编制检查表:构建一系列缺陷或故障假设问题和项目,使用安全检查表进行补充,分析每一个问题和项目,编制分析结果文件。见表 2-40。

表 2-40　故障假设 / 检查表法编制的检查表

地点		工艺			分析日期			
序号	工艺步骤或设备位置	假设问题"假如…会怎样?"	后果	现有保护	严重度	可能性	风险等级	建议

　　一旦分析小组将所有待分析的问题和项目确定之后,将进入关键的一步,危险分析小组的组织者将使用获得的安全检查表对拟分析问题和项目进行补充 和修改,分析小组按照每个安全检查表项目看是否还有其他的可能事故情况,如果有,将按故障假设问题的同样方法进行分析(安全检查表对过程或活动 的各个方面进行分析)。某些情况下,希望危险分析小组在使用安全检查表之前提出尽量多的危险和可能事故情况,而在其他情况下,一开始就使用安全检查表及其项目去构建故障假定问题和项目也能得到很好的结果,特别是那些不使用安全检查表就可能考虑不到的问题和项目。但是,如果一开始就使用安全检查表,组织者应注意不能让安全检查表限制了分析小组的创造性和想象力。

　　包含可能事故情况的问题和项目构建完成之后,分析小组分析每种事故情况或者是有关安全方面的考虑;定性确定事故的可能后果;列出已有的安全保护和预防措施。然后分析小组分析每种情况的严重程度,确定是否建议采用特殊的安全改进措施。这个分析过程对每个区域或工艺过程的每一步或每个活动都重复进行。有时这种分析由分析人员在分析会议外完成,然后由分析小组审查。

　　分析报告包括列出故障情况、后果、已有安全保护措施、提高安全性的建议,通常以表格的形式出现。然而,有些分析报告采用更紧凑的文本格式,有时危险分析小组还将提供给管理人员对分析建议的更详细的解释。

　　注:当同时使用安全检查表建立故障假设问题和项目时,(3)和(4)就合为一个步骤。

三、方法应用

(一)实例

　　为了提高产量,某公司在 90t 氯气贮槽和反应器进料贮槽之间安装了一条输送管线。在每次间歇操作之前,操作人员必须将 1t 氯送到贮槽中。使用新管线大约需要 1h(使用旧管线约需 3h),使用压缩氮气输送液氯,输送距离 1.5km,焊接管线且未隔离。贮槽和反应器进料槽在大气温度下操作。

为输送液氯,操作人员将阀 PCV-1 设置到要求的压力,打开阀 HCV-1,并且确认进料贮槽的液位逐渐上升。当进料贮槽高液位报警时表示已输送了 1t 的氯,操作人员关闭阀门 HCV-1 和 PCV-2。正常情况下,阀门 HCV-2 在间歇操作过程中打开以免液氯停留在长长的管线中。

(1)成立分析小组:(可参考故障假设分析法部分)。

(2)确定分析目标:(可参考故障假设分析法部分)。

(3)收集资料及准备:(可参考故障假设分析法部分)。

(4)了解情况及划分单元:(可参考故障假设分析法部分)。

(5)提问及编制检查表:分析小组对工艺过程的修改进行故障假设/安全检查表分析,分析可能发生的事故及是否有适当的保护措施。

会议上讨论确定的故障假设问题和项目,接下来分析小组使用两份安全检查表对故障假设问题进行补充,考虑了使用安全检查表后补充考虑的安全问题;这些问题如果只用故障假设分析法很可能被忽略。

(二)注意事项

故障假设/检查表法存在一定的局限性:

(1)"抄捷径"导致评审不充分。

(2)分析的深度有限。

(3)只在询问正确的问题时才起作用。

四、方法参考资料

(1)GB/T 27921—2011 风险管理 风险评估技术[S].

(2)GB/T 5080.7—1986 设备可靠性试验 恒定失效率假设下的失效率与平均无故障时间的验证试验方案[S].

(3)DIN IEC 60605-6:1999 设备的可靠性试验 第6部分:对恒定故障率或恒定故障密度假设的正确性的测试[S].

(4)刘铁民,张兴凯,刘功智.安全评价方法应用指南[M].北京:中国石化出版社,2005.4.

第十一节 管理疏忽和风险树分析法(MORT)

一、方法概述

管理疏忽和风险树分析法(Management Oversight and Risk Tree,简称 MORT)是按一定顺序和逻辑方法分析安全管理系统的逻辑树(Logic Tree, LT)。MORT 的诞生和发展为事故调查提供了强有力的逻辑分析手段。MORT 分析是一个复杂的逻辑分析过程,它为确定事故发生的原因以及诱导因素在事故中所起的作用提供了深入分析的途径。图形描述是 MORT 分析的灵魂,从结构上来看,它是一系列相关问题的逻辑组合。MORT 一旦构造完成,它所提供的是一幅有关某一特点事故全方面指示图,几乎事故发生过程中所有重要的因素都得到完整描述。由于其功能独特,在事故分析与调查过程中日益得到人们的重视。MORT 是一种系统分析方法,在现有的数十种安全分析方法中,只有 MORT 把分析的重点放到了造成伤亡事故的本质原因——管理缺陷上。大量的统计资料表明,造成伤亡事故的最根本原因是系统管理问题,分析和预测引发伤亡事故的根本原因——管理问题,难度很大。

MORT 把事故定义为"一种造成对人员伤害和对财产损害的,或减缓进行中的过程的不希望发生的能量转移"。在 MORT 分析中,一般认为事故的发生是由于缺少屏障和控制。这里的屏障不仅指物质的屏障,更重要的是,它包括了计划、操作和环境等方面的内容。在 MORT 中,除用系统安全分析中的一般概念外,还有一些新的概念,如屏障分析和能量转移等。MORT 是按一定顺序和逻辑方法分析安全管理系统的逻辑树(Logic Tree, LT)。在 MORT 中分析的各种基本问题有 98 个。如果树中的某一部分被转移到不同位置继续分析时, MORT 分析中潜在因素总数可达 1500 个。这些潜在因素是伤亡事故的最基本的原因和管理措施上的一些基本问题,因此, MORT 的分析结果被用作安全管理中特殊的安全检查表。

特点: MORT 是一种标准安全程序分析模式,它可用于:(1)分析某类特殊的事故。(2)评价安全管理措施。(3)检索事故数据或安全报告。MORT 这三方面的用途,有助于管理水平的提高。在安全检查中查出的新的事故隐患,被记入 MORT 逻辑图中相应的位置;通过安全整改措施,可以消去 MORT 中一些基本因素。在安全管理中,运用 MORT 可以降低事故风险、防止管理失效和差错;分析和评价事故风险对管理水平的影响,对安全措施和风险控制方法事先最优化。与事故树相比,由于内容和目标不同, MORT 要显得复杂得多,更为重要的是, MORT 把分析的重点放在管理缺陷上,而一般在事故发生过程中,有 80% 左右的因素集中在管理方面,因此,使得 MORT 获得足够的重视,发展十分迅速,已成为重要的系统安全分析方法之一。

适用范围:该方法把分析的重点放在管理缺陷上,在管道企业 MORT 方法可用于分析事故发生的危险因素,尤其是事故发生的本质原因——管理缺陷。

二、评价步骤

管理疏忽和风险树分析法的评价流程如图 2-22 所示。

管理疏忽和风险树分析法 MORT 的一般操作步骤:

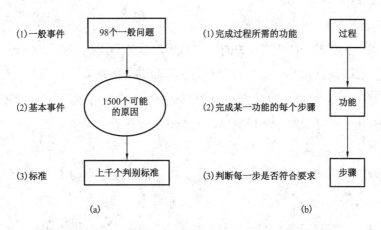

图 2-22 管理疏忽和风险树分析法（MORT）的评价流程

1. 基础分析

从一般问题入手，找出可能引起这些问题的基础原因。

MORT 是事先设计构造出来的一种系统化的逻辑树。在这个逻辑树里，概括了系统中设备、工艺、操作和管理等各方面可能存在的全部危险。MORT 的顶端是一起事故可能引起的严重结果，诸如重大伤亡事故和物质损失等，与其并列之处，用虚线连接着对不希望事件前景的估计，顶端的下部有三个主要分支。其基本结构如图 2-23 所示。MORT 中假设风险事件被转移到 MORT 的失误分支中，这些事件引起的风险是在一定的管理水平下经过分析后被接收了的。没有经过分析或未知的风险不能看作是假想风险。

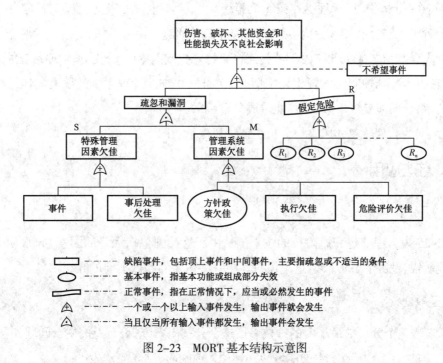

图 2-23 MORT 基本结构示意图

MORT 的基本事件：主要分为三类：

（1）S 因素：与被研究的事故有关的特别的管理疏忽和漏洞。在这一分支中，各因素的排列具有一定规律性，在水平方向上自左至右表示时间上的从先到后，在竖直方向上由上而下表示从近因到远因。可以概略地把这两个方向看作时间和过程的图标。为了较早地中断事故发展过程，在该分支的左下侧设置屏障是最好的方案。

（2）R 因素：这是被接受的危险一览表。所谓被接受的危险是指一些已经知道其存在，但还没有有效措施予以控制的危险因素。把被接受的危险列在树图中，其目的是唤起人们的注意，更加努力研究以减少这些危险。未经分析的未知的危险不是被接受的危险。

（3）M 因素：这是一般管理因素。它们可能是明显的故障，也可能是管理系统的弱点。它们是直接或间接促成被分析的事故的一般管理系统的问题。

2. 问题对标

针对工艺过程、管理环节、工艺操作、作业规范和安全监督等收集到的规章制度、标准规范进行对标，查找管理偏差，对这些偏差原因进行判断评价。

3. 建立 MORT 的结构图

将分析和对标的结果构成倒树枝结构，将分析发现的管理欠佳项标注在倒树枝结构图上，再系统地查找出事故发生频率、后果严重度等，最后实现 MORT 风险树的简化。

在 MORT 分析中，把管理工作按 5 个等级水平划分：优秀、优良、良、欠佳（简称 LTA）、劣。在分析中，把欠佳（LTA）作为判定管理漏洞的标准。

包括失误和疏忽的主分支由"与"门连接着特殊控制因素（S 分支）和管理系统的因素（M 分支）。它表示特殊控制因素发生异常情况"欠佳"，再加上管理系统的因素欠佳，就会导致失误和疏忽，从而演变成事故，并可能造成严重后果。

图 2-24 为管理疏忽和风险树分析法评价要点示意图。

三、方法应用

（一）应用

图 2-25 为管理疏忽和风险树的主干图。由于这种图包括大量的因素、异常复杂，故画出它的全貌需要相当大的篇幅，这里仅对其中一些主要问题做扼要的介绍。

1. 基础分析

S 因素是整个分析中最重要的分枝。按这个分枝向下分析，涉及的主要问题如下：

SA_1，事故。当不希望发生的能量转移到达人或物时，则事故发生。

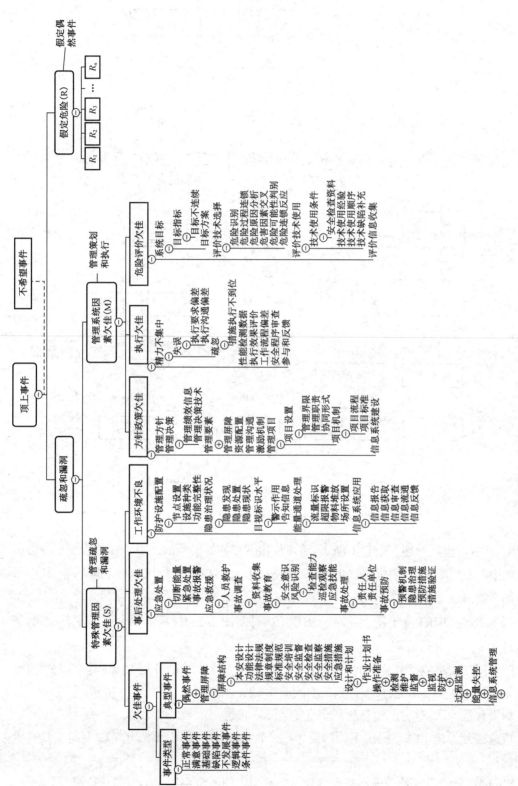

图 2-24 管理疏忽和风险树分析法评价要点示意图

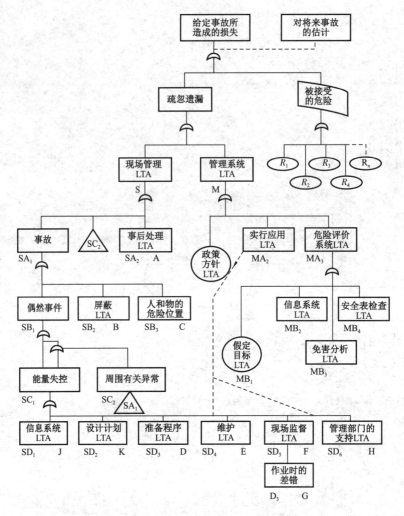

图 2-25 管理疏忽和风险树分析法主干图

SA_2，改善（事后处理）欠佳（LTA）。该事件出现在初始的事故之后。在能为缩小有害影响、防止事故扩大的措施中，如防止第二次事故，防火、急救、医疗设施以及恢复等，其中每一项都可能出现欠佳。

图 2-26 为 MORT 支干图。图 2-26 的顶上事件是图 2-25 中下端"现场监督欠佳（LTA）"（SD_5、F）。

防止第二次事故，提出下面的问题：（1）"防止第二次事故的计划 LTA 吗？"（2）"执行该计划 LTA 吗？"（3）"执行该计划的实践活动 LTA 吗？"

如果合适的话，对防火和急救行动重复类似的问题。

应急医疗设施 LTA。提出下面问题：（1）"急救安排是否 LTA？"（2）"交通工具有没有问题？"

SB_1 偶然事件。这是一种不一定导致伤害或损害的不希望发生的能量转移。

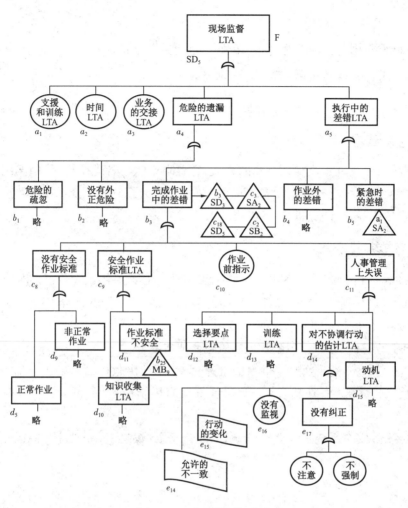

图 2-26　MORT 的枝干图

SB_2 屏障欠佳(LTA)。为防止能量转移而设置屏障。对于大能量应该尽早设置多重屏障。要分别考察每种屏障以发现其是否存在,在特殊环境下它是否发生故障而使事故能够发生。应针对每种能量转移,认真考虑隔离能量,设置保护人和物的屏障。

SB_3 能量流通渠道中的人或物。该项分析检查回避行为和职能方面的问题。

SC_1 不希望的能量转移。这是指在偶然事件发生过程中起决定性作用的能量。能量的形式和种类可能有几种:不希望的能量 $1,2,3,\cdots,n$。许多事故的发生是由不同的能量依次互相作用的结果。这说明设置中间屏障的重要性,在不同能量间设置中间屏障使人们有机会阻断事故发展进程。在分析过程中,要充分注意多种能量相互作用的情况。

SC_2 周围有关的异常。如果存在若干种异常情况,都要一一加以说明。下面的分析和左侧的内容相同,用 SA_1 表示重复。

再继续分析,则为七种管理因素的组合。

M 因素分枝下面又有基本方针、实施运用和危险评价系统三个分枝(图 2-25)。

2. 问题对标

针对基础原因用各种标准对这些基础原因进行判断评价。

3. 建立 MORT 的结构图

根据对标结果,参照图 2-23 去除风险小的和不发展事件等,形成简化的 MORT 风险树。

(二)注意事项

MORT 是一种经过实践验证有效的方法,它着眼于整个管理架构,采用详细的故障树,并列出了多达 1500 个潜在原因因素。也因为如此,决定了 MORT 分析技术复杂,需要一定的经验,广泛的任务分析也耗时较多。

四、方法参考资料

（1）BS 8444-3∶1996（2008-09-17） 风险管理 技术系统风险分析指南［S］.

（2）IEC 60300-3-9∶1995(2011-07-15) 可信性管理 第 3 部分:应用指南 第 9 节:技术的系统风险分析［S］.

（3）GB/T 27921—2011 风险管理 风险评估技术［S］.

（4）吴穹,许开立.安全管理学［M］.北京:煤炭工业出版社,2002.7.

（5）刘铁民,张兴凯,刘功智.安全评价方法应用指南［M］.北京:中国石化出版社,2005.4.

（6）沈斐敏.安全系统工程理论与应用［M］.北京:煤炭工业出版社,2001.6.

第三章 常用半定量评价方法

半定量评价方法是用一种或几种可直接或间接反映物质和系统危险性的指数(指标)来评价系统的危险性大小的方法。根据系统属性及其对风险的贡献大小建立指标体系,对各个节点失效可能性和失效后果进行评分,利用分值表示各个节点风险相对大小的系统风险评价方法。半定量分析是介于定性分析和定量分析之间的一种方法,其准确性比定量分析稍差,特点是简单、迅速、费用低。半定量分析方法常用的有风险矩阵法、指标体系评价法、作业条件危险性评价法、保护层分析法和基于可靠性的维护等方法。

第一节 风险矩阵法(RMEA)

一、方法概述

风险矩阵法(Risk Matrix Evaluation Analysis,简称 RMEA)通过对影响风险结果的严重度和可能性进行等级划分,然后由矩阵表来确定风险等级的方法。此分析法是将决定危险事件的风险的两种因素,即危险事件的严重性和危险事件发生的可能性,按其特点相对地划分为等级,形成一种风险评价矩阵,并赋以一定的加权值定性衡量风险的大小。

特点:风险矩阵评价方法是简单灵活的分析工具,可以依据系统层次按次序揭示系统、子系统和设备中的危险,并按照风险的可能性和严重性进行分类,以便根据轻重缓急采取安全措施,与其他方法比较具有更广泛的用途,是在项目全周期过程中评价和管理风险的直接方法。

适用范围:在管道企业适用于工程的设计、施工及运行等阶段。该方法常用于进行定性的风险估算,一般不单独使用,常和预先危险性分析法、故障类型和影响性分析法、LEC法等评价方法结合使用。

二、评价步骤

风险矩阵法评价流程如图 3-1 所示。

风险矩阵分析法步骤:

1. 事故后果严重度分级

由系统、分系统或设备的故障、环境条件、设计缺陷、操作规程不当,认为差错引起的有害后果,将这些后果的严重程度相对地定性为若干级,称为危险事件的严重分级。通常

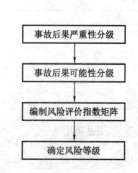

图 3-1 风险矩阵法评价流程图

严重性等级分为四级见表3-1。数字越大严重度越高。

表3-1　危险事件的严重性分级

严重性等级	等级说明	事故后果说明
1	轻微的	人员伤害程度和系统损坏程度都轻于2级
2	轻度的	人员轻度受伤、轻度职业病或系统轻度损坏
3	严重的	人员严重受伤、严重职业病或系统严重损坏
4	灾难的	人员死亡或系统报废

2. 事故后果可能性分级

把上述危险事件发生的可能性根据其出现的频率程度相对地定性为若干级,称为危险事件的可能性等级。通常可能性等级分为五级,见表3-2。数字越大可能性越高。

表3-2　危险事件的可能性等级

可能性等级	单个项目具体发生情况	总体发生情况
1	极不易发生,以至于可以认为不会发生	不易发生
2	在寿命期内会不易发生,但仍有可能发生	较不易发生
3	在寿命期内有时可能发生	发生若干次
4	在寿命期内会出现若干次	频率发生
5	频繁发生	连续发生

3. 编制风险评价指数矩阵

将上述危险性和可能性等级制成矩阵并分别给以定性的加权指数,形成风险评价指数矩阵,见表3-3。

表3-3　风险评价指数矩阵

可能性	严重度			
	轻微	轻度	严重	灾难
不易发生	1	2	3	4
不易发生,但有理由可预期发生	2	4	6	8
发生若干次	3	6	9	12
频率发生	4	8	12	16
连续发生	5	10	15	20

矩阵中的加权指数称为风险评估指数,指数从 1 到 20 是根据危险事件可能性和严重性水平综合而定的,通常将最高风险指数定为 20,相对应于危险事件是频繁发生的,并是有灾难性的后果的。最低风险指数 1,对应于危险事件是几乎不可能发生而且后果是轻微的。数字等级的划分具有随意性,为了便于区别各种风险的档次,需要根据具体评价对象确定风险评价指数。

4. 确定风险等级

根据矩阵中的指数确定不同类别的决策结果,确定风险等级,见表 3-4。

表 3-4 风险等级

风险值(风险指数)	1~5	6~9	10~17	18~20
风险等级	1	2	3	4

5. 确定风险控制措施

根据风险等级确定相应的风险控制措施。一般来说 4 级为不可接受的风险;3 级为不希望有的风险;2 级为需要采取控制措施才能接受的风险;1 级为可接受的风险,但需要引起注意。评价人员可以结合企业实际情况,综合考虑风险等级。

三、方法应用

(一)实例

某日,输油气站场站长组织操作人员 3 名、技术员 1 名对本站场进行风险评价,准备在本站危害因素排查清单上把风险等级评价出来,完善后上报分公司。要完成风险矩阵评价工作,可比照以上评价步骤开展如下工作。

(1)选定需要评价的内容,如表 3-5 中的法兰部位。当产生腐蚀时,可能引起应力腐蚀断裂、腐蚀泄漏、承压能力下降等危险事件,造成财产损失、人员伤亡、环境污染和商誉毁损等严重后果。

表 3-5 ××站队危害因素清单

区域	产品/活动/服务	危害因素种类	后果分析	成因分析	风险评价		
					严重度	可能性	风险等级
进站阀组区	法兰	腐蚀	断裂造成财产损失	(1)阴极保护装置运行不持续; (2)阴极保护电位达不到规定值; (3)防腐层破损未及时修复; (4)管道周边存在腐蚀性土壤; (5)管道周边化工厂倾倒酸性物质; (6)其他	3	3	2

区域	产品/活动/服务	危害因素种类	后果分析	成因分析	风险评价		
					严重度	可能性	风险等级
进站阀组区			断裂造成人员伤亡	（1）腐蚀严重部位未及时通过巡检发现；（2）腐蚀状况评审技术缺陷造成识别不到位；（3）腐蚀缺陷发现后未及时采取措施；（4）腐蚀部位被防腐层包裹未及时发现；（5）其他	4	2	2
			泄漏造成火灾爆炸	…	…	…	…
		泄漏	火灾爆炸	…	…	…	…
		松动	…	…	…	…	…
		…	…	…	…	…	…
	阀门	…	…	…	…	…	…
		…	…	…	…	…	…

（2）确定危险事件的严重度。根据表3-1给出的评价标准,当断裂造成财产损失时,其严重度可依据财产损失量进行评判。对于损失量的判断,可结合国家安全生产事故等级标准计算,也可根据企业制定的安全生产事故等级标准计算,还可以结合表3-6进行。在考虑财产损失时,需结合危险事件周边的系统重要性和是否造成事件链进行。表3-5的风险评价栏中,对腐蚀断裂造成财产损失严重度评分值为3,为严重级。如果影响长度较小也可为2,为轻度级。

表3-6　危险事件危险性分级

危险程度	人员	财产	环境	声誉
1.一般	轻微伤害—医疗事件或急救箱事件	直接经济损失10万元以下	基本无影响或轻微影响	无影响或轻微影响
2.中等	轻伤—轻伤3人以下（不包括3人）	直接经济损失10万~100万	较小影响—造成环境污染;出现一次超过法定或规定的环境排放限额的情况;遭到过一次投诉;对环境没有造成持续影响	当地（如县市）影响—引起当地公众的关注
3.较大	中等伤害—小于3人重伤(不包括3人);轻伤3人以上1人以下(不包括10人)	直接经济损失100万~1000万	局部影响—多次超过法定或规定的环境排放限额或项目要求的排放量	区域（如省级）影响—引起区域性公众的关注

续表

危险程度	人员	财产	环境	声誉
4.重大	重大伤害—死亡1~2人；或重伤3人及以上10人以下	直接经济损失1000万~5000万	重大影响——造成多种环境破坏；需要采取大量的措施来修复造成的环境污染，以恢复其原始状态	国内影响—引起国内公众的关注
5.特大	特别重大伤害—死亡3人以上，含3人，或重伤10人以上	直接经济损失大于5000万	特大影响——造成多种持续的环境破坏或损害范围扩散面极大；由于商业或修复工作或生态保护原因，需要进行重大经济赔偿	国际影响—引起国际媒体的关注

（3）确定危险事件的可能性。根据表3-2给出的评价标准，当断裂造成财产损失时，其可能性可依据评价对象生命周期范围内发生腐蚀失效事件的次数进行评判。对于腐蚀失效事件的判断可根据腐蚀检测报告进行计算，也可参照腐蚀失效事件评判的相关国际标准进行，也可参照表3-7进行。表3-6的风险评价栏中，对腐蚀断裂造成财产损失可能性评分值为3，为发生若干次级。如果材质发生变化、环境条件得以改善等，也可标为2，为较不易发生级。

表3-7 危险事件可能性分级

可能性	1 极不可能	2 很少可能	3 有可能	4 很有可能	5 随时有可能
说明	（1）事件几乎不会发生；（2）记录或经验显示在本行业内10年以上未发生；（3）发生的可能性<10^{-5}	（1）事件有可能不发生；（2）记录或经验显示在本行业内10年内曾发生；（3）10^{-5}≤发生的可能性<10^{-4}	（1）事件有可能发生；（2）记录或经验显示在本行业内5年内曾发生；（3）10^{-4}≤发生的可能性<10^{-3}	（1）事件很可能发生；（2）记录或经验显示在本行业内3年内曾发生；（3）10^{-3}≤发生的可能性<10^{-2}	（1）事件极有可能发生；（2）记录或经验显示在本行业内1年内曾发生；（3）发生的可能性≥10^{-2}

（4）确定危险事件的风险等级。根据表3-3给出的评价标准，当断裂造成财产损失时，判断其风险等级要将第二步得出的严重度等级在表中找到对应的等级，将第三步得出的可能性等级在表中找到对应的等级，然后从横向和纵向上进行延伸，找到两者的交叉点。从交叉点所在位置为9，再根据表3-4可以查出，风险等级为2级。

（5）确定危险事件的风险控制措施。风险等级为2的危险事件，从评价步骤5中可以得知，2级风险需要采取控制措施才能达到可接受的要求。在ISO 17776：2003《石油和天然气工业 海上开采装置 危险识别和风险评估用方法和技术指南》中也给出了类似的表单，见表3-8。

表 3-8　风险矩阵表

严重程度	后果				不断增加的概率			
	人员	资产	环境	名誉	A	B	C	D
					已在勘探生产业发生	已在运营公司发生	在运营公司一年内发生过几次	在某地点一年内发生过几次
0	零伤害	零损失	零影响	零影响	针对持续改善			
1	轻微伤害	轻微损失	轻微影响	轻微影响				
2	轻伤	较小损失	较小影响	有限影响	综合降低风险措施			
3	重伤	局部损失	局部影响	较大影响				
4	一人死亡	重大损失	重大影响	广泛的国内影响	未达到审查标准			
5	多人死亡	巨大损失	广泛影响	广泛的国际影响				

（二）注意事项

风险矩阵法在进行安全评价时,具有可以识别对项目影响最为关键的风险,在加强项目要求、技术和风险间的相互关系的分析等诸多优势。然而在使用该方法的时候需要注意,风险排序矩阵一般只有相对意义,没有绝对意义。此外,这种风险矩阵的评估范围明显存在重叠,对于处于重叠区的风险事件,确定风险事件的重要性并不是很容易,需要花费更多的时间仔细处理和评判。

四、方法参考资料

（1）ISO 31000：2009　风险管理原则与实施指南［S］.

（2）ISO 17776：2003　石油和天然气工业　海上开采装置　危险识别和风险评估用方法和技术指南［S］.

（3）GB/T 24353—2009　风险管理原则与实施指南［S］.

（4）GB/T 27921—2011　风险管理　风险评估技术［S］.

（5）SY/T 6830—2011　输油站场管道和储罐泄漏的风险管理［S］.

（6）Q/SY 1362—2011　工艺危害分析管理规范［S］.

第二节 指标体系评价法（IST）

一、方法概述

指标体系评价法（Index System Tree，简称 IST。又称肯特管道风险评价法）以风险的数量指标为基础，对管道事故损坏后果和事故发生概率按权重值各分配一个指标，在分析各段管道独立的影内因素后，求取指数和，形成一个相对风险指标，是最常用的专家评分法。1992 年 W. Kent Muhlbauer（肯特）撰写的《Pipeline Risk Management Manual》（1996 年第二版）中较完整地提出了管道风险评分指数法。该方法将诱发事故的因素分成四大类，即第三方破坏、腐蚀因素、设计因素和误操作因素。通过对这四类因素分别打分可得到待评价管道的风险程度。其评价基本模型如图 3-2 所示。这四类因素的最高总分为 400 分，每类总分 100 分，四类因素的指数和在 0～400 分之间。而影响泄漏影响系数的两个方面分别为：一是输送介质的特性；二是事故可能影响面及事故扩散和波及的特点。

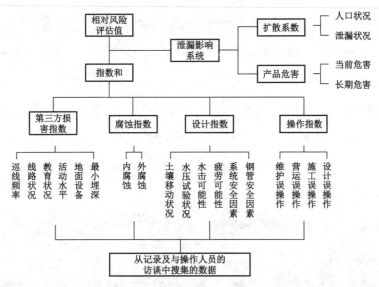

图 3-2　肯特长输管道风险评价的基本模型

特点：该方法不必建立精确的数学模型和计算方法，不必采用复杂的强度理论和昂贵的现代分析仪器等手段，而是在有经验的现场操作人员和专家意见的基础上，结合一些简单的公式进行打分评判，其评价的精确性取决于专家经验的全面性及划分影响因素的细致性、层次性。

适用范围：在管道企业适用于类比工程项目、系统和装置的安全评价，它可以充分发挥专家丰富的实践经验和理论知识。专项安全评价经常采用专家评议法，运用该评价方法，可以将问题研究讨论的更深入、更透彻，并得出具体执行意见和结论，便于进行科学决策。

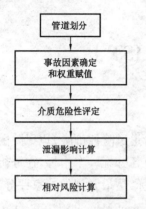

图 3-3　指标体系评价法流程图

二、评价步骤

（一）评价步骤描述

指标体系评价法评价流程如图 3-3 所示。

指标体系评价法的操作步骤：

1. 管道划分

管道风险评价的特点在于：沿程的多样性环境决定了管道各段的风险大小不一，所以有必要对管道进行分段。管道分段太少无疑或降低评价精度，而管道划分太多又会增加数据采集、处理和维护等方面的成本，最好的方法是在管段内外部条件出现较大变化时插入分段点，影响变化的因素主要包括管径、技术条件、水文、地质状况、土壤特性和人口分布等。

2. 事故因素确定和权重赋值

按事故原因和产生的后果将每个管段的事故因子分为第三方破坏、腐蚀破坏、设计误差和违章操作四类，这四类总数最高 400 分，其中每个事故因子又分为多个影响因素。

3. 介质危险性评定

介质危险性分为急剧危险和缓慢危险，急剧危险有爆炸、火灾和剧毒泄漏等。缓慢危险有水源污染、潜在致癌物扩散等。介质危险由燃烧性、反应性、有毒性和长期危险性四个方面因素决定。

4. 泄漏影响指数计算

泄漏影响指数由介质危险指数和扩散影响系数综合决定。

5. 相对风险计算

相对风险数 R_e 等于事故因子指数 S 的和除以泄漏影响指数 L，其数学模型见式（3-1）。

$$R_e = \frac{S}{L} \tag{3-1}$$

其中：

$$S = TI + C + D + I$$

式中　TI——第三方破坏指数；

C——腐蚀因子指数；

D——设计误差因子指数；

I——误操作因子指数。

（二）参数取值

1. 第三方破坏指数 TI

指非管道营运单位工作人员造成的管道意外破坏,影响第三方破坏指数的因素主要包括管道的最小埋深指数、居民活动水平指数、地上管道保护设施状况指数、公众教育状况指数、管线标志状况指数、巡线频率指数等,但不包括人员蓄意破坏。见表3-9。

表3-9　第三方破坏指数

序号	变量名称	评分	权重
A	最小覆盖深度	0～20分	20%
B	活动水平	0～20分	20%
C	地面设施	0～10分	10%
D	管道位置	0～15分	15%
E	公众教育	0～15分	15%
F	通行带状况	0～5分	5%
G	巡查频次	0～15分	15%

腐蚀威胁 = 大气腐蚀（10%）+ 内腐蚀（20%）+ 地下金属腐蚀（70%）

（1）最小覆盖深度（0～20分）:最小埋深指数为13.1C（C为所评价管道处土质地面的最小埋深,m）,超过20分时,取20分。有些地面非土质地面或者有其他的防护措施,防护程度和一般土质有所区别,所以要将其转换为土质的最小深度,见表3-10。

表3-10　最小埋深转换表

非土质地面或有其他防护措施的埋深	一般土质埋深	非土质地面或有其他防护措施的埋深	一般土质埋深
0.05m 混凝土防护层	0.20m 土质地面	混凝土路面	0.6m 土质地面
0.10m 混凝土防护层	0.30 土质地面	警告牌	0.1m 土质地面
防护套管	0.6m 土质地面		

穿越河流的管道也要计算最小埋深指数,其方法见表3-11。如果有最小25.4mm混凝土防护层,应在相应的分值上加5。

表3-11　水下管道最小埋深转换表

项目	转换埋深	项目	转换埋深
行到水面下 0～1.52m	0	河床以下深度 0.61～0.91m	3
航道 1.52m～最大抛锚深度	3	河床以下深度 0.91m～1.52m	5
航道大于最大抛锚深度	7	河床以下深度 1.52m～最大泥沙深度	7
河床以下深度 0～0.61m	0	大于泥沙深度	10

（2）活动水平（0～20分）：指人在管道附件的活动状况，如管道附件的建设活动、铁路及公路、埋地设施等。活动水平与第三方破坏有密切的关系，活动水平越高，第三方破坏的危险性越大。

（3）地上管道保护设施（0～10分）：管线的地上保护设施，如干线截断阀等，有时会被车辆碰撞或行人损坏，这也是第三方破坏。通过采取围栏、种植树木、挖沟、设置警示牌等措施，对管线地上设施进行保护，降低这一方面的第三方破坏可能性。管线无地上设施时，取10分，其余情况见表3-12。

表3-12 管道地上设施评分

项目	评分
地上设施离公路或铁路61m以上	5
地上设施周围有1.83m高的链式围墙	2
有直径100mm以上钢管作的围栏	3
在地上设施和公路（铁路）间有树（直径在305mm以上）、墙或其他坚固的结构	4
在地上设施和公路（铁路）间有沟（最小深宽比为4）	3
有警示牌	1

（4）管道位置（0～15分）：该系统设置专用电话号码供即将在管线附近施工的单位或个人使用，通知管道营运单位、政府管理部门和管线负责人，以便临时给出施工处理地管线的位置标记，并在施工过程中对管线进行检查。采用单号呼叫系统，可以减少与挖掘有关的管道事故。其评分标准见表3-13。

表3-13 管道位置评分

项目	评分
法律要求设置	4
接到电话应采取适当措施	5
系统的有效性和可靠性已得到证实	2
系统满足有关部门的最低要求	2
通过广告宣传等手段使公众知道系统	2

（5）公众教育（0～15分）：与管道附近的居民保持良好关系，对居民进行石油天然气管道保护宣传，讲述管道的常识及管道一旦被破坏对居民可能造成的危险等，对减少第三方破坏有重要意义。其评分标准见表3-14。

表 3-14 公众教育评分

项目	评分
邮寄宣传单	2
每家每户的直接联系	4
与沿线政府官员每年一次会议	2
邮寄宣传单给当地承包商 / 挖掘单位	2
与当地承包商或挖掘单位每年一次会议	2
对社区居民进行经常性教育	2
在报刊上每年登载一次宣传广告	1

（6）通行带状况（0～5分）：通行带状况是指沿线的标志是否清楚。设置沿线标志的目的是使第三方明确知道管道的具体位置，使之注意，同时也使巡线或检查的人员能有效地检查。况状很好分值为5：线路无阻断、清晰，标志齐全。状况好分值为3：大部分线路无阻断、清晰，有些标志不清楚，绝大多数指示明白。状况一般分值为2：线路不清晰，有一些必要的标志。状况较差分值为1：线路不清晰，被植被覆盖，有些不能直接看见，标志缺损。状况很差分值为0：不能识别管线，基本没有标志。

（7）巡查频次（0～15分）：巡线人员的主要任务是通报沿线有无威胁管道安全的活动，如建设、打桩、挖掘、打地质探测井等，以及沿线有无泄漏的迹象等。活动水平越高的地区，巡线越重要。巡线是减少管道第三方破坏事故的有效方法。其指数取决于巡线的频率及有效性。每天都巡线分值为15；一周4次巡线分值为12；一周三次巡线分值为10；一周2次巡线分值为8；一周一次巡线分值为6；每月小月4次大于1次分值为4；平均每月小于1次分值为2；从不巡线分值为0。

2. 腐蚀因子指数

腐蚀因子指数一般由三个部分组成：大气腐蚀指数、内壁腐蚀指数和埋地金属腐蚀指数。见表 3-15。

表 3-15 腐蚀因子指数

序号	变量名称	评分	权重
A（大气腐蚀）	大气暴露状况	0～5分	5%
	大气类型	0～2分	2%
	涂层	0～3分	3%
B（内腐蚀）	产品腐蚀性	0～10分	10%
	内保护	0～10分	10%

序号	变量名称	评分	权重
C（地下腐蚀）	地下环境	0～20分	20%
	土壤腐蚀性	0～15分	15%
	机械腐蚀	0～5分	5%
	阴极保护	0～8分	8%
	保护效果	0～15分	15%
	干扰电位	0～10分	10%
	涂层	0～10分	10%
	涂层适用性	0～10分	10%
	涂层状况	0～15分	15%

（1）大气腐蚀（0～20分）：大气腐蚀是指在环境温度下，以地球自然大气作为腐蚀环境的腐蚀。长输管道中最常见的大气腐蚀是金属氧化。大气腐蚀指数为管道在空气中的暴露方式指数、空气类型指数、保护层指数之和。管道在空气中的暴露方式指数的评分表见表3-16，最高分为5。

表3-16　管道在空气中的暴露方式指数评分表

项目	评分
水和空气界面 （水和空气交界面是指一部分管子在水中，一部分在空气中）	0
套管	1
土壤和空气交界面	3
其他裸露部分	4
保护层	2
没有管子裸露在空气中	5
支座和吊架	2
上述情况有多个，如有多个套管式	−1

空气成分、温度和湿度不同，即空气类型不同，其腐蚀性也不相同。空气中的盐、CO_2、SO_2等杂质会加速大气的腐蚀。空气类型指数的评分见表3-17，最高分为10。

表3-17　空气类型分类

项目	评分
含盐、CO_2、SO_2等空气和海水	0
高湿度、高温	6

续表

项目	评分
含盐、CO_2、SO_2 等,且湿度高	2
含盐、CO_2、SO_2 等,但湿度低	8
海洋、沼泽、临海环境	4
低湿度	10

保护层原材料质量、施工质量、检验规范性和缺陷修复情况等也对大气腐蚀程度有影响。在评定时,先将上述四种情况分为四个等级:好(3分)、一般(2分)、差(1分)、极差(0分),再累加得分并乘以 5/12,即得到保护层指数,最高为5。

(2)内壁腐蚀指数(0~20分):内壁腐蚀指数与介质腐蚀性(0~10分)和内壁防腐措施(0~10分)有关。介质腐蚀等级可以分为强(0分)、中等(3分)、弱(7分)和无腐蚀(10分)。内防腐措施的评分规则为:没有任何措施(0分)、内部腐蚀监测(2分)、注射防腐剂(4分)、设置内壁防腐层(5分)、防止有腐蚀性杂质进入系统(3分)、使用管道猪(3分)。内防腐措施之和超过10分时,取10分。

(3)埋地金属腐蚀指数(0~60分):外防腐是管道腐蚀破坏的主要因素,它与阴极保护的状况(0~8分)、保护层质量(0~10分)、土壤的腐蚀性(0~4分)、管道使用年限(0~3分)、管道附近有无其他金属埋设物(0~4分)、交流电干扰情况(0~4分)、是否存在应力腐蚀破坏的危险(0~4分)、测试桩(0~6分)、密间隔管地电位(0~8分)和管道内部检测(0~8分)等因素有关。

3. 设计指数

设计与管道的风险状况有密切的关系。在设计中有时不得不采取一些简化模型来选取某些系数,因简化而出现的与实际情况的差异会直接影响管道的安全性。设计指数由钢管的安全指数、系统安全指数、疲劳指数、水击指数、水压试验指数、土壤移动指数等六部分组成。见表3-18。

表3-18 设计指数

序号	变量名称	评分	权重
A	安全系数	0~35分	35%
B	疲劳	0~15分	15%
C	水击潜在危害	0~10分	10%
D	完整性验证	0~25分	25%
E	地层移动	0~15分	15%

（1）钢管安全指数（0～20分）：钢管的安全指数取分取决于钢管的实际厚度与钢管计算厚度的比值 t，详见表3-19。

表3-19　钢管安全指数评分

t	<1.0	1.0～1.1	1.11～1.20	1.21～1.40	1.41～1.60	1.61～1.80	>1.81
分值	-5	2	5	9	12	16	20

（2）系统安全指数（0～20分）：管道实际操作压力小于设计压力。设计压力与工作压力之差越大，对安全越有利，出现事故的概率也越小。系统安全指数取分取决于管道设计压力与最大允许工作压力之比 T，详见表3-20。

表3-20　系统安全指数评分

T	>2.0	1.75～1.99	1.50～1.74	1.25～1.49	1.10～1.24	1.00～1.10	<1.0
分值	20	16	12	8	5	0	-10

（3）疲劳指数（0～15分）：管道内压的波动及外负荷引起的应力变化，均可能造成管道内疲劳裂纹扩展。当裂纹扩展至某一临界值时，便会导致管道疲劳断裂、疲劳断裂与管道应力变化的幅度、交变循环的次数和材料的韧性等因素有关。取值见表3-21。

表3-21　疲劳指数取值表

操作压力占最大允许工作压力的百分比，%	循环次数				
	<103	103～104	>104～105	>105～106	>106
	取分				
100	7	5	3	1	0
90	9	6	4	2	1
75	10	7	5	3	2
50	11	8	6	4	3
25	12	9	7	5	4
10	13	10	8	6	5
5	14	11	9	7	6

（4）水击潜在危害（0～10分）：压力管道中，当输送的流体流速发生突然变化时，比如开启阀门速度过快，突然停泵等情况，都能引起管内压力突变，造成压力波在管内迅速传递，压力波与出站压力叠加，将对管道造成威胁。可能性很高时，取0分；低可能性时，取5分；没有可能时，取10分。

（5）完整性验证（0～25分）：水压试验状况分值与 H（H 为试验压力与最大允许工作压力之比）和试验时间有关。H 对其的影响见表3-22。试验时间用上次试验到评价的年数来表示。其计算公式见式(3-2)。

$$试验时间 =10 - 与年数有关的分数 \qquad (3-2)$$

其中,与年数有关的分数,4年以前试验取6,7年以前试验取0。

水压实验状况取分为上述两个分数之和。

表 3-22 水压试验指数评分表

H	<1.10	1.10~1.25	1.26~1.40	>1.41
分值	0	5	10	15

(6)地层移动指数(0~10分):管道埋设处土壤的移动,会造成管道中应力的增加,从而带来危险。其基本分值与土壤的移动有关,分为四个等级:高(0分)、中(2分)、低(6分)、无(10分)。

4. 误操作指数

错误指数包括设计、施工、操作和维护四个方面,见表3-23。

表 3-23 误操作指数

序号	变量名称	评分	权重
A(设计)	危害识别	0~4分	4%
	达到MOP的可能性	0~12分	12%
	安全系统	0~10分	10%
	材料选择	0~2分	2%
	检查	0~2分	2%
B(施工)	检测	0~10分	10%
	材料	0~2分	2%
	连接	0~2分	2%
	回填	0~2分	2%
	搬运	0~2分	2%
	涂层	0~2分	2%
C(操作运行)	工艺规程	0~7分	7%
	SCADA/通信	0~3分	3%
	毒性测试	0~2分	2%
	安全程序	0~2分	2%
	勘查/地图/记录	0~5分	5%
	培训	0~10分	10%
	机械失误的防护	0~6分	6%

序号	变量名称	评分	权重
D（维护）	文档	0～2分	2%
	计划	0～3分	3%
	规程	0～10分	10%

（1）设计（0～30分）：设计不当或错误是指在安全方面的失误，如引起事故的原因考虑不周、消防措施不力、材料选择不当等。可以从以下这几个方面确定设计的分值：危险有害因素辨识（0～4分）、达到最大允许工作压力的可能性（0～12分）、安全系统（0～10分）、材料选择（0～2分）、设计检查（0～2分）。

（2）施工（0～20分）：施工失误是指未按设计规定的技术要求进行操作。可以从以下几个方面评分：施工检验（0～10分）、材料（0～2分）、接头（0～2分）、回填（0～2分）、储运保护和组对控制（0～2分）、保护层（0～2分）。

（3）操作（0～35分）：有可能引起误操作的因素有：操作规程（0～7分）、SCADA 通信系统（0～5分）、药检（0～2分）、安全管理（0～2分）、培训（0～10分）和机械故障保护装置（0～7分）。

（4）维护（0～15分）：维护是指对设备、仪表的维护，维护不当也会造成严重后果。其中完整的维护记录2分；维护计划3分，维护作业指导书10分。

5. 介质危险指数

根据致害时间的长度，介质危险性分为急性危害和慢性危害，急性危害指土壤发生并应立即采取措施的危害，如爆炸、火灾、剧毒品泄漏等，它主要取决于介质的可燃性、化学活性和毒性，评分范围为0～12分。慢性危害是指随着时间的推移而不断增大的危害，如因介质泄漏引起的地下水污染等，其评分范围为0～10分。计算见式（3-3）。

$$介质危险分值 = 介质急性危险分值 + 介质慢性危险分值$$
$$= N_f + N_r + N_h + 介质慢性危险分值 \qquad （3-3）$$

式中　N_f——介质可燃性活性分值，参见表3-24；

　　　N_r——介质化学活性分值，参见表3-25；

　　　N_h——介质毒性分值，参见表3-26。

表3-24　介质可燃性评分表

可燃程度	N_f	可燃程度	N_f
不可燃	0	闪点 <37.8℃并且沸点 <37.8℃	3
闪点 >93.3℃	1	闪点 <22.8℃并且沸点 <37.8℃	4
37.8℃ < 闪点 <93.3℃	2		

表 3-25 介质化学活性评分表

化学活性程度	N_r	化学活性程度	N_r
完全稳定	0	密封状态时有爆炸可能	3
加热加压时中等活泼	1	敞口时有爆炸可能	4
不用加热相当活泼	2		

表 3-26 介质毒性评分表

毒性程度	N_h	毒性程度	N_h
完全无毒	0	可能引起严重的暂时性或长期性伤害	3
接触可能有轻微伤害	1	短时间暴露就导致死亡或严重伤害	4
接触后,须立即治疗	2		

慢性危害分值根据图 3-4 确定。某种介质泄漏后,若泄漏超过某一数量,则按规定向有关部门报告,这一泄漏量称为报告泄漏量。报告泄漏量越小,物质的危害越大。图 3-4 中 CERCLA 是指 The Comprehensive Environmental Response Compensation and Liability Act(环境综合赔偿和责任法)。从图中可以看出:原油及成品油慢性危害分值一般取为 6;天然气慢性危害分值为 2。

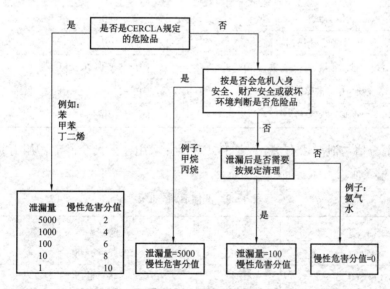

图 3-4 介质慢性危害分值确定框图

6. 扩散影响系数

扩散影响系数的计算见式(3-4)。

$$扩散影响系数 = 泄漏分值 / 人口密度分值 \qquad (3-4)$$

泄漏分值: 对于气体, 泄漏分值根据其相对分子质量和泄漏速率确定分值, 详见表 3-27。泄漏速率一般用在最大允许工作压力下工作时, 完全破裂后, 10min 内的泄漏量来表征。

表 3-27 气体的泄漏量分值表

气体相对分子质量	10min 内气体泄漏量			
	0~2270	>2270~22700	>22700~227000	>227000
	分值			
≥ 50	4	3	2	1
28~49	5	4	3	2
≤ 27	6	5	4	3

当输送的介质为液体时, 泄漏分值与土壤的渗透率及泄漏量有关。其分值 = (土壤渗透分值 + 泄漏分值) × 校正系数 /2。采取泄漏检测和应急措施后, 泄漏量可以减少 50% 以上, 可取合适的校正系数, 但经校正后的分值不得超过 6。

土壤渗透分值与土壤类型及其渗透率有关, 见表 3-28。

表 3-28 土壤渗透分值表

土壤类型	渗透率, m/s	分值
不可渗透	0	5
黏土、压紧地面、未破损岩石	< (10~9)	4
沙土、沙质土壤、松散土质	(10~7) ~ (10~9)	3
沙地、中等破碎岩石	(10~5) ~ (10~7)	2
砂砾、破碎岩石	> (10~5)	1

液体泄漏分值与泄漏量有关, 见表 3-29。泄漏量用在最大允许工作压力时, 完全破裂后 1h 内泄漏量表征。

表 3-29 液体泄漏分值表

泄漏量 /kg	分值	泄漏量 /kg	分值
<450	5	45001~450000	2
451~4500	4	>450000	1
4501~45000	3		

人口密度分值: 人口越密集就越危险, 反之越安全。一类人口密度得 1 分, 二类人口密度 2 分, 三类人口密度 3 分, 四类人口密度 4 分。其计算见式 (3-5)。

$$泄漏影响系数 = 介质危害指数 × 扩散影响系数 \qquad (3-5)$$

管道风险级别划分：管道的风险属于低、中等还是危险，需要与风险指标比较后得出，数学表达式见式（3-1）。目前我国油气管道风险评价时是借用美英等国所采用的风险评价指数。见表3-30。

表3-30　相对风险表

相对风险值	等级
0～47.5	高
47.5～82.5	中
82.5～100	低

三、方法应用

（一）实例

有一条天然气管道，已经运行十余年，要求对该管道的相对风险进行评价。管道的概况：该管道直径为152.4mm，壁厚为6.35mm，经检测知实际最小壁厚为5.842mm，材料为API5L等级B，最低屈服强度（SMYS）为241MPa，最大操作压力MAOP为10MPa，全线长5.2km，埋深914mm，但其中61m为浅滩，埋深762mm，管道有1.6km经过人口稠密地区，沿线个别居民经过"管道保护法"的教育，与管道沿线的管理单位关系尚好，沿管道有专人巡线，每周四次，有一个干线截断阀，距离公路200m处有明显标志，操作人员均经过培训，其他有关情况在各项评价时再收集。其评价方法如下：

（1）依据评价步骤进行管道分段，确定需要评价的对象。在现场通常除要考虑影响因素外，还要考虑时间效率，一般按2km为一个评价段。

（2）确定事故因素和权重赋值。对于"第三方破坏"因素的评定。该项评分共分为最小覆盖深度、活动水平、地面设施、管道位置、公共教育、通行带状况、巡线情况等七个方面，分别进行评价打分，得出"第三方破坏"的评分为43（分）。对于腐蚀因素的评定，从大气腐蚀、内腐蚀、地下腐蚀三个方面进行，得出腐蚀原因的评分为45（分）。对于设计指数方面，从安全系数、疲劳、水击可能性、完整性验证、地层移动等四个方面进行评定打分，最后得出设计因素的评分为55（分）。对于误操作方面，从设计、施工、操作运行、维护等四个方面进行评定打分，综上得出误操作因素评分为45（分）。表3-31列出各项评分结果及总分：

表3-31　事故因子指数评分结果

项目	评分结果，分
第三方破坏指数	43
腐蚀指数	45
设计指数	55
误操作指数	45
指数总和	188

（3）介质危害性评定。在考虑该管线输送介质的急性危害和慢性危害的实际情况、运行状况的情况下，根据表3-24至表3-26，查天然气为急性危害分值1；根据图3-4查天然气慢性危害分值为2，则介质危害指数为3。

（4）泄漏影响指数计算。根据表3-27至表3-29对泄漏分值和渗透分值进行取值，计算扩散影响系数。该示例为天然气，按相对分子质量小于27进行取值，人口密度为极疏区，即第四类人口密度。由式（3-4）得出扩散影响系数为1.25。再根据式（3-5）求出泄漏影响指数为3.75。

（5）相对风险计算。根据计算出的事故因子指数和泄漏影响指数，由式（3-1）求出相对风险值为50。再根据表3-31查出对应的风险等级。

（二）注意事项

管道系统的变化是非常大的，主要是材料和环境随时间的改变。管道必须与当今各种可能的环境条件以及管道运行时间一直在影响的水位、土壤化学、地层移动等事件相适应。在运用指标体系评价法（IST）对管道进行风险评价的时候，要特别考虑这些变化是否存在，以及这些变化可能带来的影响等。在所有这些变化之外，我们还要查找一切可能的风险"信号"。因此在评价过程中，对风险的度量必须加以识别并考虑可能发生的变化情况，并切实地从变化产生的所有背景"噪声"中提取出有价值的风险信号。

四、方法参考资料

（1）GB/T 27512—2011　埋地钢质管道风险评估方法［S］.

（2）SY/T 4109—2005　石油天然气钢质管道无损检测［S］.

（3）SY/T 5921—2011　立式圆筒形钢制焊接油罐操作维护修理规程［S］.

（4）SY/T 6621—2005　输气管道系统完整性管理［S］.

（5）SY/T 6648—2006　危险液体管道的完整性管理［S］.

（6）SY/T 6830—2011　输油站场管道和储罐泄漏的风险管理［S］.

（7）SY/T 6891.1—2012　油气管道风险评价方法　第1部分：半定量评价方法［S］.

（8）Q/SY 1180.1—2009～Q/SY 1180.7—2009　管道完整性管理规范［S］.

（9）Q/SY 1481—2012　输气管道第三方损坏风险评估半定量法［S］.

（10）（英）W.Kent.Muhlbauer. 管道风险管理手册［M］.北京：中国石化出版社，2005.10.

第三节　作业条件危险性评价法（LEC）

一、方法概述

作业条件危险性评价方法是应用于"一个具有潜在危险性的作业条件"的危险性评价，亦称为格雷厄姆—金尼法。该法是用于系统风险率有关的三种因素指标值之积来评价系统中人员伤亡风险大小的,这三种因素是:L(事故发生的可能性)、E(人员暴露于危险环境中的频繁程度)和 C(一旦发生事故可能造成的后果)。但是,要取得这三种因素的准确数据,却是相当烦琐的过程。为了简化评价过程,可采取半定量计值方法,给三种因素的不同等级分别确定不同的分值,再以三个分值的乘积 D 来评价作业条件危险性的大小,即:$D = L \times E \times C$。

特点:方法简单易行,以经验为主,且是一种局部评价方法,不能普遍适用。在管道企业主要应用于对一种作业的局部评价,具体应用时,还可根据自己的经验、具体情况对该评价方法作适当修正。

适用范围:该方法主要应用于现场作业危险性评价,比一般的定性评价方法多了一个暴露频率的参考值,起到完善评价准确度的作用,对于制定风险控制措施有一定的参考意义。由于主要是根据经验来确定三个因素的分数值及划定危险程度等级,因此具有一定的局限性。

图 3-5 作业条件危险性评价法评价流程图

二、评价步骤

作业条件危险性评价法的评价流程如图 3-5 所示。

作业条件危险性评价方法(简称 LEC 法)的评价步骤:

1. 给发生事故或危险事件的可能性(L)打分

事故或危险事件发生的可能性与其实际发生的概率相关。事故或危险事件发生可能性分值见表 3-32。

表 3-32 事故或危险事件发生可能性分值

分值	事故或危险情况发生可能性	分值	事故或危险情况发生可能性
10	完全会被预料到	0.5	可以设想,但高度不可能
6	相当可能	0.2	极不可能
3	不经常,但可能	0.1	实际上不可能
1	完全意外,极少可能		

当用概率来表示时,绝对不可能的事件发生的概率为 0;而可能性小、完全意外发生的事件的分数值为 1,在系统安全考虑时,绝对不发生事故是不可能的,所以人为地将事故实际不可能性的分数值定为 0.1,而完全可能预料要发生的事件的可能性分数值定为 10。

2. 给暴露于危险环境的频率(E)打分

作业人员暴露于危险作业条件的次数越多、时间越长,则受到伤害的可能性也就越大。关于暴露于潜在危险环境的分值见表 3-33。

表 3–33　暴露于潜在危险环境的分值

分值	出现于危险环境的情况	分值	出现于危险环境的情况
10	连续暴露于潜在危险环境	2	每月暴露一次
6	逐日在工作时间内暴露	1	每年几次出现在潜在危险环境
3	每周一次或偶然地暴露	0.5	非常罕见地暴露

人员出现在危险环境中的时间越频繁,则危险性越大。规定连续暴露在此环境的情况为 10,而非常罕见地暴露在危险环境中的分数值为 0.4。同样,将介于两者之间的各种情况规定若干个中间值。

3. 给事故可能造成的后果（C）打分

造成事故或危险事故的人身伤害或物质损失可在很大范围内变化,见表 3–34 可能结果的分值。

表 3–34　发生事故或危险事件可能结果的分值

分值	事故严重度,万元	可能结果
100	> 500	大灾难,许多人死亡或造成重大财产损失
40	100	灾难,数人死亡或造成很大财产损失
15	30	非常严重,一人死亡或造成一定财产损失
7	20	严重,严重伤害,或较小财产损失
3	10	重大,致残,或很小财产损失
1	1	引人注目,需要救护,不利于基本的安全卫生要求

事故造成的人身伤害变化范围很大,对伤亡事故来说,可能从极小的轻伤直到多人死亡的严重结果。由于发生事故可能产生的范围较广,所以规定分数值为 1～100,轻伤规定分数为 1,把发生事故造成 10 人以上死亡的可能性分数规定为 100,其他情况的分数值均在 1 与 100 之间。

4. 危险性评价

确定了上述 3 个具有潜在危险性的作业的分值,并按公式进行计算,即可得到危险性分值。据此,要确定其危险性程度时,则按表 3–35 的标准进行评定。

危险性计算式（3–6）：

$$D = L \times E \times C \qquad\qquad (3\text{–}6)$$

式中　D——作业条件的危险性;

　　　L——事故或危险事件发生的可能性;

　　　E——暴露于危险环境的频率;

　　　C——发生事故或危险事件的可能结果。

表 3-35 危险性分值

危险程度级别	分值	危险程度
一级	> 320	极其危险,不能继续作业
二级	160～320	高度危险,需要立即整改
三级	70～160	显著危险,需要整改
四级	20～70	可能危险,需要注意
五级	<20	稍有危险,或许可以接受

凡风险值 >70,风险等级在显著风险(三级)及以上情况的确定为安全重大危险源(点)。依据经验,总分数值小于 20 被认为少有的危险,为五级,是低危险;如果危险分数值大于或等于 70～160 之间,那就是显著危险性,需要及时整改;如果危险分值大于或等于 160 时,其危险等级达到二级以上,那就表示有显著危险或高度危险性,应立即停止生产直到环境得到改善为止。危险等级的划分是凭经验判断,难免带有局限性,不能认为是普遍适用的。应用时需要结合实际情况予以修正。

为了简化评价过程,LEC 评价法采用了半定量记值法,给三种因素的不同等级分别确定不同的分值,然后,以三个分值(L、E、C)的乘积来评价作业条件危险性的大小。即:D 值大,说明作业环境危险性大,需要增加安全措施,减少发生事故的可能性,或者降低人体暴露的频繁程度,或者减轻发生事故产生的后果与损失,直至调整到允许范围。

为了实际应用方便,根据上述表格和公式可画出危险性评价诺模图,如图 3-6 所示。图中 4 条竖线分别表示危险及其 3 个主要影响因素。在这些竖线上分别按比例标出了分值点及相应情况。使用时按各因素情况,在图上找出相应点,再通过这些点画出两条直线,最后与危险分值的交点即为求解的结果。

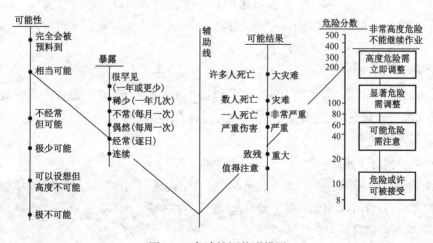

图 3-6 危险性评价诺模图

三、方法应用

（一）实例

LEC 评价法主要应用于作业环境危险性的评价，根据评价结果，作业人员或管理人员更清楚地知道，这样的场所需要回避的方面和关注的事项。下面以作业人员在储油罐周边作业时发生风险事件可能性的评价为例。示例中列举了在固定顶罐和浮顶油罐周边作业需要评价的重点内容。

1. 金属固定顶油罐

1）金属固定顶油罐通过呼吸阀排出气体

（1）在频繁收发油操作条件下的危险性：

通常操作条件下，油罐收发频繁，排气浓度较小，但排出气体仅能在呼吸阀周围约 3～4m 的半径范围内形成爆炸危险性空间。爆炸危险性气体不会扩散到油罐周围的地面附近，被引燃的可能性较小。若被引燃（如被雷击引燃），其后果可分为两种情况。

情况 1：气体爆炸仅发生在罐外，未引起罐内气体爆炸。

情况 2：气体爆炸传入罐内，引起罐内气体爆炸。

① 情况 1：

取 L=1，属意外，可能性很小。油罐遭雷击的次数大大少于落地的次数，而落地雷发生的次数又大大少于雷云放电的次数。油罐遭雷击或在罐顶被其他火源引燃属小概率事件，但仍可能发生。对于无防雷设施的油罐，落雷打击罐顶呼吸阀、液压安全阀的可能性要高一些，但总体上看属可能性很小的事件。

取 E=6，属 1 级危险场所，即在正常操作情况下，呼吸阀附近在短时间内可能形成和积聚爆炸性气体混合物。

取 C=3，爆炸仅在罐外发生，未波及罐内。即使在呼吸阀口处燃烧，只要呼吸阀下的阻火器满足质量要求，短期内火焰不会进入罐内。

D=1×6×3=18 属于稍有危险，但可被接受。

② 情况 2：

取 L=0.1，属于实际上不可能。除雷击呼吸阀的可行性很小以外，爆炸进入呼吸阀，短期内穿过阻火器进入罐内的可能性也很小。综合这两个因素，则爆炸进入罐内的可能性极微小，实际上不可能发生。

取 E=6，与情况 1 相同。

取 C=30，属重大火灾。一旦爆炸传入罐内，将引起罐内气体爆炸、燃烧，破坏油罐，导致重大事故。D=0.1×6×30=18 也属于稍有危险，但可以接受。

（2）长期静止储存后的危险性：

长期静止储存后，罐内气体空间内的油蒸气浓度会上升。排出罐外气体的浓度也较高，扩散到油罐周围的地面上,从而增加了遇地面明火被引燃的可能性。根据火焰是否传入罐内,也分两种情况。

情况1:爆炸不传入罐内;

情况2:爆炸传入罐内。

① 情况1:

取L=3,危险气体已扩散到地上,被引燃的可能性增加。

取E=3,属2级危险场所,即在非正常条件下(油罐周围地面上)可能存在危险性气体。

取C=3,与正常条件下的情况1相同。

D=3×3×3=27,属于可能有危险,需采取措施。

② 情况2:

取L=0.2,危险性比正常条件下的情况稍大。

取E=3,与情况1相同。

取C=30,与正常条件下的情况2相同。

D=0.2×3×30=18,属于稍有危险,可以被接受。

2)金属固定顶油罐通过液压安全阀排出的气体

若罐内气体不从呼吸阀排出,而从液压安全阀排出,则危险性将有所不同。因液压安全阀下未安装阻火器,一旦气体在罐外被引燃,极易传入罐内,导致重大事故。

若排出气体的浓度较低,爆炸性气体不会扩散到油罐周围的地面上,则只有当罐顶出现火源时才可能被引燃。在这种情况下,取L=1,与收发油条件下呼吸阀的排气相同。

取E=3,属2级危险场所,即在不正常操作情况下(正常操作下液压安全阀应是密闭的),安全阀附近可能有爆炸性气体存在。

取C=30,罐外气体一旦被引燃,极可能通过液压安全阀传入罐内引起燃烧爆炸。

则D=1×3×30=90,属于显著危险,需要限期改造。

若排出气体浓度较高,爆炸性气体就可能扩散到距油罐较远的地面,被引燃的可能性增大。则取L=3,其他因素相同,那么D=3×3×30=270,也属于显著危险,需要限期改造。

2. 浮顶油罐

1)浮顶油罐通过通气阀排出的气体

通气阀排出的气体可能在通气阀周围形成爆炸危险性空间,在浮盘上出现火源,阀外气体可能被引燃,燃烧爆炸可传入阀内,并可通过连通管传入密封圈下的气体空间,引起爆炸,甚至爆轰。造成罐壁、浮盘破坏。

取L=0.5,属于可以设想,但高度不可能。浮盘上出现火源的可能性低于固定顶油罐罐顶出现火源的可能。

取E=3,属于2级危险场所。

取C=30,罐壁、浮盘破坏,原油流散,燃烧面积增大,构成重大火灾。

则 D=0.5×3×30=45，属于可能危险，需要改造。

2）浮顶油罐密封圈处泄漏的气体

火源直接落入密封圈破损的洞内，引燃密封圈下的气体。由于密封圈已破损，爆轰的条件不成立，燃烧爆炸不会形成爆轰，一般不会导致油罐破坏，不致发生重大事故。

取 L=0.1，属于实际上不可能。浮盘上出现火源的可能性很小，火源恰恰落入密封圈破损的洞内的可能性则微乎其微，实际上更是不可能。

取 E=10，属于 0 级危险场所，即在正常操作条件下，密封圈下面长时间地存在爆炸性气体混合物。

取 C=3，密封圈已破损，爆炸不能转变为爆轰。一般不会导致油罐罐壁或浮盘的破坏，仅属一般性火灾。

则 D=0.1×10×3=3，属于稍有危险，但可以接受。

3）浮顶油罐浮盘子上的大片原油

油罐浮盘上的大片集油在火源的连续引燃下，可能发生燃烧延至密封圈下，则可能引起密封圈下气体的爆炸，甚至爆轰，造成重大事故。

取 L=0.1，也属于实际上不可能。

取 E=1，浮盘上的大片集油一般已凝固，其上已无可燃气体存在。可认为只存在可燃液体或固体，在数量或配置上能构成火灾的危险场所。

取 C=30，浮盘上原油的燃烧可能导致浮盘下面气体的爆轰。

则 D=0.1×1×30=3，属于稍有危险，但可以接受。

（二）注意事项

由经验可知，危险性分值在 20 以下的环境属低危险性，一般可以被人们接受，这样的危险性比骑自行车通过拥挤的马路去上班之类的日常生活活动的危险性还要低。当危险性分值在 20～70 时，则需要加以注意；危险性分值 70～160 的情况时，则有明显的危险，需要采取措施进行整改；同样，根据经验，当危险性分值在 160～320 的作业条件属高度危险的作业条件，必须立即采取措施进行整改。危险性分值在 320 分以上时，则表示该作业条件极其危险，应该立即停止作业直到作业条件得到改善为止。危险等级的划分是凭经验判断，难免带有局限性，应用时需要根据实际情况予以修正。

（1）第三方出现的不确定性。

（2）作业危险性等级。

（3）评价人员对作业事故展开和历史资料的了解程度。

（4）作业风险等级。

（5）作业风险数目。

四、方法参考资料

（1）Q/SY 1238—2009 工作前安全分析管理规范［S］.

（2）国家安全生产监督管理总局.安全评价（第3版）［M］.北京：煤炭出版社，2005.5.

（3）刘铁民，张兴凯，刘功智.安全评价方法应用指南［M］.北京：中国石化出版社，2005.4.

第四节 保护层分析法（LOPA）

一、方法概述

保护层分析法（Level of Protection Analysis，简称LOPA）是一个介于定性和定量分析之间的方法。该方法起源于识别不希望发生结果（容器由于反应失控而安全排放）的初始原因（如反应器的循环冷剂不足）。造成事故的可能性，可用故障率或预建立的可能性排序准则确定。可能性的赋值仅仅考虑引发事故原因的频率，不包括存在的独立保护层（IPL）。另外保护层的数量和类型是确定的，IPL能够通过工程实施（设备）或管理（程序）来控制。但是，所有的IPL不能同等建立，一些由确定的IPL类型提供的保护方法，必须指定故障概率及不可用度。

特点：该方法是介于定性和定量之间的一种方法。

（1）确定保证安全的关键设备，提供更精确的维护和维修信息。

运用LOPA方法，我们可以识别在为防止事故发生而制定的各种保护措施中每种措施的安全贡献值，这有助于企业识别对安全至关重要的保护措施（或贡献值最大的安全措施）并将有限的资源投入到需要关键关注的地方，起到了优化管理节约资源的作用，并能建立好这些关键设备的信息档案，做好日常的预防性维护与维修管理。

（2）明确管理措施对于保护层分析所起的作用。

在保护层分析中，管理措施，如安全阀定检、安全连锁日常的预防性维护与维修管理、各种人员培训体制等制度是不作为有效独立保护层列入分析中的，但这些措施都对设备的有效性、措施的顺利执行起到关键作用，可使独立保护层有效性得到提高，起到降低风险的作用。故而在保护层分析法（LOPA）分析中虽然没有将管理措施列入，但却可以分析在过程中识别出的每一项管理措施的重要性，为装置运行管理提供更好的管理依据。

（3）为有效分配资源提供依据。

在生产过程中，绝对的安全是不存在的，通常只需把风险降低到一定程度即可满足要求。通过LOPA的运用，可随时确定风险是否可以忍受，从而帮助相关设计或项目管理人员从成本和效益的比较方面对安全保护措施的选择做出综合判断，我们都希望用最小的投资取得更大的效益，对各种安全措施的应用也一样，什么样的安全措施可以用最小的成本投入取得最大的风险降低，这也是风险分析和评价人员的价值所在。

适用范围:从原则上讲,在管道企业中,保护层分析法可以运用于一个工程项目的任何阶段,但最有效的阶段是可行性研究至初步设计阶段,即项目原则流程图已完成,但带控制点的流程尚未完成的阶段。

二、评价步骤

保护层分析法评价流程如图 3-7 所示。

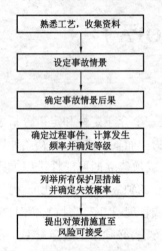

图 3-7　保护层分析法评价流程图

保护层分析法的操作步骤:

1. 熟悉工艺,收集资料

熟悉所分析的工艺过程并收集资料,包括危险及可操作性研究分析资料、设计资料、运行记录、泄压阀设计和检测报告等。

2. 设定事故情景

利用危险及可操作性研究等的分析结果将可能发生的严重事故例如高压引起的管线破裂等作为事故场景。

3. 确定事故场景的后果

根据后果严重程度划分标准,确定当前事故场景的后果等级。后果分析不仅包括短期或现场影响,而且还包括事故对人员、环境和设备的长期影响。

4. 确定过程事件,计算发生频率并确定等级

辨识事故场景的起始事件、中间事件和后果事件,根据每个事件的发生频率,计算潜在事故的发生频率并确定等级。

在分析事故场景时,工作组应考虑发生事故场景的所有事件。根据后果的严重程度以及发生频率,确定潜在事故的风险等级。

5. 列举所有的独立保护层措施,确定其失效概率

根据独立保护层失效概率,确定剩余风险等级。需要特别指出的是,如果某个独立保护层失效作为起始事件,那么该独立保护层不应作为安全保护措施。

在 GB/T 21109—2007《过程工业领域安全仪表系统的功能安全》中,要求独立保护层的确认必须满足四方面的要求:

(1)专一性,独立保护层是针对特定的后果或危险事件而设计。

(2)独立性,独立保护层的效果不依赖于其他保护层或受其他保护层的限制,在结构上完全独立。同时还独立于初始事件或独立于与情形有关的其他保护层的对应行动。

(3)可靠性,独立保护层必须能有效地依照设计的功能运行并防止危害事件的发生,其 PFD_{avg} 值应该低于 1×10^{-1}。

（4）可审核性。独立保护层必须能够定期进行审核和确认。它需要定期地维护和校验以确保其可靠性维持在设计的水平。

2007年美国化学工程师协会化工过程安全中心（CCPS）将独立保护层的要求扩展了7项，分别为独立性、功能性、完整性、可靠性、可审查性、安全许可保护性和变更管理。

独立性：是指保护层的性能不受危险场景的出事原因或其他保护层失效的影响。例如，对于一个储罐物料溢流，其初始原因是液位控制回路失效，则液位控制回路不能作为防止溢流的独立保护层。

功能性：是指保护层对危险事件的响应。保护层应能监测到危险场景的开始，并及时提供适当的响应，以防止不利化工发生。例如，一个安全阀的收集应当使其打开的应力满足释放要求，安全阀口径及其管道满足释放量，从而防止容器超压损坏。

完整性：是对保护所要求的失效概率（*PFD*）的要求。例如，SIL的SIF应达到在100次操作中至少99次成功。

可靠性：是指在规定的时间周期内，保护层应能完成要求的动作。如：一个保护层是向容器吹扫5min，那么，一旦开始吹扫，独立保护层应满足能够持续5min。

可审查性：是指能够通过对保护层相关信息、记录和分析步骤的审查，确定其设计、检查、维护、测试和操作能满足独立保护层的要求。

安全许可保护性：是指使用管理员控制或物理方法减少非故意的或未授权的变动。例如安全仪表系统逻辑控制器配置的密码保护，其所在房间的上锁管理等。

变更管理：要求对设备、操作程序、原料、过程条件等的任何改动在执行前布线进行评估、记录即核准工作。例如，但反应器增加新的反应物时，变更管理程序应确认反应器释放系统满足反应失控场景的压力释放要求。

保护层分析法针对工艺系统可能出现错误环节，应用屏障理论设置的独立保护层有：

（1）本质安全设计：

① 当本质安全设计可消除某些场景时，不应作为独立保护层；

② 当考虑本质安全设计在运行和维护过程中的失效时，在某些场景中，可将其作为一种独立保护层。

（2）基础工艺控制系统（BPCS）：

是执行持续监测和控制日常生产过程的控制系统，通过响应过程或操作人员的输入信号，产生输出信息，使过程以期望的方式运行。由传感器、逻辑控制器和最终执行元件组成。

基础工艺控制系统（BPCS）作为独立保护层应满足以下要求（示意图如图3-8所示）。

① BPCS应与安全仪表系统（SIS）在物理上分离，包括传感器、逻辑控制器和最终执行元件；

② BPCS故障不是造成初始事件的原因；

③ 在同一个场景中，当满足独立保护层的要求时，具有多个回路的BPCS宜作为一个独立保护层。

图 3-8　BPCS 逻辑控制器

（3）报警和人员响应：

① 操作人员应能够得到采取行动的指示或报警；

② 操作人员应训练有素，能够完成特定报警所要求的操作任务；

③ 任务应具有单一性和可操作性，不宜要求操作人员执行独立保护层要求的行动时同时执行其他任务；

④ 操作人员应有足够的响应时间等。

（4）安全仪表功能（SIF）（跳闸、自动停机等）。

通过检测超限（异常）条件，控制过程进入功能安全状态。一个安全仪表功能由传感器、逻辑控制器和最终执行元件组成，具有一定的 SIL。

① SIF 在功能上独立于 BPCS；

② SIF 的规格、设计、调试、检验、维护和测试应按 GB/T 21109《过程工业领域安全仪表系统的功能安全》的有关规定执行。

（5）物理保护（辐射探测、安全阀、爆破片等）。

① 独立于场景中的其他保护层；

② 在确定安全阀、爆破片等设备的 PFD 时，应考虑其实际运行环境中可能出现的污染、堵塞、腐蚀、不恰当维护等因素对 PFD 进行修正；

③ 当物理保护作为 IPL 时，应考虑物理保护起作用后可能造成的其他危害，并重新假设 LOPA 场景进行评估。

（6）释放后保护系统（围堰、洗涤器、放气烟囱等）。

① 独立于场景中的其他保护层；

② 在确定阻火器、隔爆器等设备的 PFD 时，应考虑其实际运行环境中可能出现的污染、堵塞、腐蚀、不恰当维护等因素对 PFD 进行修正；

（7）工厂和社区应急响应。

其有效性受多种因素影响，一般不作为独立保护层。

图 3-9 是对一个可能事故的保护层（LOPA）的分析。

防护层的种类，也叫屏障。根据 ISO 17776：2003《石油和天然气工业　海上开采装置危险识别和风险评估用方法和技术指南》，防护层分为：

（1）物理屏障（盾牌、隔离、分离、防护设备等）。

（2）非物理屏障（程序、警报系统、培训、训练等）。

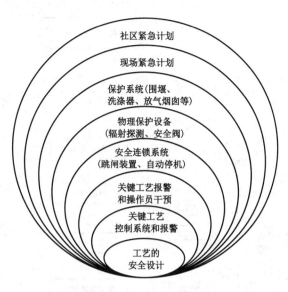

图 3-9 对一个可能事故的保护层（LOPA）

（3）文化屏障（政策、制度、标准等）。

其中，物理屏障的设置位置和需求将根据事故树（FTA）的分析获取；管理屏障的设置位置和需求将根据管理疏忽与风险树（MORT）的分析获取。

6. 提出切实可行的安全对策措施

根据剩余风险等级，提出切实可行的安全对策措施，直至达到可承受的风险。评价小组应尽可能地提出多种安全对策措施，为找出最佳方案提供帮助。

剩余风险计算见式（3-7）。

$$f_i^C = f_i^I \times \prod_{j=1}^{J} PFD_{ij} = f_i^I \times PFD_{i1} \times PFD_{i2} \times \cdots \times PFD_{ij} \qquad （3-7）$$

式中 f_i^C——初始事件 i 的后果 C 的发生频率，1/a；

  f_i^I——初始事件 i 的发生频率，1/a；

  PFD_{ij}——初始事件 i 中第 j 个阻止后果 C 发生的独立保护层的失效概率。

在计算场景频率时，可根据需要对场景频率进行修正，采用点火概率、人员暴露和具体伤害的概率对不同后果场景频率进行修正。

此外，该方法还应与以下方法共同使用：

（1）故障假设检查表法。

（2）FMEA 分析法。

（3）HAZOP 分析法。

（4）事故树分析法。

图 3-10 是保护层分析法评价要点框架图。

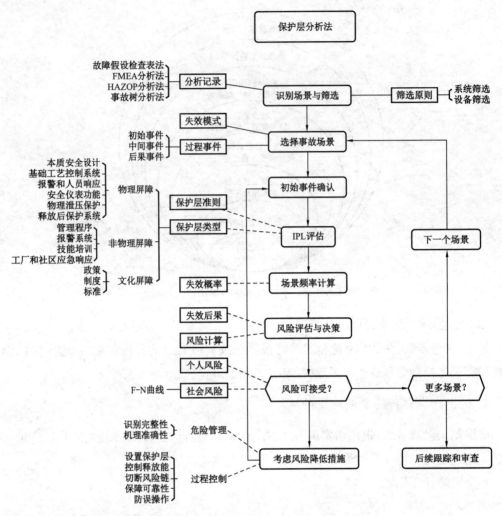

图 3-10　保护层分析法评价要点框架图

在参数取值过程中需要参考以下表格：

（1）后果严重性等级评估——泄漏量表，见表 3-36。

（2）后果严重性等级评估——财产损失，见表 3-37。

（3）后果严重性等级评估——人员伤害，见表 3-38。

（4）后果严重性等级评估——定量计算，见表 3-39。

表 3-36　后果严重性等级评估——泄漏量表

泄漏物质	泄漏量，kg					
	1~5	5~50	50~500	500~5000	5000~50000	>50000
剧毒，温度 >B.P	3	4	5	5	5	5
剧毒，温度 <B.P 或高毒性，温度 >B.P	2	3	4	5	5	5

续表

泄漏物质	泄漏量, kg					
	1~5	5~50	50~500	500~5000	5000~50000	>50000
高毒性,温度 <B.P 或易燃,温度 >B.P	2	2	3	4	5	5
易燃,温度 <B.P	1	2	3	3	4	5
可燃液体	1	1	1	2	2	3

B.P 指标准温度和压力下的沸点温度。

表 3-37 后果严重性等级评估——财产损失

后果	后果造成的直接经济损失				
	不足 50 万元	50 万元以上、100 万元以下	100 万元以上、500 万元以下	500 万元以上、1000 万元以下	1000 万元以上
等级	1	2	3	4	5

表 3-38 后果严重性等级评估——人员伤害

后果	人员伤害				
	急救处理;医疗处理,但不需住院;短时间身体不适	工作受限;1~2 人轻伤	3 人以上轻伤,1~2 人重伤	1~2 人死亡或丧失劳动能力;3~9 人重伤	3 人以上死亡;10 人以上重伤
等级	等级 1	等级 2	等级 3	等级 4	等级 5

表 3-39 后果严重性等级评估——定量计算

后果	后果等级			
	严重威胁人的生命	威胁人的生命	不可逆伤害	间接影响
热辐射	$8kW/m^2$	$5kW/m^2$	$3kW/m^2$	
爆炸	20kPa	14kPa	5kPa	2kPa
毒性	LC 5%	LC 1%	不可逆	

其数据可采用:

（1）行业统计数据;

（2）企业历史统计数据;

（3）基于失效模式和影响分析（FMEA）和故障树分析（FTA）等的数据;

（4）供应商提供的数据。

选择失效数据时,应满足以下要求:

(1)具有行业代表性;

(2)使用企业历史统计数据时,只有该历史数据充足并具有统计意义时才能使用;

(3)使用普通的行业数据时,可根据企业的具体条件对数据进行修正。

常用保护层的可靠性数值如下:

基础工艺控制系统(BPCS)其 $PFD_{avg}=1 \times 10^{-1} \sim 1 \times 10^{-2}$

安全阀或泄压阀 $PFD_{avg}=1 \times 10^{-1} \sim 1 \times 10^{-3}$

仪表连锁系统根据其安全完整等级的不同其取值 $PFD_{avg}=1 \times 10^{-1} \sim 1 \times 10^{-3}$

围堰 $PFD_{avg}=1 \times 10^{-2} \sim 1 \times 10^{-3}$

可燃气检测或火焰检测加上相应的人员响应 $PFD_{avg}=1 \times 10^{-1} \sim 1 \times 10^{-2}$

工艺报警和在规程上规定的人员响应 $PFD_{avg}=1 \times 10^{-1} \sim 1 \times 10^{-2}$

三、方法应用

(一)实例

图 3-11 是某化工厂的正己烷缓冲罐装置图。

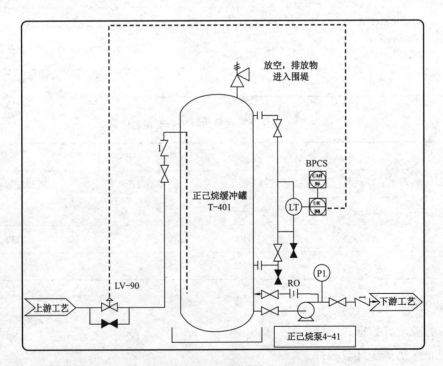

图 3-11　正己烷缓冲罐装置图

现用保护层分析法(LOPA)对缓冲罐进行分析得到表 3-40。

表 3-40 分析结果

序号	偏差	原因	后果	现有防护措施	建议
1.1	流量高	流量控制阀误打开	正己烷缓冲罐 T-401 高液位,超压泄漏	(1)液位监测和报警; (2)防火堤; (3)安全阀; (4)单元操作程序	建议安装一个 SIS,在 T-401 高液位时切断进料
1.2	流量低或无流量	管线堵塞 阀门误关闭	(1)正己烷缓冲罐 T-401 低液位; (2)泵密封失效		
1.3	倒流	上游泵失效	损坏泵	止回阀	

保护层分析法是基于危险与可操作性分析法的基础上,审查控制措施设置的合理性、完整性的方法。按评价步骤规定:

(1)熟悉工艺,收集资料:收集基于 FMEA、HAZOP、故障假设/检查表法和事故树对系统装置的分析成果,见表 3-40"偏差"列。

(2)设定事故情景:采用故障假设/检查表法对每一个关键节点进行"What if"的询问,见表 3-40"原因"列。

(3)确定事故场景的后果:根据设定事故情景,分析其后果可能产生的问题,见表 3-40"后果"列。

(4)确定过程事件,计算发生频率并确定等级:将过程事件的初始事件、中间事件和后果事件梳理出来,结合行业或文献查到的事件发生频率和后果严重度计算出过程事件的严重度等级。

(5)列举所有的独立保护层措施,确定其失效概率:

从图 3-10 可以看出,正己烷缓冲罐 T-401 有三道保护层:

①液位监测和报警;

②防火堤;

③安全阀。

通过行业或文献获取三道保护层的物理设施的失效概率,并通过计算获取剩余风险。

(6)利用前五步的分析,结合 HAZOP 分析法可以发现,当流量高后会发生超压泄漏,因而对 T-401 的高液位控制是必要的,安全措施是在 T-401 安装一套安全仪表,确保超高液位时能切断进料。

在确定系统的安全措施时,除要考虑保护层的完整性外,还要考虑释放能量的控制、风险链的切断、设施可靠性的保障和误操作的防范等工作,有的还需从管理层查找措施方法。

(二)注意事项

(1)化工企业典型的保护层及作为独立保护层的要求。

(2)在使用保护层分析法(LOPA)前,企业应确定:

① 后果度量形式及后果分级方法；

② 初始事件频率的确定方法；

③ 独立保护层要求时失效概率（PFD）的确定方法；

④ 风险度量形式和风险可接受标准；

⑤ 分析结果与建议的审查及后续跟踪管理机制。

（3）保护层分析法（LOPA）应用时机：

① 事故场景后果严重，需要确定后果的发生频率；

② 确定事故场景的风险等级以及事故场景中各种保护层降低的风险水平；

③ 确定安全仪表功能（SIF）的安全完整性等级（SIL）；

④ 确定过程中的安全关键设备或安全关键活动等。

（4）保护层分析法（LOPA）的局限性：

① 保护层分析法（LOPA）不是识别危险场景的工具，LOPA 的正确执行取决于定性危险评价方法所得出的危险场景，包括初始原因和相关的安全措施是否完全和正确；

② LOPA 的意图不是取代详细的定量分析（QRA），QRA 可以用于更复杂的少数危险场景分析；图 3-12 中可以看出定性、半定量、定量分析的使用频率，表 3-41 中对常见的风险评价方法的适用性进行了比较。

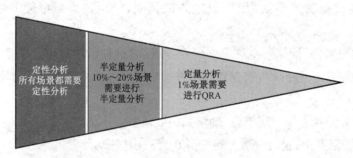

图 3-12　风险评价方法使用频率示意图

表 3-41　风险评价方法适用性比较表

技术	危险与可操作性分析法（HAZOP）故障假设/检查表法（WI/CA）故障类型与影响分析法（FMEA）	保护层分析法（LOPA）	粗略的事件树分析	事件树分析法（ETA）、事故树分析法（FTA）、人因可靠性分析法（HRA）
简单问题	√	√	×	×
复杂问题	×	×	√	√

③ 当使用 LOPA 时，场景风险的可比性仅仅在如下条件满足时才有可能：

选择失效数据的方法相同；

采用相同的风险标准为基础的比较。

④ 不同的公司由于采用的风险标准和实施 LOPA 的方法不同，则 LOPA 的结果无法比较。

四、方法参考资料

（1）IEC 61508　电气／电子／可编程电子安全相关系统的功能安全［S］.

（2）IEC 61511　过程工业领域安全仪表系统的功能安全［S］.

（3）ISO 13335.4　信息技术安全管理指南　防护措施的选择［S］.

（4）GB/T 27921—2011　风险管理　风险评估技术［S］.

（5）GB/T 20438—2006　电气／电子／可编程电子安全相关系统的功能安全［S］.

（6）GB/T 21109—2007　过程工业领域安全仪表系统的功能安全［S］.

（7）GB/T 32857—2016　保护层分析（LOPA）应用指南［S］.

（8）AQ/T 3054—2015　保护层分析（LOPA）方法应用导则［S］.

（9）刘铁民，张兴凯，刘功智.安全评价方法应用指南［M］.北京：中国石化出版社，2005.4.

（10）顾详柏.石油化工安全分析方法及应用［M］.北京：化学工业出版社，2001.9.

第五节　基于可靠性的维护（RCM）

一、方法概述

基于可靠性的维护（Reliability-Centered Maintenance，简称 RCM）是建立在风险和可靠性方法的基础上，并应用系统化的方法和原理，系统地对装置中设备的失效模式及后果进行分析和评估，进而量化地确定出设备每一失效模式的风险及失效原因和失效根本原因，识别出装置中固有的或潜在的危险及其可能产生的后果，制定出针对失效原因的、适当的降低风险的维护策略。

适用范围：在管道企业适用于转动装置，如泵、压缩机等，一般应用于站场评价。

二、评价步骤

基于可靠性的维护（RCM）评价流程如图 3-13 所示。

基于可靠性的维护评价操作步骤：

1. 启动与规划

成立 RCM 小组、资料收集（维修历史数据）、熟悉流程、系统分解，做出对系统和设备基于可靠性的维护工作安排与任务分配。

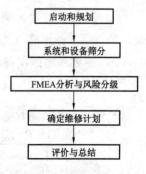

图 3-13　RCM 评价流程图

装置的系统与设备划分原则：

对装置主工艺系统的设备，必要时应尽可能细划；保证失效模式与失效原因分析不超过 2～3 个层次，否则，可能造成分析混乱，甚至遗漏失效原因，影响 RCM 分析的完整性。

分析层次的确定还与设备本身的价值以及维修方式有很大关系。在石化行业,对一般小型设备或部件如止回阀、液位计、机械密封、轴承等,基本不会修复,坏后直接更换,因此没有必要对该类设备或部件进行 RCM 分析,直接纳入系统或整机分析即可,其失效作为系统或整机的失效原因,维修策略则可能是定期检查、更换。

对于服务于主机的辅助子系统如润滑油、密封油、干气密封系统等可以纳入主机的 RCM 分析中,即润滑油子系统失效作为轴承过热的原因,干气密封子系统失效是干气密封泄漏的原因,密封油子系统失效是密封泄漏的原因之一,无须进一步分拆连锁系统由于存在"连锁不动作"的失效模式,而无法纳入主机进行分析,应单独划分出来,没有必要对单个连锁做进一步的划分。

2. 系统与设备筛分

依据筛分准则、方法进行筛分,形成筛分报告。

在筛分前必须确定筛选准则、筛选方法和筛选矩阵:

1)确定系统筛选准则

(1)以 1 个大修期内不发生功能损坏为基准。

(2)安全上不容许出现人员伤亡情况。

(3)环保:泄漏不得超越含油水线。

(4)生产损失以 50 万元为限,设备维修按 10 万元计算,并且维修费用不超过设备价值的 1/3。

超出上述范围之一,即可认为系统属于中高风险范围,需给予进一步的分析。

2)设备筛选准则

(1)有备用设备则与备用设备一起考虑;单台设备如可切出维修,且不造成系统停车,则可认为其失效概率低;多台设备同时使用,如一台损坏被切出维修,其余仍可满足系统80% 负荷,可认为存在备台。

(2)外部泄漏会影响环境与安全,而是否存在外部泄漏的可能性则基于历史与经验判断。如外部泄漏可能性低则不考虑环境与安全影响;对于腐蚀引起的泄漏由 RBI 分析。

(3)主要考虑因设备非计划性停车引起的生产损失和后续维修成本。

3)系统 / 设备筛选方法

系统 / 设备筛选方法如图 3-14 所示。

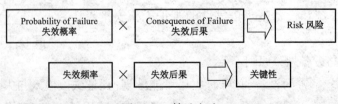

图 3-14　筛选方法

失效可能性（频率）PoF：高 / 低。

安全影响 Safety CoF：高 / 低。

环境影响 Environment CoF：高 / 低。

经济影响 Economic CoF：高 / 低。

维修费用 Other CoF：高 / 低。

说明：四个 CoF 中，有一个高则总 CoF 高，总 CoF 高 / 低与 PoF 高 / 低构成 2×2 风险矩阵，即形成系统 / 设备风险高 / 中 / 低。

4）筛选过程中应用的三个表格

（1）筛选矩阵，见表 3-42。

（2）FMEA 会议讨论，见表 3-43。

（3）FMEA 会议分析，见表 3-44。

表 3-42 筛选矩阵

等级	失效可能性	关键性等级和筛选活动			
5	高失效可能性	中等关键性 进行详细的 RCM 评价，应考虑维护策略以降低失效概率：使用成本效益方法	高关键性 进行详细的 RCM 评价，编制合适的维护策略以降低失效概率、减轻后果		
4					
3					
2					
1	低失效可能性或忽略的	非关键 这些系统也包含在详细的 RCM 评价中，只要求最低的监督或纠正措施	中等关键性 进行详细的 RCM 评价，后果高，因此应使用成本效益法，减轻后果		
后果等级		A	B	C	D	E
后果		低失效后果（可接受的）	高失效后果（不可接受的）		

表 3-43 FMEA 会议讨论

设备名称	失效模式	用中文在标签上描述失效影响	是否基于失效模式的功能失效（Y/N）	操作状态（单个，系列，2选1）	泄漏环境损失，(参考 RBI)	泄漏安全损失，(参考 RBI)	对单元损失影响百分比，按标签
循环乙烷过热器		有失效记录，管束内漏一次；无外漏可能，RBE 分析过					20%
	仪表读数异常		N				
	工艺介质外泄		N				
	操作参数异常		N				
	结构缺陷		N				
	内部泄漏						

表 3-44 FMEA 会议分析

维修时间(小时),标签上	上升时间(小时),标签上	基于失效模式的维护费用	基于失效模式的平均故障时间间隔(年),根据历史	标签类型	维修时间,日期排列	失效率,基于失效模式的数据排列	关于失效模式	POF可能性	安全影响	经济影响	环境影响	其他影响(设备维修成本)	全部影响	风险等级
								高	低	低	低	低	低	中

3. 失效模式分析与风险分级

确定系统可用性分析模型、系统安全性分析模型,召开 FMEA 会议,确定风险/关键性等级,如图 3-15 所示。

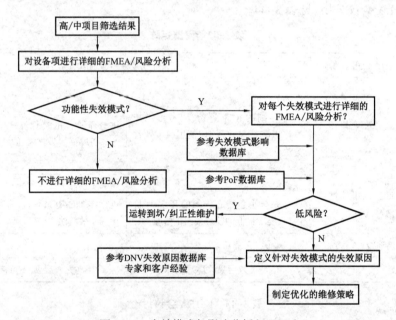

图 3-15 失效模式与影响分析(FMEA)

4. 确定维修计划

确定各中高风险失效模式下的维护对策,维护策略,确定维修数目和维修工作类型。

5. 评价与总结

评价维修效果,完善设备故障记录,进行总结、编写报告、软件安装、培训与持续改进。

三、方法应用

(一)实例

兰州石化公司重油催化装置在 2007 年进行了 RCM 评估,项目是由兰州石化公司、合肥通用所、挪威船级社和北京化工大学共同合作完成。该项目 RCM 分析范围囊括 $300 \times 10^4 t/a$ 重油催化裂化装置的所有工艺系统,其中包括压缩机 11 台、泵 123 台、电机透平等 3 台、塔类 21 台、容器 75 台、反应设备 3 台、换热设备等 188 台、安全连锁报警装置 74 台、阀门 12 台以及其他设备 82 台的 RCM 分析,公用辅助设施系统不包含在内。

(1)根据该装置的失效历史、退化机理和所含的危险介质以及设计基础资料等,分别对该装置所有设备的失效概率和失效后果进行高或低风险的评价。

(2)系统与设备筛选:根据之前确定的筛选准则、筛选方法和筛选矩阵,筛选出低风险的设备。

分析结果(表 3-45)为高风险设备占 4.39%,计 26 个设备,其中风险设备占 59.8%,计 354 个设备,低风险设备占 35.81%,计 212 个设备。

表 3-45　设备筛选分析结果

风险等级	设备数目	百分比
高	26	4.39%
中	354	59.80%
低	212	35.81%
总计	592	100.00%

380 台处于中高风险的设备中存在以下两种情况:

① 设备失效可能性高,有故障历史。

② 设备失效影响后果较大,对安全、环境及生产的影响较高,或者失效后的维修成本较高。对 212 台低风险设备不再作进一步分析,由于其失效后果很轻微,可直接执行坏后修理的维修策略。

(3)FMEA 分析和风险分级:RCM 是从定义设备或资产的功能开始,既而分析设备的失效模式和失效后果 / 影响,确定出功能失效,在此基础上确定设备每一功能失效模式的风险大小。在分析中主要考虑以下四个方面:功能失效模式的失效概率;功能失效模式的安全、环境失效后果;功能失效模式的生产中断失效后果;功能失效模式的维护成本。

在 RCM 项目中,针对设备在日常生产中发生故障的历史记录、故障概率,RCM 小组确定了风险可接收准则,可接收准则被转化为更适合于不同种类风险的风险矩阵格式。风险被定义为失效可能性和后果的函数,RCM 小组建议在矩阵中采用 5 个等级。风险矩阵的 X 轴表示失效后果,Y 轴表示失效频率和概率。对所有中高风险设备,分析的失效模式总共有 1603 项,其中 647 项失效模式为非功能性失效模式,956 项为功能性失效模式,在功能性失效模式中,21 项为高风险,158 项为中风险,777 项为低风险(表 3-46)。

表 3-46　FMEA 和风险评估结果

风险等级	失效模式数目	百分比
高	21	1.31%
中	158	9.86%
低	777	48.47%
非功能性失效	647	40.36%
总计	1603	100.00%

（4）确定维修计划、维护策略：在完成失效模式和失效后果 / 失效影响分析后，详细分析下一步是制定基于风险维护的策略。维护策略的制定主要是考虑风险性的影响，有的基于安全性的考虑，有的基于经济影响性，有的基于设备可靠度的提升。按照 RCM 分析方法，维修策略的制定依据两个方面，其一是后果，在失效模式的层面上，依据不同的后果采用不同的维修策略，对于有严重安全或环境后果的失效，必须采取预防性维修策略；其二是失效原因，针对不同的失效原因和失效根本原因来安排具体的维护任务。

采用 RCM 任务策略决策逻辑来确定任务，以降低失效原因和失效根本原因，从而使风险在可接受的等级下。在项目中，详细的维护、维修策略及维修、维护任务共分为以下几类：①基于状态的维护；②基于时间的维护；③功能测试；④纠正性维护；⑤一线维护（操作工巡检任务）；⑥设计和操作更改。

（5）评价与结论：

① 重油催化装置按其功能主要被区分为 14 个系统。因大多数系统都是连续性运转，对装置生产影响较大，因此系统筛选的结果 71% 属于高风险系统，计 4 个中风险系统及 10 个高风险系统，没有低风险系统。

② 364 台（套）设备经过详细的失效模式与影响及风险分析后，有失效模式 1603 项，其中功能性的失效模式有 956 项。这些功能性失效模式中，21 项为高风险，158 项中风险，占全部功能失效模式的 18.7 %，有 777 项低风险只需采取纠正性维护或是按公司政策或法规安排维护任务。

③ 对所有中高风险失效模式，分析了其失效原因和有关的根本原因，依据维护策略制定的逻辑关系，制定出相应的维护策略及任务；维护 / 维修任务表涵盖了重油催化装置所有设备，并分别列出了失效模式、后果、原因、维修维护任务、任务执行的周期、人员要求等。

④ 按照所确定的风险可接受准则，重油催化装置中有 14 台高风险设备，114 台中风险设备，占全部设备的 21.6 %。其中反应再生系统有 10 台高风险设备，是风险最为集中的系统。考虑 3 年内有 41 项失效可能发生，每项失效均可造成装置停产 8h 以上，生产损失太大，建议将装置大修周期降为 2 年。

（二）注意事项

RCM 本身是一项技术，同时也是一种设备管理方法，从设备本身失效特性出发探讨其维修策略。其结果明确关键设备与关键失效，可以将 80% 的时间，费用花在 20% 的高风险 / 关键设备上，或者更进一步花在关键设备的关键失效上。但是国内石化设备采购整体要求不高，设备制造企业积极性没有调动起来，目前动设备风险分析有一定的难度。

四、方法参考资料

（1）DIN EN ISO 16708：2006 石油和天然气工业 管道传输系统 基于可靠性的极限状态法［S］.

（2）SAE JA 1011：1999 以可靠性为中心的维修过程的评审准则（Evaluation Criteria for Reliability-Centered Maintenance（RCM）Processes）［S］.

（3）GB 3187—1982 可靠性基本名词术语和定义［S］.

（4）GB/T 14099.9—2006 燃气轮机 采购 第 9 部分：可靠性、可用性、可维护性和安全性［S］.

（5）GB/T 20172—2006 石油天然气工业 设备可靠性和维修数据的采集与交换［S］.

（6）GB/T 27921—2011 风险管理 风险评估技术［S］.

（7）GB/T 29167—2012 石油天然气工业 管道输送系统 基于可靠性的极限状态方法［S］.

（8）GB/T 30093—2013 自动化控制系统可靠性技术评审程序［S］.

（9）SY/T 6155—1995 石油装备可靠性考核评定规范编制导则［S］.

第四章　常用定量评价方法

定量安全评价方法是运用基于大量的实验结果和广泛的事故资料统计分析获得的指标或规律(数学模型),对生产系统的工艺、设备、设施、环境、人员和管理等方面的状况进行定量的计算,风险评价的结果是一些定量的指标,如事故发生的概率、事故的伤害(或破坏)范围、定量的危险性、事故致因因素的事故关联度或重要度等。

在进行危险有害因素识别分析时,定性和半定量的评价是非常有价值的。但是定性和半定量评价方法在评价定量的事故风险时就不能给出确切的结果,特别是对于复杂的系统,有时仅用定性和半定量的安全评价方法不能提供足够的信息。有些情况下,必须采用完全定量风险评价方法(QRA)才能给出满意的结果。风险可以用事故发生的频率、事故发生的概率以及事故后果的严重程度来表示。QRA对这两个方面均进行评价,并获得足够的可供比较的信息,从而为做出正确决策提供更为充分的依据。安全评价人员可将事故发生的频率(概率)、事故的后果作为可接受风险标准,从而作为判断策略是可接受与不可接受的依据,在决策时还应该考虑合理降低风险的应用原则及受益问题。目前,定量风险评价方法在国外应用广泛,且欧美各国均制定了相应的标准,但我国目前已经依据国外的资料制定了一些定量风险和可接受风险标准。但尚无值得推荐的评价软件可供使用。

第一节　故障树分析法(FTA)

一、方法概述

故障树分析法(Fault Tree Analysis,简称FTA),也称事故树分析法,是采用逻辑方法进行危险分析,将事故的因果关系形象地描述为一种有方向的"树",以系统可能发生或已发生的事故(称为顶事件)作为分析起点,将导致事故发生的原因事件按因果逻辑关系逐层列出,用树形图表示出来,构成一种逻辑模型,然后定性或定量地分析事件发生的各种可能途径及发生的概率,找出避免事故发生的各种方案并选出最佳安全对策。事故树分析法(FTA)由美国贝尔电话实验室于1962年开发,形象、清晰,逻辑性强,它能对各种系统的危险性进行识别评价,既能进行定性分析,又能进行定量分析。紧接着美国波音飞机公司的哈斯尔(Hassle)等人对这个方法又作了重大改进,并采用电子计算机进行辅助分析和计算。1974年,美国原子能委员会应用事故树分析法对商用核电站进行了风险评价,发表了拉斯姆逊报告(Rasmussen Report),引起世界各国的关注。目前事故树分析法已从宇航、核工业进入一般电子、电力、化工、机械、交通等领域,它可以进行故障诊断、分析系统的薄弱环节,指导系统的安全运行和维修,实现系统的优化设计。

顶事件通常是由故障假设、HAZOP 等危险分析方法识别出来的。事故树模型是原因事件(即故障)的组合(称为故障模式或失效模式),这种组合导致顶事件。这些故障模式称为割集,最小的割集是原因事件的最小组合。要使顶事件发生,最小割集中的所有事件必须全部发生。例如,如果割集中"无燃料"和"挡风玻璃损坏"全部发生,顶事件"汽车不能启动"才能发生。

特点:事故树分析法是描述事故因果关系的有方向的"树"。该方法定性或定量地分析事件发生的各种可能途径及发生的概率,可以找出系统的全部可能的失效状态。它具有简明、形象化的特点。事故树分析法不仅能分析出事故的直接原因,而且能深入提示事故的潜在原因,因此可以在工程或设备的设计阶段、在事故查询或编制新的操作方法时,使用事故树分析法对其进行安全性评价。

适用范围:在管道企业事故树分析法应用比较广,非常适合于重复性大的系统。作为安全分析评价和事故预测的一种先进的科学方法,事故树分析法已得到国内外的一致认可,并被广泛采用。

二、评价步骤

事故树分析法首先需详细了解系统状态及各种参数,绘出工艺流程图或平面布置图。其次,收集事故案例(国内外同行业、同类装置曾经发生的),从中找出后果严重且较易发生的事故作为顶事件。根据经验教训和事故案例,经统计分析后,求解事故发生的概率(频率),确定要控制的事故目标值。然后从顶事件起按其逻辑关系,构建事故树。最后作定性分析,确定各基本事件的结构重要度,求出概率,再作定量分析。如果事故树规模很大,可借助计算机进行。目前我国事故树分析法一般都进行到定性分析为止。

事故树分析法评价流程如图 4-1 所示。

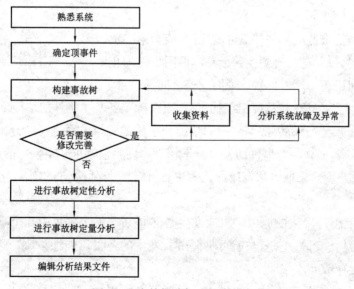

图 4-1　事故树分析法基本程序图

事故树评价法的步骤如下：

（1）熟悉系统：要详细了解系统状态及各种参数，绘出工艺流程图或布置图。

（2）收集资料：收集事故案例，进行事故统计，设想给定系统可能发生的事故。

（3）确定顶上事件：要分析的对象即为顶上事件。根据收集资料，对所调查的事故进行全面分析，从中找出后果严重且较易发生的事故作为顶上事件。

（4）构建事故树：从顶上事件起，逐级找出直接原因的事件，直至所要分析的深度，按其逻辑关系，画出故障树。事故树的构建从顶事件开始，用演绎和推理的方法确定导致顶事件的直接的、间接的、必然的、充分的原因。通常这些原因不是基本事件，而是需进一步发展的中间事件。为了保证事故树的系统性和完整性，构建事故树须遵循以下几条基本规则。

① 顶事件的选择必须有明确的失效判据，在何种情况下顶事件发生，何种情况下顶事件不发生，必须界限分明。

② 确定边界条件，边界条件是一些合理的假设，这样有助于建树过程中忽略次要因素，抓住重点。

③ 循序渐进逐级建树，要求无重大遗漏，逻辑关系正确、清晰。

④ 建树时，不允许逻辑门与逻辑门直接相连，任何一个门的输出必须有一个结果事件定义。

（5）确定目标值：根据经验教训和事故案例，经统计分析后，求解事故发生的概率（频率），以此作为要控制的事故目标值。

（6）调查原因事件：调查与事故有关的所有原因事件和各种因素。

在方法的应用过程中要注重如下内容的理解。

① 事故树分析法采用了由原因到结果的逆过程分析，即先确定事故的结果，称为顶上事件或目标事件，画在最顶端；然后再找出它的直接原因或构成它的缺陷事件，诸如设备的缺陷和操作者的失误等，此为第一层。

② 再进一步找出造成第一层事件的原因，成为第二层。

③ 一层一层分析下去，直到找到最基本原因事件为止。

④ 每层之间用逻辑符号连接以说明它们之间的关系。

（7）事故树定性分析：按故障树结构进行简化，确定各基本事件的结构重要度。

注：事故树的定性分析仅按事故树的结构和事故的因果关系进行。分析过程中不考虑各事件的发生概率，或认为各事件的发生概率相等。内容包括求基本事件的最小割集、最小径集及其结构重要度。求取方法有质数代入法、矩阵法、行列法、布尔代数化简法等。

其中，最小割集的作用：

① 表示顶上事件发生的原因。事故发生必然是某个最小割集中几个事件同时存在的结果。求出故障树全部最小割集，就可掌握事故发生的各种可能性，对掌握事故的规律，查明事故的原因大有帮助。

② 一个最小割集代表一种事故模式。根据最小割集，可以发现系统中最薄弱的环节，

直观判断出哪种模式最危险,哪些次之,以及如何采取预防措施。

③可以用最小割集判断基本事件的结构重要度,计算顶上事件的概率。

最小径集的作用:

①最小径集表明系统的安全性。求出最小径集可以了解,要使顶上事件不发生有几种可能方案。并掌握系统的安全性,为控制事故提供依据。

②从最小径集可以选择控制事故的最佳方案。

(8)事故树定量分析:确定所有事故发生可能性大小的参数,标在故障树上,并进而求出顶上事件(事故)的发生概率。

依据 GB 7829—1987《故障树分析程序》,求顶上事件发生的概率的方法主要有真值表法、概率图法、容斥公式法、不交布尔代数法等。真值表法和概率图法仅适用于故障树底事件个数少的情形。容斥公式法仅适用于故障树最小割集个数少的情形。当故障树的规模比较大的情况,可用不交布尔代数法。

(9)比较:比较分可维修系统和不可维修系统进行讨论,前者要进行对比,后者求出顶上事件发生概率即可。

三、方法应用

(一)实例

在企业生产过程中,经常接触的一种危险作业—高处作业,这种作业过程中经常会发生高处坠落、脚手架垮塌等事故。因此,要通过事故树分析,找到事故控制的措施。

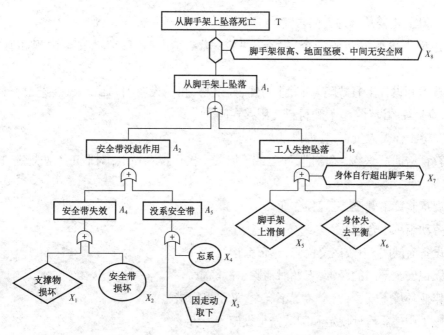

图 4-2　事故树分析法应用示意图

（1）熟悉系统：首先要熟悉脚手架作业的过程要素和涉及的作业内容的性质。

在脚手架作业过程中可能涉及的过程要素有脚手架；脚手架行走过道；护栏；安全带；行走地面通道等。

这种高处作业本身涉及高处位置的问题，其危险性质就是高处坠落和这些作业过程要素的协同失效问题。

（2）收集资料：收集与高处坠落相关的事故案例，将事故案例中关于事故原因分析中的直接原因和间接原因找出来。事故案例收集得越完善，就为下一步事故的定性分析和定量分析结果提供更准确的依据。

资料收集包含（但不限于）：管理规章制度；两书一表；事故事件汇编；事故事件调查报告；风险管理台账；相关过程控制的标准规范；工艺过程环境条件要求；个体防护设施配置；应急处置设施配置。

（3）合理选择顶端事件：针对脚手架作业，一般会把"脚手架高处坠落死亡"作为顶上事件。

（4）事故树的构建：受伤部位；受伤性质；起因物；致害物；伤害方式；不安全状态；不安全行为。

直接原因：

① 机械、物质或环境的不安全状态：见 GB 6441—1986《企业职工伤亡事故分类》附录A 中 A.6 不安全状态。

② 人的不安全行为：见 GB 6441—1986《企业职工伤亡事故分类》附录 A 中 A.7 不安全行为。

间接原因（主要从管理方面查找）：

① 违反本单位发布的指令、命令、决定、规章制度，违反劳动安全法规和有关安全条例。

② 技术和设计上有缺陷，如工业构件、建筑物、机械设备、仪器仪表、工艺过程、操作方法、维修检验等的设计、施工和材料使用存在问题。

③ 安全工作无人负责，管理混乱。

④ 教育培训不够、未经培训、缺乏或不懂安全操作技术知识；对职工不按规定进行安全教育、培训。

⑤ 规章制度不健全，无规程作业。

⑥ 劳动组织不合理。

⑦ 设备有缺陷，不按规定检修，超负荷运行。

⑧ 无视安全部门的警告，未及时清除事故隐患。

⑨ 作业环境不安全，安全装置不齐全，又不采取措施。

⑩ 施工中违反设计规定和削减安全设施。

⑪ 对现场工作缺乏检查或指导错误。

⑫ 没有安全操作规程或安全操作规程不健全。

⑬ 未经竣工验收擅自投产、使用。

⑭ 对已发现的事故隐患,未采取有效的防范措施,事故发生后仍未采取措施,致使同类事故重复发生。

⑮ 没有或不认真实施事故防范措施,对事故隐患整改不力。

⑯ 其他。

(5)确定目标值:对收集到的事故案例进行统计分析,得出事故发生的概率(或频率),作为事故控制的目标值。有时,根据投入费用的情况,可以把目标值定得更高。如有的企业提倡的"零事故",其目标值就是零。

(6)调查原因事件:在对高处坠落事故的调查中发现,人员从高处坠落按其发生的方式主要是:防坠措施的安全带没起作用;作业操作者的工人失控坠落。

这两个关于坠落死亡的第一层原因找出来后,还要对第一层原因产生的上一级原因进行追溯。

其中,"防坠措施的安全带没起作用"的上一级原因可能是:安全带失效;没系安全带。

"作业操作者的工人失控坠落"的上一级原因可能是:脚手架上滑倒;身体失去平衡。

在完成第二层原因分析后,还要对第二层原因的上一层原因进行追溯,将会发现:

"安全带失效"的上一级原因可能是:支撑物损坏;安全带损坏。

"没系安全带"的上一级原因可能是:忘记系安全带;因走动取下。

顺着这些事件的起因一层一层地查找,直到无法再往上一层追溯。把查找的结果编制进事故树的对应分支。

(7)事故树的定性分析:在绘制完成事故树后可以发现,在树枝上标有 X 的事件都是无法再分解下去的事件;标有 A 的事件都是可以再分解下去的事件。通过简化可以得出基本事件如下:

① 支撑物损坏。

② 安全带损坏。

③ 因走动取下安全带。

④ 忘系安全带。

⑤ 脚手架上滑倒。

⑥ 身体失去平衡。

⑦ 身体自行超出脚手架。

⑧ 脚手架很高,地面坚硬,中间无安全网。

采用事故树绘制与分析软件(FREEFTA)计算该事故中的最小割集。

①(X_1*X_8),X_1:支撑物损坏,X_8:脚手架很高、地面坚硬、中间无安全网。

②(X_2*X_8),X_2:安全带损坏,X_8:脚手架很高、地面坚硬、中间无安全网。

③(X_3*X_8),X_3:因走动取下,X_8:脚手架很高、地面坚硬、中间无安全网。

④（X_4*X_8），X_4：忘系安全带，X_8：脚手架很高、地面坚硬、中间无安全网。

⑤（X_5*X_8），X_5：脚手架上滑倒，X_8：脚手架很高、地面坚硬、中间无安全网。

⑥（X_6*X_8），X_6：身体失去平衡，X_8：脚手架很高、地面坚硬、中间无安全网。

⑦（X_7*X_8），X_7：身体自行超出脚手架，X_8：脚手架很高、地面坚硬、中间无安全网。

得到七个最小割集 $\{X_1, X_8\}$、$\{X_2, X_8\}$、$\{X_3, X_8\}$、$\{X_4, X_8\}$、$\{X_5, X_8\}$、$\{X_6, X_8\}$、$\{X_7, X_8\}$。

采用事故树绘制与分析软件（FREEFTA）计算该事故中的最小径集。

①（$X_1*X_2*X_3*X_4*X_5*X_6*X_7$），$X_1$：支撑物损坏，$X_2$：安全带损坏，$X_3$：因走动取下，$X_4$：忘系安全带，$X_5$：脚手架上滑倒，$X_6$：身体失去平衡，$X_7$：身体自行超出脚手架。

②（X_8），X_8：脚手架很高、地面坚硬、中间无安全网。

采用事故树绘制与分析软件（FREEFTA）计算该事故中的结构重要度。

$$I(X_8) > I(X_7) = I(X_6) = I(X_5) = I(X_4) = I(X_3) = I(X_2) = I(X_1)$$

从以上计算可以看出，通过以上三项计算，基本上弄清该事件中的节点为 X_8。据此可分析出，增加中间安全网是控制坠落死亡事故的关键。

（8）事故树定量分析：事故树定量分析在分析时可视具体问题灵活掌握，如果事故树规模很大，可借助计算机进行。目前，由于数据的收集多数只能依赖于事故调查报告，而以前许多事故的调查报告根本没有揭示人为因素在事故发生的各个阶段中所起的作用，如果现在盲目使用，可能造成对基本事件规律的认识发生偏差。因此，我国事故树分析法一般都考虑到第 7 步定性分析为止，也能取得较好效果。

（9）编制分析结果文件：事故树分析的最后一步是编制事故树分析结果文件。危险分析人员应当提供分析系统的说明、问题的讨论、事故树模型、最小割集、最小径集及结构重要性分析，还应提出有关建议。

（二）注意事项

事故树分析法是以事故作为顶上事件，自上而下逐层寻找顶事件发生的直接及间接原因，仅仅运用事故树分析法不能从视觉上形象直观地完整表述事故发生全过程，不能对危害事件发生的原因、后果及采取的措施是否充足等提供一个可视化的评估。并且事故树分析法步骤较多，计算也较复杂，在国内数据少，进行定量分析还需要大量工作。

四、方法参考资料

（1）DIN 25424：1990　故障树分析．评价故障树的手算方法［S］.

（2）GB/T 4888—2009　故障树名词术语和符号［S］.

（3）GB 7829—1987　事故树分析程序［S］.

（4）GB/T 27921—2011　风险管理　风险评估技术［S］.

（5）张景林，崔国璋．安全系统工程［M］.北京：煤炭工业出版社，2002.8.

（6）刘铁民，张兴凯，刘功智．安全评价方法应用指南［M］.北京：中国石化出版社，2005.4.

第二节 事件树分析法(ETA)

一、方法概述

事件树分析(Event Tree Analysis,简称 ETA)是一种从原因到结果的自上而下的分析方法。从一个初始事件开始,交替考虑成功与失败的两种可能性,然后再以这两种可能性作为新的初始事件;如此继续分析下去,直到找到最后的结果。因此事件树分析法是一种归纳逻辑树图,能够看到事故发生的动态发展过程,提供事故后果。是一种既能定性,又能定量分析的方法。

事件树分析法从事故的初始事件开始,途径原因事件到结果事件为止,每一事件都按成功和失败两种状态进行分析。成功或失败的分叉称为歧点,用树枝的上分支作为成功事件,下分支作为失败事件,按照事件发展顺序不断延续分析直至最后结果,最终形成一个在水平方向横向展开的树形图。

事件树分析法是辨识初始事件发展为事故的各种过程及后果,对其进行定性、定量分析,并评价其严重程度。沿着树图在其每一个发展阶段采取相应的有效措施,使之向成功方向发展。

事件树分析法是一种图解形式,层次清楚、阶段明显,可以进行多阶段、多因素复杂事件动态发展过程的分析,预测系统中事故发展的趋势。

事件树分析法可以作为事故树分析法的补充,可以全部揭示严重事故的动态发展过程,在对事故产生的影响分析的基础上,结合故障发生概率,对影响严重的故障进行定量分析。在管道企业中事件树分析法可以适用于任何系统,分析系统故障、设备失效、工艺异常、人为失误等,应用比较广泛,尤其适用于多环节事件和多重保护系统的事态分析。

事件树图的具体做法是将系统内各个事件按完全对立的两种状态(如成功、失败)进行分支,然后把事件依次连接成树形,最后再和表示系统状态的输出连接起来。事件树图的绘制是根据系统简图由左至右进行的。在表示各个事件的节点上,一般表示成功事件的分支向上,表示失败事件的分支向下。每个分支上注明其发生概率,最后分别求出它们的积与和,作为系统的可靠系数。事件树分析中,形成分支的每个事件的概率之和,一般都等于1。

二、评价步骤

事件树分析法评价流程如图 4-3 所示。

事件树分析法的评价步骤如下:

(1)确定初始事件。初始事件一般指系统故障、设备失效、工艺异常、人的失误等,是由事先设想或估计的。

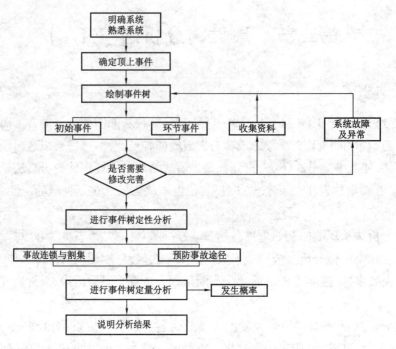

图 4-3　事件树分析法评价流程图

（2）建造事件树和简化事件树。从初始事件开始，自左向右发展事件树，首先把初始事件一旦发生时起作用的安全功能状态画在上面的分支，不能发挥安全功能的状态画在下面的分支。然后依次考虑每种安全功能分支的两种状态，层层分解直至系统发生事故或故障为止。

（3）分析事件树：

① 找出事故连锁和最小割集。事件树每个分支代表初始事件一旦发生后其可能的发展途径，其中导致系统事故的途径即为事故连锁。

② 找出预防事故的途径。安全功能发挥作用的事件构成事件树的最小径集。一般事件树中包含多个最小径集，即可以通过若干途径防止事故发生。

由于事件树表现了事件间的时间顺序，所以应尽可能地从最先发挥作用的安全功能着手。

（4）事件树的定量分析。由各事件发生的概率计算系统事故或故障发生的概率。

三、方法应用

（一）实例

1. 泵运转事件分析

泵 A 和两个阀门串联输送物料的输送系统。物料沿着箭头方向经过泵 A、阀门 B、阀门 C（图 4-4）。组成系统的元件 A、B、C 都有正常、失效两种状态。用图 4-5 来描述基础，根据系统的构成情况,当泵 A 接到启动信号后,可能出现两种状态:一种是正常启动,开始运行;另一种状态时失效不能输送物料。将正常作为上分支,失效作为下分支。

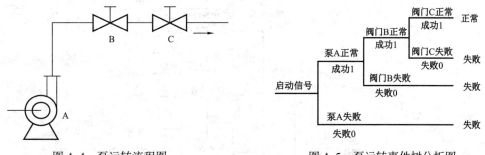

图 4-4 泵运转流程图　　　　　　　图 4-5 泵运转事件树分析图

设泵 A、阀门 B 和阀门 C 的可靠度分别为 0.95、0.9、0.9,则系统成功的概率为 0.7695,系统失败的概率为 0.2305。如图 4-6 所示。

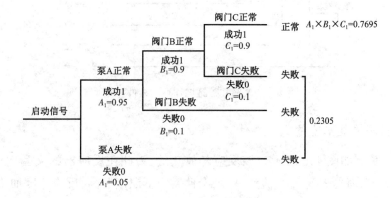

图 4-6 泵运转事件树概率计算图

2. 氯磺酸罐运转事件分析

某工厂的氯磺酸罐发生爆炸,致使 3 人死亡,用事件树分析的结果如图 4-7 所示。该厂有 4 台氯磺酸贮罐。因其中两台的紧急切断阀失灵而准备检修,一般按如下程序准备:

（1）反罐内的氯磺酸移至其他罐。

（2）将水徐徐注入,使残留的浆状氯磺酸分解。

（3）氯磺酸全部分解且烟雾消失以后,往罐内注水至满罐为止。

（4）静置一段时间后,将水排出。

（5）打开人孔盖,进入罐内检修。

可是在这次检修时,负责人为了争取时间,在上述第 3 项任务未完成的情况下,连水也没排净就命令维修工人去开人孔盖。由于人孔盖螺栓锈死,两检修工用气割切断螺栓时,突然发生爆炸,负责人和两名检修工当场死亡。

分析这次事故的事件树图可以看出,紧急阀失灵会引起事故,对其修理时,会发生如图所示的 16 种不同的情况,这次爆炸事故属于图中的第 12 种情况。

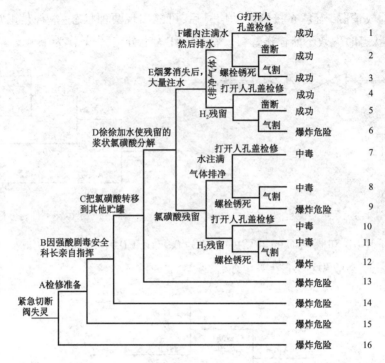

图 4-7　氯磺酸贮罐爆炸事故事件树图

3. 反应器冷冻盐水流量减少事件

某反应器系统如图 4-8 所示。该反应是放热的,为此在反应器的夹套内通入冷冻盐水以移走反应热。如果冷冻盐水流量减少,会使反应器温度升高,反应速度加快,以致反应失控。

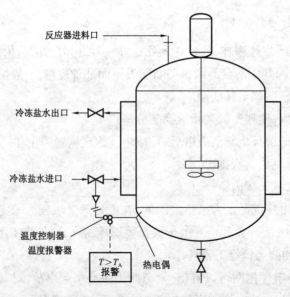

图 4-8　反应器温度控制示意图

在反应器上安装有温度测量控制系统,并与冷冻盐水入口阀门联结,根据温度控制冷冻盐水流量。

为安全起见,安装了温度报警仪,当温度超过规定值时自动报警,以便操作者及时采取措施(表4-1为相应的故障率对应表)。

表 4-1 安全功能与故障率对应表

序号	1	2	3	4
安全功能	高温报警仪报警	操作者发现超温	操作者恢复冷却剂流量	操作者紧急关闭反应器
故障率	0.01	0.25	0.25	0.1

(二)注意事项

在进行事件树分析时,应首先了解系统构成和功能,特别要注意以下几点:

(1)在确定和寻找可能导致系统严重事故的初因事件和系统事件时,要有效地利用平时的安全检查表、巡视结果、未遂事件和故障信息,以及相关领域、类似系统和相似系统的数据资料。

(2)选择初因事件时,重点应放在对系统安全影响大、发生频率高的事件上。

(3)对开始阶段选择的初因事件应进行分类整理,对于可能导致相同事件树的初因事件要划分为一类,然后分析各类初因事件对系统影响的严重性,应优先做出严重性最大的初因事件的事件树。

(4)在根据事件树分析结果制定对策时,要优先考虑事故发生概率高、事故影响大的项目。

(5)当系统的事故发生概率是由组成系统的作业过程中各阶段安全措施的程序错误或失败概率的逻辑积表示时,其对应的措施是使发生事故的各阶段中任何一项安全措施成功即可,并且对策的时机越早越好。

(6)系统中事故发生概率是由构成系统的作业过程中各事故发生的逻辑和表示时,需采取的对策是使可能发生事故的所有阶段中的安全措施都成功。

(7)事故防止对策的种类包括体制方面、物的对策和人的对策。

四、方法参考资料

(1)IEC 62502:2010 可靠性分析技术 事件树分析(ETA)[S].

(2)DIN EN 62502:2011 可靠性分析技术 事件树分析(ETA)[S].

(3)DIN 25419:1985 事件树分析 方法、图形符号和评定[S].

(4)GB/T 27921—2011 风险管理 风险评估技术[S].

(5)刘铁民,张兴凯,刘功智.安全评价方法应用指南[M].北京:中国石化出版社,2005.4.

（6）罗云等.风险分析与安全评价［M］.北京：化学工业出版社,2009.12.

（7）沈斐敏.安全系统工程理论与应用［M］.北京：煤炭工业出版社,2001.6.

（8）张景林,崔国璋.安全系统工程［M］.北京：煤炭工业出版社,2002.8.

第三节　可接受风险值法（ALARP）

一、方法概述

可接受风险值法（As Low As Reasonable Practice ,简称 ALARP）是利用风险判据原则将项目风险由不可容忍线和可忽略线将其分为风险严重区、ALARP 区和可忽略区,风险严重区和 ALARP 区是项目风险辨识的重点所在,项目风险辨识必须尽可能地找出该区所有的风险。依据风险的严重程度编制的风险判据原则可将项目可能出现的风险进行分级,同时该原则也提供了项目风险确定的判据标准,所以项目风险辨识也应该以此为原则。ALARP 原则是当前国外风险可接受水平普遍采用的一种项目风险判据原则。但应该看到,到目前为止尚没有符合我国实际情况的标准项目风险可接受水平。但作为一种原则,各个项目企业单位可结合本行业或企业本身的实际情况制定具体的风险可接受水平。

在工业系统中,灾难性的事故会潜在影响公共场所、法规禁止发生的情形时,需要确保灾难性的事故爆发的风险绝对小。这时应采取定量风险评估（QRA）。QRA 一般考虑作为分析第三级安全保护装置,对初级与第二级工厂的设备和安全管理系统的设计依赖于经验的积累,这也使可接受风险的地位得到提高,因为 QRA 通常适用于社会风险而不是单个风险,因此用于单个或多个事故的风险分析时,必须对其进行相应的修正。QRA 评价结果包括：单个风险等高线和用 F-N（频率 – 数量）表示的社会风险两个方面。一般来讲风险值 10^{-6}/年的等高线可以作为工厂单个风险可接受范围的规定线。对社会风险,可接受风险标准经常采用在 F-N 平面上划分线或段的方式,如图 4-9 所示。计算风险的外形落在顶线上部是不可接受的,必须修正。外形落在底线下部,将采用附加的降低风险手段,并使其移动外形接近可接受区域的目标。

特点：在管道企业该方法无法单独使用,需要与定量评价方法结合,获得足够的可供比较的信息,并将事故发生的概率和事故后果作为可接受风险标准,为做出是否应该采取措施降低风险的决策提供依据,在决策时也应该考虑 ALARP（合理降低风险）的应用原则及受益问题。

适用范围：可接受风险值法用于确定陆上危险化学品企业新建、改建、扩建和在役生产、储存装置的外部安全防护距离。

二、评价步骤

可接受风险值法评价流程如图 4-10 所示。

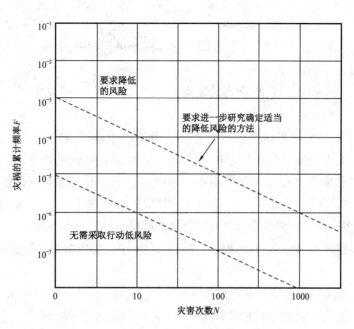

图 4-9　社会用于将风险按照优先次序区分为三类的风险准则 F-N 曲线

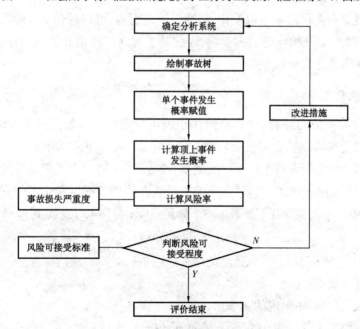

图 4-10　可接受风险值法评价流程图

可接受风险值法的评价步骤：

（1）确定分析系统事故类型。

（2）绘制事故树。

（3）对事故树中的每个单个事件发生概率进行赋值。

（4）计算顶上事件发生概率。

（5）根据事故严重度，计算风险率。

（6）根据顶上事件计算结果，依据风险可接受标准进行判断，若风险发生概率不可接受，则增加改进措施，再进行计算和判断。

（7）若符合风险可接受标准，则评价结束。

对工业系统，事故或紧急事件可接受风险值按照经验，建议取在（$10^{-5} \sim 10^{-4}$）/年之间，因此任何有潜在灾祸或对界区外健康有影响的事故树顶部事故的频率应小于确定的可接受风险值。一些企业确定了单个风险的最大可接受风险标准值为 10^{-5}/年（单个事件的最大风险值），并对紧急事件可接受风险采用相同的值。这个准则的基本原理是：如果紧急事件频率采用的是 10^{-5}/年，对全部事件的单个风险都取该值。在实际工作中，可以采用 API RP 752《与加工厂房相关的危险管理》中采用的单个可接受风险值及其安全要求：

（1）单个事故或不紧急事件的风险大于 1.0×10^{-3} 时，要求降低风险或进一步进行风险评价。

（2）单个事故或不紧急事件的风险为 $1.0 \times 10^{-5} \sim 1.0 \times 10^{-3}$ 时，应考虑降低风险。

（3）单个事故或不紧急事件的风险小于 1.0×10^{-5} 时，不需要考虑进一步降低风险和进行风险评价，风险是可以接受的。

由于政治因素和文化因素难以量化，就油气管道而言，可以量化的风险可接受性指标主要有生命损失、财产损失和环境损害三项，因此基于对这三项指标的研究分析，建立油气管道风险可接受性的量化指标模型。

1. 生命损失模型

个体风险可接受值的计算：个体风险用于表示特定时期和地点某个人的伤亡概率，个体生命损失可接受风险是社会可接受风险的最小单元。个人风险是指因各种潜在事故造成区域内某一个固定位置的人员个体死亡的概率，通常用每年个人死亡率表示。个体风险是某个人在给定时间段内所经历的风险，它反映的是危害的严重程度和个人受到危害影响的时间，暴露于危害中的人数多少并不显著影响个体风险（图4-11）。按式（4-1）计算个人风险。

$$R_{BM\phi D}(x,y) = P_B \times P_M \times P_\phi \times P_D(x,y) \qquad (4-1)$$

式中　$R_{BM\phi D}(x,y)$——(x,y) 位置处的个人风险值；

P_B——事故概率；

P_M——天气等级 M 出现的频率；

P_ϕ——在给定天气等级 M 情况下风向 ϕ 的概率；

$P_D(x,y)$——(x,y) 位置受体致死概率。

社会风险是在给定时间范围内所有暴露于风险中的人员所经历的风险，它反映的是危害的严重程度以及暴露于风险中的人数，通常用于表现人员伤亡风险。社会风险与危险发生地点无关，与人口密度有关。因此，如果当危险发生时附近没有人群存在，则社会风险为零，而个体风险可能很高。社会风险常用 $F\text{-}N$ 曲线的方式进行表述。$F\text{-}N$ 曲线给出累积频率（F）和死亡人数（N）之间的关系。如图4-12所示。

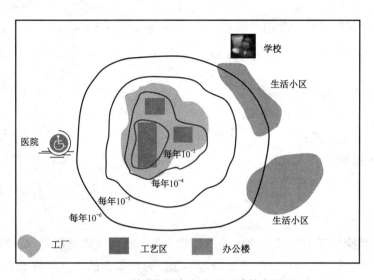

图 4-11 特定场所每年个人风险等高线图

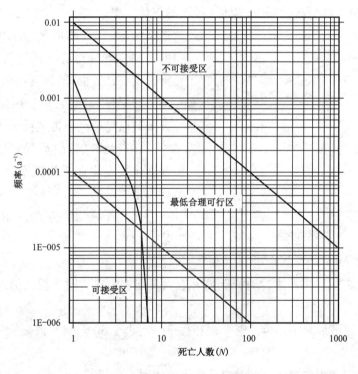

图 4-12 社会风险 F-N 曲线

社会风险用于表示某个事故发生后特定人群遭受伤害的概率和伤害之间的相互关系，描述特定区域内许多人遭受灾害事故的伤亡状况。针对同一风险源在特定时期和地点，个体风险相同，社会风险可能差别很大。社会风险可接受准则的确定方法有 ALARP 法、风险矩阵法、F-N 曲线、PLL 值、FAR 值、VIH 值、ICAF 值和社会效益优化法等。

1967 年，Frarmer 利用概率论建立了一条各种风险事故容许发生的限制曲线，即著名的

$F\text{–}N$ 曲线。社会风险可接受准则通常采用 $F\text{–}N$ 曲线表示,见式(4–2)。

$$1-F_N(x) = P(N>x) = \int_0^\infty f_N(x)\,\mathrm{d}(x) \qquad (4\text{–}2)$$

式中 f_N——年伤亡概率密度函数;

$f_N(x)$——年伤亡概率分布函数;

N——年伤亡人数;

x——随机变量;

$P(N>x)$——发生伤亡大于 x 人的年概率。

2. 财产损失模型

财产损失风险用于度量实际物体的总经济风险。就油气管道而言,财产损失风险并非针对某一特殊物理因素,而是针对整个管道系统。财产损失的可接受性准则通常采用 $P\text{–}L$ 曲线(双对数坐标图)表示,如图 4–13 所示。P 表示在一定风险水平或超出该风险水平时,每个事件对管道工程引起的损失、损坏、延误的累计概率;L 指事故相关损失。财产损失应包括结构、部件的损失,大型维修费用,延误的时间,生产损失,恢复费用,以及可靠度的降低等。$P\text{–}L$ 曲线(图 4–13)以上的区域为不可接受性风险区,位于可接受性风险区的大多数风险可以不再进行评估。

10^{-6} 概率:事故后果严重,且无事先征兆。主要是生命损失概率,财产损失概率一定小于 10^{-6}。

10^{-5} 概率:事故后果严重,但事先征兆明显。财产损失概率为 10^{-5} 或介于 $10^{-5}\sim10^{-6}$ 之间。

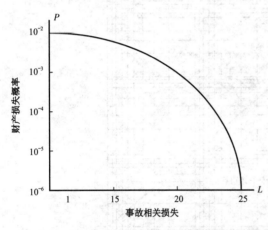

图 4–13　财产风险可接受性准则的 $P\text{–}L$ 曲线

10^{-4} 概率:事故后果严重,结构部分失效,人员能够逃离。财产损失值约为财产价值的 50%。

10^{-3} 概率:事故后果不严重。财产损坏程度一定小于 50%,财产损失值一般为财产价值的 10%。

10^{-2} 概率:财产损失很小,例如,财产损失值为财产价值的 1%。

3. 环境损害模型

环境损害的可接受准则取决于生产活动、油品或气体泄漏对环境造成的后果,不区分损害类型,只注重损害的严重性,并将其区分为当前环境污染和损害较严重的长期环境污染。环境损坏根据其恢复期的长短通常可分为以下四种情况。

(1)较小——恢复期介于一个月到一年之间。

（2）中等——恢复期介于一年到三年之间。

（3）重大——恢复期介于三年到十年之间。

（4）严重——恢复期在十年以上。

相对生命风险和财产风险等指标，环境风险可接受准则的确定方法更标准化一些。如果环境损害事故发生的时间间隔较长，环境损害后的恢复期又较短，则该环境损害的恢复期可以忽略。通常用环境损害后的恢复期与环境损害事故发生的时间间隔的比值作为是否忽略环境损坏恢复期的依据。如果可忽略比值为 5%，即平均恢复期为 0.5 年的较小的环境破坏事故不会比每隔 10 年发生一次的环境破坏事故更常见。此时环境风险的可接受性见表 4-2。

表 4-2 环境风险可接受性指标（可忽略比值为 5%）

环境损害的等级	平均恢复期，a	可接受的频率极限
较小	1/2	1×10^{-1}
中等	2	2.5×10^{-2}
重大	5	1×10^{-2}
严重	20	2.5×10^{-3}

随着国民经济的快速发展和社会安全意识的提高，油气管道事故风险逐渐凸显。近几年国内油气管道重大事故时有发生，造成巨大的经济损失和社会影响。油气管道是油气资源主要的运输方式，由于油气管道各阶段（设计、施工、运行、运行维护等）的本身固有的特殊性，各阶段均存在对油气和管道本身安全、人身安全、社会形象和周边环境造成影响的重大风险源，如何有效而经济地控制和降低油气管道风险，建立相关的风险等级评价标准，根据评价标准对管道维护，将风险可接受理念引入油气管道的风险管理过程中，是解决上述问题的最佳途径。通过几十年的研究和发展，西方国家在风险可接受领域不仅形成了完善的理论体系，同时建立了各具特色的标准规范。参考和借鉴这些理论和标准，国内也在着手制定相关的标准。

三、方法应用

（一）应用

油气管道通常所处环境复杂，进行定量风险评价成本巨大，因而对其直接实施风险可接受标准存在困难。一些国家对这一问题提出了解决方法，通过在管道的施工、运营和维护等方面实施更具可行性的行业标准规范来实现与上述标准等效的风险可接受。

1. 英国 HSE 油气管道最佳实践

在符合风险标准的前提下，HSE 制定了用于控制油气管道风险的法规，同时要求油气管道的责任人实施"最佳实践"（good practice），并认为其等效于风险可接受标准。对于新建设施,需要使用新的最佳实践;对于已有设施,需要将现有"最佳实践"应用至满足相关法规的程度。所谓"最佳实践",即油气管道行业中现有的相对完善的标准规范,其涵盖了管道的设计、运营和维护等各个方面,见表4-3。

表4-3　英国油气管道最佳实践

类别	来源	标准
欧洲标准与协调标准	英国规范化标准	BS EN 14161:管道传输系统
		BS EN 1594:气体供应系统
陆地重大风险管道标准	英国管道标准实施法规	BS PD 8010 Part 1:钢制管道
	燃气工程师和经理学会	IGE/TD/1:高压气体传输管道
		IGE/TD/3:气体分配的钢制和 PE 管道
		IGE/TD/12:天然气工厂的管道压力分析
		IGE/TD/13:传输分配系统压力调节装置
海洋重大风险管道标准	英国管道标准实施法规	BS PD 8010 Part 2:海底管道
	挪威海上标准	DNV-OS-F101:海底管道系统
管道缺陷评估标准	美国石油学会	API RP 579:使用适应度标准
	美国机械工程师协会	ASME B31G:腐蚀管道剩余强度指南
	挪威海上标准	DNV RP-F101:腐蚀管道标准

2. 荷兰油气管道安全距离

油气管道属于荷兰"外部安全政策"中规定的危险设施,因此,需要满足风险可接受标准。在实际管理中,荷兰制定了管道设计规范(NEN3650 和 NEN3651),规定了油气管道与周边建筑物之间的安全距离(safety distances)。表4-4为荷兰乡村(1级、2级)和城市(3级、4级)所采用的安全距离。

表4-4　荷兰油气管道与建筑物之间的安全距离(m)

公称直径 mm	易燃液体,操作压力 8MPa			天然气管道,操作压力,MPa					
				1 级和 2 级地区			3 级和 4 级地区		
	K1	K2	K3	2~5	5~8	8~11	2~5	5~8	8~11
50				4	5	5	4	5	5
100	5	5		4	5	5	4	5	7
150	5	5		4	5	5	4	5	7
200	5	5		4	5	5	7	8	10
250	10	5	5	4	5	5	9	10	14

续表

公称直径 mm	易燃液体,操作压力 8MPa			天然气管道,操作压力,MPa					
				1 级和 2 级地区			3 级和 4 级地区		
	K1	K2	K3	2～5	5～8	8～11	2～5	5～8	8～11
300	16	5	5	4	5	5	14	17	20
350		5	5	4	5	5	17	20	25
400		5	5	4	5	5	20	20	25
450			5	4	5	5	*	20	25
600			5	4	5	5	*	25	25
750			5	4	5	5	*	30	35
900			5	4	5	5	*	35	45
1050				4	5	5	*	45	55
1200				4	5	5	*	50	60

注:1. 安全距离指致死条件概率高于 1% 的范围之外的区域。对区域等级为 1 级和 2 级,最高操作压力为 5MPa 的管道,最小距离等于 4m;高于 5MPa 的管道,最小距离等于 5m;对于"*",距离要由参与项目的人员决定。

2. K1、K2、K3 是易燃液体的分类方法。按照闪点划分为 3 类,其中,低于 21℃ 的易燃液体为 K1 类,如汽油;21～55℃ 为 K2 类,如煤油;高于 55℃ 为 K3 类,如柴油。

3. 对区域划分的说明见表 4-5。

表 4-5 荷兰区域等级划分表

区域等级	区域类型
1	不含建筑物或含临时建筑的区域
2	Ⅱ类对象所在区域
3	生活区或娱乐场所或工业发展区
4	多层建筑或者Ⅰ类对象所在区域

注:Ⅰ类对象指医院、学校、购物区、宾馆、50 名员工以上的办公大楼、计算机或电话中心、航空控制中心等重要基础设施;Ⅱ类对象指运动场所、游泳池、购物中心、工业园区、不属于Ⅰ类对象的车间、宾馆和办公场所等。

3. 挪威油气管道安全分级

挪威船级社(DNV)提出风险可接受标准需要表述风险对人员健康、环境和经济造成影响的可接受界限,其需要与预先确定的安全目标保持一致。在油气管道实际管理过程中,可以将 DNV 海洋管道系统标准(DNV-OS-F101)中的结构失效概率规范看作一种可接受标准,其仅需要计算管道的失效频率。同时,还应当使用安全分级(safety classes)方法来确保管道系统的结构安全度。根据失效后果(通常用运输液体类型和所在位置表征)将管道系统划分成一个或多个等级。对每一个安全等级,将安全因素分配给相应的极限状态。表 4-6、表 4-7、表 4-8 和表 4-9 对管道安全等级的划分做了详细的说明。

表 4-6　根据管道系统所运输液体的潜在危险对液体的分类

类别	描述
A	典型的、不易燃的、水溶性液体
B	室温和常压条件下为液态的易燃或有毒液体,如石油产品,而甲醇则是一种易燃且有毒的液体
C	在室温和常压条件下为无毒气体的不易燃液体,如氮气、二氧化碳、氩气和空气
D	无毒性、单相的天然气
E	室温和常压条件下为气态,以气相或液相传送的易燃或有毒液体,如氢气、天然气(D 类包含的除外)、乙烷、乙烯、液化石油气(如丙烷和丁烷)、液化天然气、氨气和氯气

表 4-7　管道系统所在位置的分类

位置	定义
1	管线周围没有频繁的人类活动的地区
2	钻井平台附近的管线或升管所在区域或人类活动频繁的地区 2 级位置的范围需要根据合适的风险分析来确定;如果未进行分析,则需采用最小 500m 的距离

表 4-8　安全等级的分类

安全等级	定义
低	失效造成的人员伤亡风险比较低,环境影响和经济损失比较小,通常安装阶段属于此类
中	在临时情况下的失效,造成一定的人员伤亡,比较大的环境破坏或比较高的经济或政治后果,通常钻井平台以外的操作属于此类
高	在运行情况下的失效,造成严重的人员伤亡,非常大的环境破坏或非常高的经济或政治后果通常位于 2 级位置的运行状态属于此类
极高	在运行情况下的失效,造成灾难性的人员伤亡

表 4-9　安全等级的划分

阶段	A、C 类液体		B、D、E 类液体	
	位置类别		位置类别	
	1	2	1	2
临时情况	低	低	—	—
运行情况	低	中	中	高

注:从安装到试运行这段时期(临时阶段)通常安全等级被划分为低;试运行后的临时阶段,在划分安全等级时,需要特别考虑失效后果,可能要高于"低"这一安全等级;在标准运行过程中的安全等级通常被划分为高。

　　管线的设计需要依据潜在的失效后果,在这个标准中其由安全等级的概念表征。不同阶段和地点管线的安全等级也各不相同。通常情况下使用上述标准,可应用表 4-9 划分的安全等级。安全等级与风险可接受的关系如下:对于安全等级为低级的油气管道,其风险较小,认为是可以接受的,不需要采取额外的措施。对于安全等级为中级的管道,其存在造成严重后果的可能性,风险较大,需要采取减缓措施将风险降低至可接受的程度。对于安全等级为高级的管道,其造成严重后果的可能性较高、风险很大,必须立即采取减缓措施将风险降低至可接受的程度。对于安全等级为极高级的管道,风险极大,应当尽量避免这种情况的出现。

(二)注意事项

(1)可接受性风险标准界定是一个集工程学、经济、社会、文化、法律等多学科知识为一体的交叉学科问题,需要各方通力合作,并在群众广泛参与的条件下取得统一认识。

(2)管道基础数据、事故资料及事故造成的伤亡人数、经济损失等真实详实的数据,在可接受性风险标准制定中有重要价值,有必要建立风险可接受性标准的基础信息数据库。

(3)ALARP理论和时间在多目标、多决策者和复杂与不确定性分析方面还存在众多问题需要解决,比如决策目标函数的存在性和可实现性如何符合ALARP原则。

四、方法参考资料

(1)Q/SY 1646—2013　定量风险分析导则[S].

(2)国家安监总局.危险化学品生产、储存装置个人可接受风险标准和社会可接受风险标准(试行),2014.4.

(3)刘铁民,张兴凯,刘功智.安全评价方法应用指南[M].北京:中国石化出版社,2005.4.

第四节　定量风险评价法(QRA)

一、方法概述

定量风险评价(Quantitative Risk Assessment,简称QRA)也称为概率风险评价(PRA),通过对系统或设备失效概率和失效后果的严重程度进行评价,从数量上说明被评价对象的危险等级,精确描述系统的危险性。该方法自1974年拉姆逊教授(Rasmussen)评价美国民用核电站的安全性开始,在风险评价尤其是石油化工领域中得到了广泛应用。定量风险评价是一种技术复杂的风险评估方法,不仅要对事故的原因、场景等进行定性分析,还要对事故发生的频率和后果进行定量计算,并将量化的风险指标与可接受标准进行对比,提出降低或减缓风险的措施,因此,整个评估过程需按照一定的程序进行,才能保证评估结果和决策的准确性。

在定量风险评估中风险的表达式见式(4-3)。

$$R = \sum_i (f_i \cdot c_i) \qquad\qquad (4-3)$$

式中　f_i——事故发生的频率；

　　　c_i——时间产生的预期后果。

在管道企业通过对系统或设备失效概率和失效后果的严重程度进行评价，从数量上说明被评价对象的危险等级，精确描述系统的危险性。

二、评价步骤

定量风险评价的结果等于事故发生的频率与事故后果的乘积。评价流程如图4-14所示。

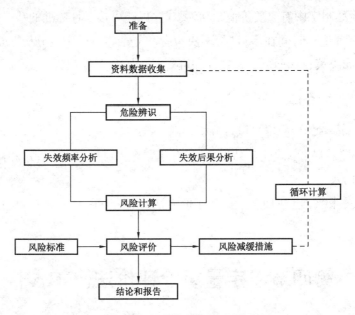

图4-14　定量风险评价法应用流程图

风险评价步骤：

（1）准备：熟悉分析对象，确定评价区域边界及装置的位置，收集装置的基本信息、有关技术数据、工业区及装置的布置图等。

（2）资料数据收集：收集区域的气象数据及周围人群分布情况，在工业区及周围确定明显及潜在点火源。

（3）危险辨识：重大危险辨识是运用先进的风险分析方法及专家系统对分析对象进行系统分析判断，从而确定可能发生的重大事故，它主要包括两部分：确定工业区内哪些有毒、活性、易燃或爆炸物质构成了重大危害；确定哪些故障或错误可产生非正常情况并导致一个重大事故。

（4）失效频率分析：一旦确定重大危险，就要对其进行频率分析，以评估发生事故的可能性。频率分析可以通过以往发生事故的经验分析得到,也可以利用理论模型,采用一些分析软件来进行计算得到。

(5)失效后果分析:后果分析主要是评估事故发生后造成的后果,对人员、设备及建(构)筑物等的影响,每个可能发生的事故的后果分析采用计算机模拟来进行。比如一个单一的有毒物质泄漏事故可能导致毒物扩散或人员中毒伤亡等;一个单一的可燃物质泄漏事故可能导致喷火、闪火、火球或者爆炸,火灾的热辐射及爆炸冲击波可能导致人员伤亡。

事故后果分析包括:

① 潜在事故的描述(容器破裂,管道破裂,安全阀失灵等),见表4-10。

表4-10 典型失效场景

对象	序号	失效场景
管道	1	全径破裂,危险介质从全径破裂处的上下游两端流出
	2	泄漏,危险介质从当量直径为管道公称直径的10%、最大值为50mm的孔径流出
固定的常压容器和储罐(内部绝对压力小于或等于0.1MPa)	1	全部存量瞬时释放
	2	全部存量在10min内以固定释放速度连续释放
	3	从当量直径为10mm的孔连续释放
固定的带压容器和储罐	1	瞬时释放
	2	在10min内以固定释放速度连续释放
	3	从当量直径为10mm的孔连续释放
泵和压缩机	1	毁灭性的破坏,最大连接管道全径破裂
	2	泄漏,危险介质从当量直径为最大连接管道公称直径的10%、最大值为50mm的孔径流出
分离器和过滤器	1	瞬时释放
	2	在10min内以固定释放速度连续释放
	3	从当量直径为10mm的孔连续释放
换热器	1	危险介质全部存量瞬时释放
	2	危险介质10min内全部存量泄漏
	3	换热器发生10mm孔径的泄漏
	4	10根管同时全径破裂
	5	一根管全径破裂
	6	泄漏,危险介质从当量直径为最大连接管道公称直径的10%、最大值为50mm的孔径流出

对象		序号	失效场景
铁路槽车或汽车槽车	槽车	1	孔泄漏,孔直径等于槽车最大连接管直径
		2	槽车破裂
	装卸软管	3	全径破裂,危险介质从全径破裂处的上下游两端流出
		4	泄漏,危险介质从当量直径为连接管道公称直径的10%、最大值为50mm 的孔径流出
	装卸臂	5	全径破裂,危险介质从全径破裂处的上下游两端流出
		6	泄漏,危险介质从当量直径为连接管道公称直径的10%、最大值为50mm 的孔径流出
	外部影响（冲击）	7	槽车的外部影响导致的泄漏由具体环境所确定,如果采取了预防交通事故的措施(如限速),可不考虑外部影响
	槽车火灾	8	罐内存量瞬时释放,槽车火灾可能导致罐内存量瞬时释放,如储罐周边的火灾或储罐下部的连接部分发生泄漏,遇到点火源

② 泄漏物质数量的预测(有毒、易燃、爆炸)。

③ 对泄漏物的扩散进行计算。

④ 危害影响的评估(热辐射、爆炸冲击波、毒性)。

（6）风险计算:每个模拟事故的频率(F)和后果(C)评估以后,就可以进行风险计算（$R=F\times C$）。

（7）风险标准:风险标准是用来衡量风险是否可以接受,以及对风险的重要性加以判断的准绳。

（8）风险评价:确定重大危险源,并参照风险标准确定风险等级的过程就是风险评价,风险评价的功能即是对不可接受的风险提出降低的办法,同时要把整体风险等级尽可能降到最低,以符合标准的要求。

（9）风险减缓措施:超过风险标准的个体风险,要使风险达到可接受的等级,就要采取一些降低风险的对策与措施,从而就要重新进行量化风险评估。

（10）风险结论和报告:通过风险分析确认评价区域的主要风险,依据分析结果制定各级事故应急救援预案。得出风险结论和报告。

图 4-15 为定量风险评价法 QRA 评价要点框架图。

三、方法应用

(一)实例

某光气及光气化产品企业风险评估示例:

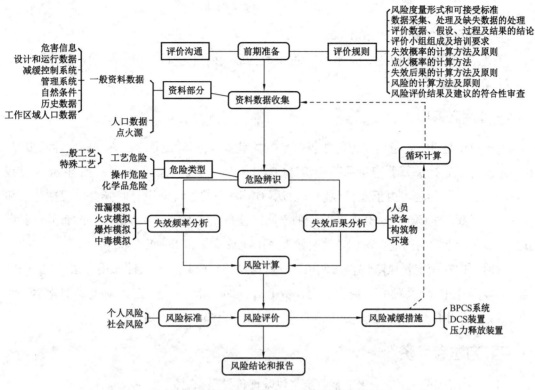

图 4-15　定量风险评价法 QRA 评价要点框架图

（1）准备：熟悉光气化产品企业分析对象，确定评价区域边界及装置的位置，收集装置的基本信息、有关技术数据、工业区及装置的布置图等。

（2）资料数据收集：

① 气象条件：选用评价项目地区有关气象条件数据，包括风速、大气稳定度、气温、气压、相对湿度、主导风向、盛行风及其频率等。

② 项目及其周边地区占地面积及人口分布数据。

③ 能存在的点火源及其位置。

（3）危险辨识：结合光气生产的工艺特点，开展工艺危险识别、操作危险识别和化学品危险识别等。

（4）风险计算：泄漏事件确定，假定光气、氯气的泄漏事故形态，具体数据略。

（5）风险评价：根据定量风险评价方法及有关事故案例，运用 DNV 公司 SAFETI 软件进行风险计算。

风险标准：根据光气、氯气的空气环境浓度限值、车间卫生标准及有关的人体毒理反应资料，列出了本项目事故风险评价的参考依据。

风险缓减措施：根据光气生产装置，应用 HAZOP 分析，确定出相应的 BPCS 装置、DCS 装置和压力释放装置等。

（6）风险结果。

①特殊场所个体风险（1SIR）。

②光气、氯气泄漏扩散范围，用扩散图或表格形式列出光气、氯气的泄漏扩散范围。

③等风险线图。

（二）注意事项

危害辨识是进行定量风险评价法（QRA）的关键步骤，同时也是基础性和前置性的步骤，其技术或方法直接关系着定量风险评价法（QRA）结论的准确性，同时也关系着 QRA 过程的效率和成本等问题。由于定量风险评价法（QRA）中的危险辨识有时候会出现在艺术和科学之间摇摆不定的情况，QRA 的结论的不确定性是该技术需要重点解决和改善的重要环节。目前国际上常用的危险辨识方法有欧盟 ARAMIS 和挪威 Purple book 等。

目前国内在用定量风险评价法（QRA）进行分析时，尚缺少一致性通用方法，但在 QRA 实际具体工作中，建议对单个企业采用挪威 Purple book 推荐的方法，而对于类似化学工业园区等企业集中的区域性 QRA 分析，则一般考虑采用欧盟 ARAMIS 方法。

四、方法参考资料

（1）AQ/T 3046—2013　化工企业定量风险评价导则［S］.

（2）SY/T 6714—2008　基于风险检验的基础方法［S］.

（3）Q/SY 1646—2013　定量风险分析导则［S］.

（4）Q/SY 1594—2013　油气管道站场量化风险评价（QRA）导则［S］.

第五节　人因可靠性分析法（HRA）

一、方法概述

人因可靠性分析法（Human Reliability Analysis，简称 HRA）关注的是人因对系统绩效的影响，可以用来评估人为错误对系统的影响。很多过程都有可能出现人为错误，尤其是当操作人员可用的决策时间较短时。问题最终发展到严重地步的可能性或许不大，但是有时，人的行为是唯一能避免故障最终演变成事故的手段。

20 世纪 80 年代初，Swain A.D、Guttmann H.E 等著名人因分析专家，经过多年艰苦细致的工作，完成了研究报告 "Handbook of Human Reliability Analysis with Emphasis on Nuclear Power Plant Applications"（人因可靠性分析手册）。在该报告中提出了一套完整的人员可靠性分析方法之一的失误率预测技术（Technique for Human Error Rate Prediction，简称 THERP）。这套技术问世以来，已被美国等多个国家广泛应用于核电站、石化工业、大型武器系统等领域的风险评价之中。

HRA 的重要性在各种事故中都得到了证明。在这些事故中,人为错误导致了一系列灾难性的事项。有些事故向人们敲响警钟,不要一味只关注系统软硬件的风险评估。它们证明了忽视人为错误这种诱因发生的可能性是多么危险的事情。

特点:HRA 提供了一种正式机制,将人为错误置于系统相关风险的分析中,对人为错误的正式分析有利于降低错误所致故障的可能性。但人的复杂性及多变性导致很难确定那些简单的失效模式及概率;很多人为活动缺乏简单的通过 / 失败模式。HRA 较难处理由于质量或决策不当造成的局部故障或失效。

适用范围:HRA 可进行定性或定量使用。如果定性使用,HRA 可识别潜在的人为错误及其原因,降低人为错误发生的可能性;如果定量使用,HRA 可以为 FTA(故障树)或其他技术的人为故障提供基础数据。

二、评价步骤

人因可靠性分析法评价流程如图 4-16 所示。

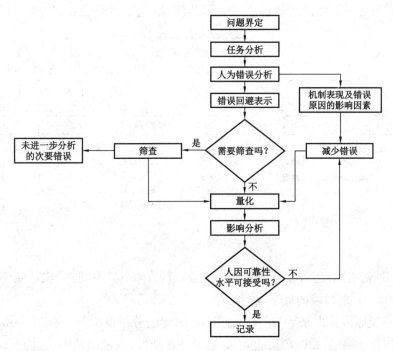

图 4-16 人因可靠性分析法评价流程框图

人因可靠性分析法的操作步骤:

(1)问题界定:计划调查 / 评估过程中有哪种类型的人为参与。

弄清楚参与操作与处置过程中的参与角色,每个角色的岗位职能和职责,角色的类型,如表 4-11 中的技能型、规则型和知识型,以便在计算失误概率时取值。

表 4-11　参数选取表

序号	行为类型	A	B	C
1	技能（skill）型	0.407	1.2	0.7
2	规则（rule）型	0.601	0.9	0.6
3	知识（knowledge）型	0.791	0.8	0.5

（2）任务分析：如何执行任务；为了协助任务的执行，需要哪类帮助。

可以借助于工作前安全分析法，将任务的目的、关键阶段、操作步骤、技术要点等梳理出来，然后区分出哪些可以由任务执行者独立完成，哪些需要技术培训，以及哪些需要技术协作。

（3）人为错误分析：任务执行失败的原因；可能出现什么错误；怎样补救错误。

要从人的内在因素有哪些影响因素，外在因素有哪些影响因素去寻找，也可以从图4-17中给出的一些内容进行查找，还可以从 GB 13861—2009《生产过程危险和有害因素分类与代码》给出的影响因素进行查找。关键是要找出可能影响让位于失败的直接原因和间接原因。然后再通过制度、培训、沟通、演示和监护等手段加以控制，如图 4-17 所示。

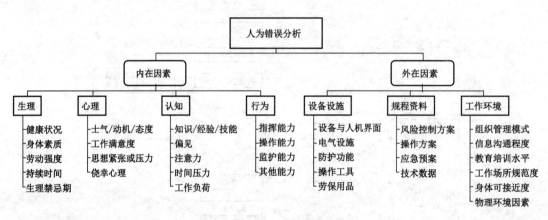

图 4-17　人为错误分析因果图

（4）错误回避表示：怎样将这些错误或任务执行故障与其他硬件、软件或环境事项整合起来，从而对整个系统故障的概率进行计算。

在人为错误原因找出来后，还要结合图 4-18 专门分析设备、制度、程序和环境等方面可能出现的错误或缺陷，如设备功能缺陷、安全防护缺失、仪控联动失效、操纵阀卡死、电源线脱落、警报器不响等影响因素。再将已经查出的外界干扰、注意力不集中、思想情绪低落、工作满意度差等影响因素与外在因素的设备设施、操作资料和工作环境的影响因素结合起来，找出可能的行为错误。行业不同，行为表现也会有所不同，但这些都需要大量的行为试验数据的积累。只有大量的数据积累，才能更加准确定位哪些动作成为主要的影响因素，并进行有序的排列。

（5）筛查：是否有不需要细致量化的错误或任务。

经过大量的动作分解后可能存在的各种状态下的安装动作、操作动作、维护动作、检修动作等。

（6）量化：人为错误和故障发生的可能性。

目前只能依靠一些已有的数学模型加以解析。如人因失误率预测技术（THERP）、人因认知可靠性模型（HCR）和成功似然指数法（SLIM）等方法。其中，THERP技术主要采用人因事件树的方法计算失效概率；HCR技术主要采用对运行班组未能在规定时间内完成动作的概率来评价失效概率；SLIM技术主要采用专家集体评判的方法确定人因失误概率。

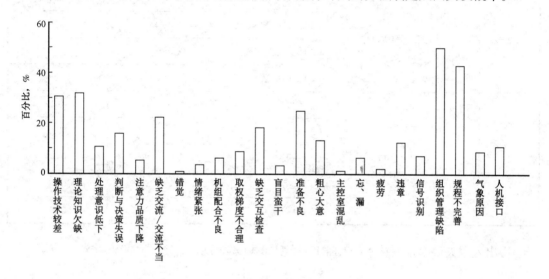

图4-18　影响原因分布图

在参考相关文献的基础上，得出人因认知可靠性模型（HCR）的计算模型，见式（4-4）如下：

$$P = e^{-\left\{\frac{t/T_{1/2}-B}{A}\right\}^C} \tag{4-4}$$

式中　t——可供选择、执行恰当行为的时间，min；

$T_{1/2}$——考虑紧张因子后的修正时间，min；

A，B，C——与人员行为层次有关的系数，见表4-11。

其中，公式（4-4）中的参数$T_{1/2}$由公式（4-5）计算得出：

$$T_{1/2}=T_{1/2,\,normal} \times (1+K_1) \times (1+K_2) \times (1+K_3) \tag{4-5}$$

式中　$T_{1/2,\,normal}$——常规反应时间，min；

K_1——操作员经验系数；

K_2——应激水平系数；

K_3——人机界面系数。

公式(4-5)的参数见表4-12。

表4-12　HCR模型的行为形成因子和相关的系数

序号	因子类型	因子	系数
1	操作员经验(K_1)	(1)行家、培训水平优秀	−0.22
		(2)一般知识水平	0
		(3)新手	0.44
2	应激水平(K_2)	(1)严重应激情景	0.44
		(2)潜在应激情景	0.28
		(3)优化、无应激	0.00
		(4)低度应激	0.28
3	人机界面(K_3)	(1)优秀	−0.22
		(2)好	0.00
		(3)一般	0.44
		(4)低劣	0.78
		(5)极端低劣	0.92

得出人因失误率预测技术(THERP)模型如式(4-6)所示：

$$P=P_1+P_2+\cdots+P_i \tag{4-6}$$

式中　P_i——第i事件的失误概率。

在用THERP模型计算规则型人员紧张因子时,操作错误概率见表4-13。

表4-13　操作手动控制器的操作错误概率

序号	任务	人因失误概率
1	由仅靠标记区别的一组控制器中选错控制器	0.003（0.001~0.01）
2	由性能相同的一组控制器中选错控制器	0.001（0.0005~0.005）
3	由画有清晰线条的控制盘上选错控制器	0.0005（0.0001~0.001）
4	往错误方向操作控制器(不违背习惯动作)	0.0005（0.0001~0.001）
5	往错误方向操作控制器(违背习惯动作)	0.05（0.01~0.1）
6	高度紧张的情况下往错误方向操作控制器(严重违背习惯动作)	0.5（0.1~0.9）
7	拨错多向开关	0.001（0.0001~0.1）
8	按错接头	0.01（0.005~0.05）

在用 THERP 模型计算技能型人员紧张因子时,选择错误概率见表 4–14。

表 4–14　从多个信号器正确选择一个的人因失误概率

信号器数目	人因失误概率	信号器数目	人因失误概率
1	0.0001（0.00005～0.001）	8	0.02（0.002～0.2）
2	0.0006（0.00006～0.006）	9	0.03（0.003～0.3）
3	0.001（0.0001～0.01）	10	0.05（0.005～0.5）
4	0.002（0.0002～0.02）	11～15	0.10（0.01～0.999）
5	0.003（0.0003～0.03）	16～20	0.15（0.015～0.999）
6	0.005（0.0005～0.05）	21～40	0.20（0.02～0.999）
7	0.009（0.0009～0.09）	>40	0.25（0.025～0.999）

操作员在操作单元 A 后又执行单元 B 的操作,HEP_B 是进行单元 B 操作时独立发生失误的概率(非条件概率),则在执行操作单元 A 时发生失误后执行操作单元 B 发生失误的条件概率 B 应按式（4–7）至式（4–11）计算。

① 完全从属:

$$B=1.0 \qquad (4-7)$$

② 高度从属:

$$B=\frac{1+HEP_B}{2} \qquad (4-8)$$

③ 中度从属:

$$B=\frac{1+6HEP_B}{7} \qquad (4-9)$$

④ 低度从属:

$$B=\frac{1+19HEP_B}{20} \qquad (4-10)$$

⑤ 零度从属:

$$B=HEP_B \qquad (4-11)$$

（7）影响分析:哪些错误或任务是最重要的。例如,哪些错误或任务最为危害系统可靠性。

通过失效动作对系统可靠性影响程度的分析,找到当时条件下关于动作对系统影响程度的失误动作排序。

（8）减少错误:如何提高人因可靠性。

找出减少人因失误的途径,提出改善失误的方法,确保人的可靠性以实现系统的可靠性。改善的途径至少包括改善影响失误的因素、人因抗干扰能力等。

（9）记录：有关 HRA 的哪些详情应记录在案。

在实践中，HRA 会分步骤进行，尽管某些部分（如任务分析及错误识别）有时会与其他部分同步进行。

输入包括：

① 明确人们必须完成的任务的信息。

② 实际发生极有可能发生的各类错误的经验。

③ 有关人为错误及其量化的专业知识。

输出包括：

① 可能会发生的错误清单以及减少损失的方法（最好通过系统的重新设计）。

② 错误模式、错误类型、原因及结果。

③ 错误所造成风险的定性或定量评估。

把以上已经分析出的任务分析结果、人为错误的内在因素、人为错误的行为表现、人为错误对系统的影响因素和危害程度，以及减少这些错误的方法记录下来，为制定更加可靠的防御措施提供依据。

三、方法应用

（一）实例

工况下发生蒸汽发生器（SG）传热管断裂事故，20s 内引发二次侧放射性高报警，安全工程师由操纵员呼叫 5min 后到达主控室并进入 SPI 规程，监视有关参数，二回路操纵员根据规程识别且隔离故障，SG 高压安注失败（1min 完成该操作），安全工程师发现 $\Delta T_{sat}<10℃$ 且指令操纵员手动启动安注，但安注不可用，安全工程师决定进入 SPU 规程（SPI 执行时间为 10min），安全工程师用 4min 鉴别安注及蒸汽发生器的可用性，安注不可用，指令二回路操纵员将排大气阀 GCT113V 和冷凝器阀 GCT117VV、GCT121VV 开至全开，对冷凝器进行快速冷却，操纵员用 1min 完成上述操作（60min 内若未成功实施快速冷却将导致堆芯熔化）。

1. 问题界定

首先从示例中分析找出可能涉及的人物类型及角色，操作员为技能型，安全工程师为规则型。

2. 任务分析

通过示例可以看出，整个过程包括两个角色：① 操纵员；② 安全工程师。三个动作：① 安注；② 快速冷却；③ 开排大气阀和冷凝器阀。

3. 人为错误分析

针对以上列举的二个角色和二个动作，做出人因分析事故树，如图 4-19 所示。

形成如下分析结果：

（1）a_1 操纵员成功完成安注。

（2）A_1 操纵员未成功完成安注。

（3）b_1 操纵员成功完成快速冷却。

（4）B_1 操纵员未成功完成快速冷却。

（5）a_2 安全工程师成功纠正操纵员的错误并完成安注。

（6）A_2 安全工程师未成功纠正操纵员的错误并完成安注。

（7）b_2 安全工程师成功纠正操纵员的错误并完成冷却。

（8）B_2 安全工程师未成功纠正操纵员的错误并完成冷却。

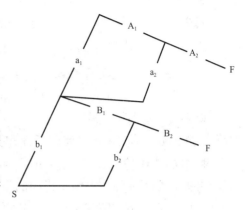

图 4-19 人因事故树

4. 错误回避表示

从人因事故树分析的结果来看，这个案例过程中可能出现两个错误：

（1）操纵员未成功完成安注和快速冷却；

（2）安全工程师未成功纠正操纵员的错误并完成安注和冷却。

5. 筛查

由于案例事项中只有三个动作，没有更详细的动作要分解，所以就没有做筛查。

6. 量化

量化阶段，通常要根据实际需要进行计算模型的选择。本案例主要采用人因认知可靠性（HCR）模型和人因失误率预测技术（THERP）模型进行量化。该事件失误概率分析可分为 3 个阶段：

（1）操纵员发现二次侧放射性高报警信号进入 SPI 规程并呼叫安全工程师；失误概率 P_1 可认为非常小。

（2）安全工程师先后进入 SPI、SPU 规程，做出让二回路操纵员用冷凝器进行冷却的指令；其诊断行为属规则型，可用 HCR 模式计算其失误概率 P_2。

（3）操纵员将排大气阀 GCT113VV 和冷凝器阀 GCT117VV、GCT121VV 开至全开位置，其失败概率 P_3 可用 THERP 方法求出。

根据示例中，SPI 执行时间花掉 10min，安全工程师鉴别安注及蒸汽发生器的可用性要用 4min，则 $T_{1/2, n} = 10 + 4 = 14min$。根据事件分析中（1），可令 $P_1 = 1.00 \times 10^{-4}$。

安全工程师进行的动作，其人因事件树如图 4-19 所示。根据事故描述中有关数据，操作员呼叫安全工程师的时间为 5min，操作员完成 GCT 阀的操作时间为 1min，可得：

$$t = 60 - 5 - (1+1) \times (1+k_2) = 60 - 5 - (1+1) \times (1+0.44) = 52.12 \, (min)$$

安全工程师实际进入 SPU 执行 SPI 规程,所用的时间应考虑紧张因子修正得:

$$T_{1/2}=T_{1/2,n} \times (1+0.28)=14 \times 1.28=17.92 \text{(min)}$$

其中,紧张因子修正系数参照表 4-12 的 k_2 值。

规则型行为取 $A=0.601$,$B=0.9$,$C=0.6$ 将参数代入公式(4-4),则 $P_2=3.49 \times 10^{-2}$。

操纵员所进行的动作,其人因事件树如图 4-19 所示。查 THERP 表 4-14,投入安注的失误概率为 6×10^{-4},考虑紧张因子,修正为 1.2×10^{-3}。

操作 GCT 阀的失误率为 3×10^{-3},因时间 1min 内可完成,则不修正。

考虑安全工程师与操纵员之间的相关性为低度,依据安注和冷却二个操作之间的关系为低度从属关系,采用公式(4-10),其监测失误概率为:

$$B=[1+19 \times 3 \times 10^{-3}]/20=5.29 \times 10^{-2}$$

该事件树的失误路径有两个,F_1、F_2,它们的失误率分别为:

$$P_{F1}=P_{A1} \times B=1.2 \times 10^{-3} \times 5.29 \times 10^{-2}=6.35 \times 10^{-6}$$
$$P_{F2}=P_{B1} \times B=3 \times 10^{-3} \times 5.29 \times 10^{-2}=1.59 \times 10^{-5}$$

总的操作失误为 $P_3=P_{F1}+P_{F2}=2.23 \times 10^{-5}$。

事件总的失误率:$P=P_1+P_2+P_3=1.00 \times 10^{-4}+3.49 \times 10^{-2}+2.23 \times 10^{-5}=3.50 \times 10^{-2}$。

7. 影响分析

从量化计算的结果可以看出,安全工程师进入 SPI、SPU 规程失效概率最大,其次是操作与处置过程中的排大气阀和冷凝器阀,最后才是呼叫安全工程师。

8. 减少错误

在减少错误方面,主要从减少失效概率入手。可以通过人类工效学的方法,也可以通过设计安全仪表系统,还可以通过人因培训教育等方式,提高人的反应速度和应激水平等来实现。

9. 记录

依据上述任务分析结果、操作与处置逻辑程序、人为错误失效概率和人为错误对系统失效的影响,以及如何减少操作与处置失效的对策措施记录在案或形成报告,为下一步制定相应的失效防范措施提供依据。

(二)注意事项

人为失误和组织失误数据的收集较困难,其原因是数据的收集多数只能依赖于事故调查报告,而以前许多事故的调查报告根本没有揭示人为因素在事故发生的各个阶段中所起的作用,而人为失误的数据又是 HRA 量化分析的基础,数据收集不够,可能造成对基本事件规律的认识发生偏差。近年来,人为失误数据的收集工作在核工业、石化行业等领域取得了很大的成功,如人为失误评估和减小技术(HEART)、人因失误率预测技术(THERP)等。

在油气长输管道工程领域，管道系统结构的风险评估需要确定本行业自身的人为失误概率，人因失误概率（*HEP*）数据收集有三种方法：

（1）直接通过观测进行数据收集。通过记录仿真实验中一段时间内的人为失误总数和执行任务的总数达到获到 *HEP* 的目的，通过仿真实验可以得到部分数据，因为有些情况是仿真实验无法模拟的，比如实际撤离过程中人的压力，假定人在实验中的压力与实际过程中的压力相当，可能导致低估 *HEP*。

（2）借助于专家判断。目前有两种比较成熟的专家判断技术：成对比较方法（Paried Comparison，简称 PC）和绝对概率判断方法（Absolute Probability Judgement，简称 APJ）。采用专家判断的方法可以达到产生一些无法通过仿真实验得到的 *HEP*，利用专家判断修正已收集的数据，使其更具代表性。

（3）将贝叶斯（Bayesian）方法和专家判断相结合，得到变量的后验分布等。各种基本事件发生的概率或条件概率确定后，就可采用各种定量的人因可靠性分析（HRA）方法，确定人和组织失误（Human and Organization Error，简称 HOE）对结构系统风险的影响。

四、方法参考资料

（1）ANSI/IEEE 1023：2004 核电站和其他核装置的系统、设备和装置的人因工程应用的推荐实施规程［S］.

（2）GB/T 27921—2011 风险管理 风险评估技术［S］.

（3）NB/T 20427—2017 核电厂防止人因失误管理［S］.

（4）NB/T 20442.10—2017 核电厂定期安全审查指南 第 10 部分：人因［S］.

（5）刘铁民，张兴凯，刘功智．安全评价方法应用指南［M］.北京：中国石化出版社，2005.4.

（6）中国石油化工集团总公司安全环保局．石油化工安全技术（高级本）［M］.北京：中国石化出版社，2005.2.

（7）吴宗之，高进东，张兴凯．工业危险辨识与评价［M］.北京：气象出版社，2000.4.

（8）张力，黄曙东，何爱武，杨洪．人因可靠性分析方法［J］.中国安全科学学报，2001.6，11（3）.

第六节 安全完整性等级评估法（SIL）

一、方法概述

安全完整性等级评估法（Safety Integrity Level，简称 SIL）就是依靠可靠性指标来评价安全仪表系统保障工艺安全性能等级的方法。GB 20438《电气/电子/可编程电子安全相关系统的功能安全》和 GB/T 21109《过程工业领域安全仪表系统的功能安全》中定义了安全连锁系统的可靠性指标,即安全完整性等级。SIL不仅是安全联锁系统安全性能的衡量标准,而且也是整体安全生命周期的主线,所以,安全连锁系统的评估主要针对的是系统的SIL评估。

特点:该方法涉及化工、仪表及管道等专业间的合作,而且评价涉及的资料庞杂,因此,对评价人员提出了较高的要求。随着计算机技术的发展,如何结合先进的计算机辅助技术从而提高SIL评价的效率已得到业内的广泛关注。

适用范围:对安全联锁系统进行评估,在管道企业主要适用于站库内安全仪表系统的评价。

二、评价步骤

安全完整性等级评估法评价流程如图4-20所示。

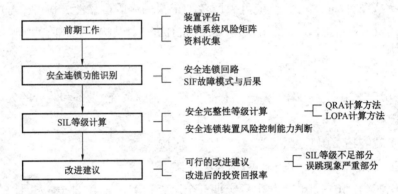

图4-20 安全完整性等级评估法评价流程图

安全完整性等级评估法步骤:

(1)前期工作:首先结合装置的危险性和重要性等级确定需评估的装置,并制定该装置对应的连锁系统风险矩阵或风险图。装置确定之后,工作人员到现场进行相关资料的收集工作。

(2)安全连锁功能识别:结合装置的操作流程及设计工艺,评估人员与技术人员确定需进行评估的安全连锁回路及其对应的安全连锁功能(Safety Instrumented Function,简称SIF)。确定SIF之后,分析人员结合现场收集的资料,针对每个连锁回路的SIF,采用工艺危险分析技术(Process Hazard Analysis,简称PHA)确定SIF的目的、引起SIF动作的原因以及SIF拒动与误动后果等内容。该环节是整个连锁回路评估中最关键也是周期最长的一环,需与现场操作人员及专家组成员进行多次技术交流(图4-21)。

(3)SIL等级计算:评估人员结合定量风险分析(QRA)和保护层分析技术(LOPA)确定各个安全连锁功能所需的SIL等级。对各个安全联锁系统开展安全与误跳车情况定量分析工作,依据分析结果,判断安全连锁功能的SIL等级是否满足企业风险控制要求。

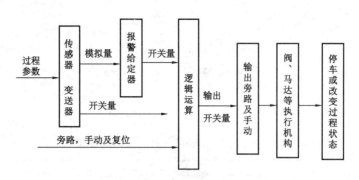

图 4-21　紧急连锁回路原理图

依据逻辑运算器标定的表决结构,在 GB/T 20438.6—2006《电气 / 电子 / 可编程电子安全相关系统的功能安全　第 6 部分:GB/T 20438.2 和 GB/T 20438.3 的应用指南》附录 B2.2 部分查找对应的公式。

(4)改进建议:要针对前三个步骤分析的结果,找出 SIL 的不足部位,提出改进建议;对于经常出现误跳现象的部位,可采用不同的安全仪表表决模式加以调试,使安全仪表系统的设计和执行能力达到最优化,必要时对某些改进意见进行投资回报率计算。

值得注意的是,在安全完整性等级评估法应用过程中,GB/T 20438—2006《电气 / 电子 / 可编程电子安全相关系统的功能安全》将 SIL 定义为四个等级,即 SIL1 到 SIL4。GB/T 21109—2007《过程工业领域安全仪表系统的功能安全》作为 GB/T 20438—2006《电气 / 电子 / 可编程电子安全相关系统的功能安全》在过程工业领域的分支标准,保持了 SIL1 到 SIL4 的四个等级划分。不过,除了极罕见的特殊应用,在过程工业一般的应用场合,SIL3 是其最高级。在工程实践中,当过程危险和风险分析确认需要 SIL3 以上的安全完整性时,一般是将应对同一危险事件的其他技术安全系统或外部风险降低的绩效提高(图 4-22),从而将对 SIF 的 SIL 要求降低到 SIL3 或以下。

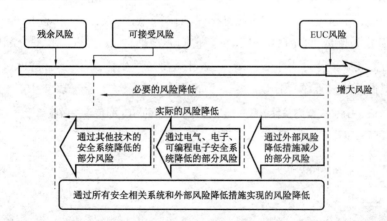

图 4-22　风险降低的一般概念

GB/T 20438—2006《电气 / 电子 / 可编程电子安全相关系统的功能安全》和 GB/T 21109—2007《过程工业领域安全仪表系统的功能安全》依据不同的操作模式,用不同的技术指标划分 SIL 等级。

GB/T 21109—2007《过程工业领域安全仪表系统的功能安全》将安全仪表功能的操作模式分为"要求操作模式"（Demand Mode of Operation）和"连续操作模式"（Continuous Mode of Operation）。

安全完整性等级对要求模式操作下的失效概率要求见表 4-15。

表 4-15 安全完整性等级对要求操作模式下的失效概率要求

要求操作模式		
安全完整性等级（SIL）	要求时平均失效概率 PFD_{avg}	目标风险降低
4	$\geq 10^{-5} \sim <10^{-4}$	$>10000 \sim \leq 100000$
3	$\geq 10^{-4} \sim <10^{-3}$	$>1000 \sim \leq 10000$
2	$\geq 10^{-3} \sim <10^{-2}$	$>100 \sim \leq 1000$
1	$\geq 10^{-2} \sim <10^{-1}$	$>10 \sim \leq 100$

在确定安全完整性等级指标时,安全完整性功能的选择至为重要。SIF 的要求操作模式指的是,在响应过程状态或其他"要求"（Demand）时,执行特定的动作(如关闭阀门)。要求操作模式的特征,是当 SIF 出现危险失效,并且"要求"出现时,才会导致潜在危险发生。典型的"要求"包括工艺过程参数出现异常,达到设定的安全极限值,或者 BPCS 本身处于失效状态。这就意味着 SIF 的危险失效,并不一定即刻导致危险。常见的 ESD 应用就是典型的要求操作模式。这是因为当 ESD 出现危险失效(例如,对于失电关停的连锁系统,当 DO 输出电路出现故障,不能对停车要求进行响应)时,如果工艺状态没有达到连锁设定值,或者 DCS 运行正常并将工艺参数控制在正常给定值上,并不会马上造成危险。

从表 4-16 以看出:每个 SIL 等级对应着 SIF 一个数量级的平均失效的概率,它用符号表示为 PFD_{avg};目标风险降低数值,也称为风险降低因数 RRF（Risk Reduction Factor）。PFD_{avg} 与 RRF 互为倒数,即 $PFD_{avg}=1/RRF$。它们的物理含义是,每提升一个 SIL 等级,意味着 SIF 的平均失效概率降低一个数量级,也意味着将危险事件发生的可能性降低 10 倍。

安全完整性等级对连续操作模式下 SIF 的危险失效频率要求见表 4-16。

表 4-16 安全完整性等级对连续操作模式下的 SIF 的危险失效频率要求

连续操作模式	
安全完整性等级（SIL）	完成安全仪表功能危险失效的目标频率（h^{-1}）
4	$\geq 10^{-9} \sim 10^{-8}$
3	$\geq 10^{-8} \sim <10^{-7}$
2	$\geq 10^{-7} \sim <10^{-6}$
1	$\geq 10^{-6} \sim <10^{-5}$

SIF 的连续操作模式是指当 SIF 出现危险失效时,潜在的危险将会立即发生,除非存在其他防止措施。连续模式涵盖执行连续安全控制,以便保持功能安全的安全仪表功能。安全完整性等级的数量划分,为工程设计和 SIS 设备选型提供了基准。

三、方法应用

(一)实例

某炼化二期项目丁辛醇装置采用英国 DAVY 的工艺包,该装置包括储罐等设备设施,经 HAZOP 分析审查后,确定了安全仪表回路需要达到的安全完整性等级要求。该装置中典型安全回路为例进行验证计算,通过采用 GB/T 20438.6—2006《电气/电子/可编程电子安全相关系统的功能安全 第 6 部分:GB/T 20438.2 和 GB/T 20438.3 的应用指南》和 ISA-TR 84.00.02-2《安全仪表功能—安全完整性等级评估技术 第 2 部分:通过简化的方程式来确定一个安全仪表功能的安全完整性等级》分别计算安全回路各子系统(传感器/逻辑解算器/最终元件)及整个回路的平均失效概率,验证安全仪表回路的安全完整性等级能否满足要求(图 4-23)。

图 4-23 储罐安全仪表回路示意图

(1)前期工作:找出危险和重要的安全仪表装置为储罐液位控制回路,包含雷达液位计(LAHH-50105)、逻辑控制器和紧急切断给料阀(XV-50103)。

(2)罐区储罐安全回路识别。液位是储罐的 1 个重要的工艺参数,如液位过高,储罐内压力上升,可能带液至低压火炬总管,造成比较严重的后果,经 HAZOP 分析后将液位安全回路定义为 SIL1;安全仪表系统设置 1 台雷达液位计(LAHH-50105)检测液位,液位过高时紧急切断给料阀(XV-50103),输入回路和输出回路均为"1oo1"表决结构,如图 4-22 所示。经查询各元件安全认证证书,相关安全参数见表 4-17。

表 4-17 平均失效概率计算(储罐安全回路)

子系统	结构	T_1, a	λ_{DU}	λ_{DD}	PFD_{AVG1}	PFD_{AVG2}
输入元件(LAHH-50105)	1oo1	1	259	1.282×10^3	1.134×10^{-3}	1.140×10^{-3}
逻辑控制器	2oo3	1			9.759×10^{-5}	9.759×10^{-5}
输出元件(XV-50103)	1oo1	1	601		2.635×10^{-5}	2.635×10^{-5}

（3）SIL 等级计算：利用表 4-17 内给出的输入元件（LAHH-50105）的 PFD_{AVG1}、PFD_{AVG2} 参数，分别采用"1oo1"表决结构在 GB 20438.6 附录的 B.2.2.1 部分找到关于安全仪表系统平均失效概率对应的计算公式，见式（4-12）、式（4-13）。

$$PFD_{AVG} = \lambda_{DU} \frac{T_1}{2} \tag{4-12}$$

$$PFD_{AVG} = (\lambda_{DU} + \lambda_{DD}) \left[\frac{\lambda_{DU}}{\lambda_D} \left(\frac{T_1}{2} + MTTR \right) + \frac{\lambda_{DD}}{\lambda_D} MTTR \right] \tag{4-13}$$

利用表 4-17 内给出的逻辑控制器及输出元件（XV-50103）的 PFD_{AVG1}、PFD_{AVG2} 参数（为厂商提供），再在 GB 20438.6 的 B.2.1 找出安全仪表系统平均失效管理的计算公式，见式（4-14）、式（4-15）。

$$PFD_{SYS} = PFD_S + PFD_L = PFD_{FE} \tag{4-14}$$

$$PFD_{SIS} = \sum PFD_{Si} + \sum PFD_{Ai} + \sum PFD_{Li} + \sum PFD_{PSi} \tag{4-15}$$

可得出储罐安全回路失效概率 PFD_{SIS} 分别为 3.776×10^{-3} 和 3.872×10^{-3}，对比表 4-17，完全满足 SIL1 的要求。

（4）改进建议：经前三步的计算可以看出，储罐的安全仪表系统能满足安全完整性等级要求，不再做其他建议。

（二）注意事项

对于安全完整性等级的应用，存在有许多的问题及误解，大致有以下几项：

（1）在应用安全完整性等级时，无法转换不同标准中标示的安全完整性等级。

（2）依照可靠度的估计来估计安全完整性等级。

（3）由于系统（特别是软件系统）太过复杂，使得无法估计安全完整性等级。

上述误解会带来一些错误的陈述，包括"因为此系统开发时使用的流程是开发 SIL N 系统的标准流程，因此此系统是 SIL N 的系统"，或者断章取义的使用 SIL，例如"这是一个 SIL N 的热交换器"。根据 GB 20438，SIL 的概念和系统的失效率无关，只和系统的危险失效率（dangerous failure rate）有关。需要透过安全性分析的方式识别危险失效模式，才能决定其失效率。

SIL 等级越高的设备表示其安全可靠性越高，但其价格也一定相对提高。而且若系统的 SIL 等级越高，需要的硬件故障裕度也会提高，以确保在部分设备故障时不会有安全性问题。

四、方法参考资料

（1）IEC 61508　电气 / 电子 / 可编程序电子安全相关系统的功能安全性［S］.

（2）IEC 61511　功能安全　加工工业部门用安全仪表化系统［S］.

（3）GB/T 20438.5—2006　电气 / 电子 / 可编程电子安全相关系统的功能安全　第 5 部

分：确定安全完整性等级的方法示例［S］.

（4）GB/T 20438.6—2006　电气／电子／可编程电子安全相关系统的功能安全　第6部分：GB/T 20438.2 和 GB/T 20438.3 的应用指南［S］.

（5）GB/T 21109.3—2007　过程工业领域安全仪表系统的功能安全　第3部分：确定要求的安全完整性等级的指南［S］.

（6）SY/T 10033—2000　海上生产平台基本上部设施安全系统的分析、设计、安装和测试的推荐作法［S］.

（7）张兆祥，李涛. 安全完整性等级验证计算在化工装置中的应用研究［J］. 石油化工自动化，2016.10，52（5）.

第七节　基于风险的检验（RBI）

一、方法概述

基于风险评估的设备检验技术（Risk Based Inspection，简称RBI）是采用先进的软件，配合以丰富的工厂实践经验和腐蚀及冶金学方面的渊博知识及经验，对炼油厂、化工厂等工厂的设备、管线进行风险评估及风险管理方面的分析。由于有了"有的放矢"的科学的检测计划，从而保证了工厂安全、可靠地运行及取得最好的经济效益。在这个基础上，运行的实施及管理成为科学而透明、可预见。

RBI的分析方法有定性、定量和半定量三种类型。这三种方法相互补充，是一个连续的统一体，而不是截然不同的方法。一个RBI项目通常包括定性、半定量和定量三种方法的综合运用，可根据制定设备检验计划在不同阶段的需要对其进行选用。定性的RBI方法是一种简化的分析方法，它依靠工程经验作判断，只需输入少量的数据，应用简单算法评估设备失效的可能性和后果。定量的RBI方法是一种精确的方法，工作量很大。此方法需要对大量的数据进行细化分析，其结果可对所有的设备进行风险排序，可识别采用现行检验规程对设备检验是检验过度还是检验不足。半定量的RBI方法需要与定量方法相同的数据，但不必那样精确，可以采用简化的方法，也能得到定量RBI方法的大部分结果。

特点：基于风险评估的设备检验技术是在设备检验技术、失效分析技术、材料损伤机理研究、设备安全评估和计算机等技术发展的基础上产生的一种新的设备和管线检验及腐蚀管理技术。采用此技术时，对在役设备不采用常规的全面和定期检验方法，而是在风险分析基础上，针对高风险设备的特点对其进行重点检验。采用此技术可提高设备的可靠性，降低设备检修费用，具有在保证设备安全性的基础上降低成本的效果。

适用范围：在管道企业主要用于静设备，如储罐、压力容器、压力管道及操作的某些特定环节等运行阶段的风险评价。也可对主体设备（反应器、热交换器等）辅助设备（泵站等）及附属管线进行分析。

二、评价步骤

RBI 技术在工厂的应用有一套标准的方法或体系,实施过程应遵循一定的步骤,图 4-24 给出了 RBI 实施流程。

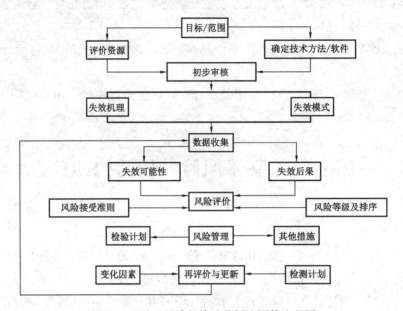

图 4-24　基于风险的检验分析法评估流程图

主要步骤描述如下:

(1)确定实施的设备、目标和范围、采用的方法、软件和所需要的资源。实施 RBI 应有明确的目标,这个目标应被 RBI 小组和管理人员理解。评价应建立在一定的物理边界和运行边界上,通过装置、工艺单元和系统的筛选建立物理边界。为了识别那些影响装置退化的关键工艺参数,需要考虑正常运行和异常情况,以及开工和停车。

(2)初步审核。识别设备的失效机理和失效模式。识别设备在所处的环境中会产生的退化机理、敏感性和失效模式,这对 RBI 评价很有帮助。

定性风险分析要求输入描述性的信息,这些信息是以工程推断和经验作为失效概率和失效后果分析基础的,输入的信息通常为一定的数据范围。定性方法的意义在于能够在缺乏具体定量数据的条件下完成风险分析,简单快捷,节省检测系统。

(3)评价数据的采集。采集风险评价设备的数据,包括设计数据、工艺数据、检验数据、维护和改造、设备失效等数据。

(4)风险评价。通过相应的评价模式和计算公式,计算出设备的失效概率和失效后果,得出风险等级的评价结果和风险排序。

评估失效概率。评估设备在工艺环境下每一种失效机理的失效概率,失效概率评价的最小单位是按失效机理不同划分出的设备部件。失效概率评估包括确定材料退化的敏感性、速率和失效模式,量化过去检验程序的有效性,计算出失效的概率。

确定失效概率主要考虑：

① 由运行环境(内部或外部)引起的设备建造材料的劣化机理和速率。

② 工厂检查方案识别和监控劣化机理的有效性，以使设备能够在失效之前修理或更换。

分析在役设备劣化的影响和检查失效概率包括以下步骤：

① 识别在这个时间段内预料要发生的现行的或可靠的劣化机理(考虑正常和意外条件)。

② 确定劣化的易发性和速率。

③ 量化过去的和将来的检查和维修方案的有效性。在评价失效概率时通常必须考虑将来替代的检查和维护策略，这些策略可能包括"不检查或不维护"策略。

④ 确定设备以现在的运行条件按所知道的劣化速率继续劣化下去，超出设备的承受能力，导致失效的概率。失效模式(例如小泄漏、设备破裂)应当根据劣化机理确定。通常，在一些情况下要考虑一种以上的失效模式并综合考虑这些风险。

可能性类别有以下六个子系数构成：

① 设备系数(EF)：与工段中具有失效潜力的单元数有关，如当一个全运行工段，主设备项大于 150 时，EF=15。

② 破坏系数(DF)：与装置中已知破坏机理有关的度量，如发生全面腐蚀，DF=2；存在不锈钢腐蚀裂纹，DF=5；总破坏系数是发生各种破坏机理的分数总和。

③ 检验系数(IF)：是当前检验程序识别装置中现行或预计的破坏机理有效性的一种度量，如没有正式检验程序，则 IF=0。

④ 条件系数(CCF)：测量装置维护和内务管理的有效性，对装置的内务管理、设计建造质量和质量保证分别与工业标准相比较，进行打分加和，都低于工业标准，则 CCF=0。

⑤ 工艺系数(PF)：度量导致密闭容器不正常运行或中断的潜力，对工段的年中断次数，工艺稳定性和结垢或堵塞潜力分别打分，然后加和得到工艺系数。

⑥ 机械设计系数(MDF)：度量装置设计内的安全系数，对设备的设计是否符合标准以及工艺是否为极端条件，进行打分。

这六个子系数的和确定总可能性系数。失效可能性等级根据总可能性系数来确定，见表 4-18。

表 4-18 失效可能性分级标准

总可能性系数	可能性级别
0～15	Ⅰ
16～25	Ⅱ
26～35	Ⅲ
36～50	Ⅳ
51～75	Ⅴ

评估失效后果。评估设备发生失效后对经济、生产、安全和环境造成的影响。后果分析包括破坏后果系数和健康后果系数。通常要对每一种化学品都要进行这两个系数的分析，但许多化学品都具有一个支配性风险，因此当已知某一给定化学品的支配性风险时，没有必要把两个系数都确定，产生最高的后果系数用来确定定性风险评级。

破坏后果类别由以下几个子系数构成。

① 化学系数（CF）：判断化学品的点燃倾向的系数。

② 量值系数（QF）：预计由于某一单个事件导致某一工段物质发生泄放的最大量，如发生泄放的物质在 1000～2000lb 之间，$QF=20$。

③ 状态系数（SF）：度量介质泄放到环境中，相态为气态的可能性（评估其扩散的趋势），当介质沸点在 –100～100°F 之间时，$SF=6$。

④ 自燃系数（AF）：说明介质在高于自燃温度下工作时，判断其点火可能性及危险性。

⑤ 压力系数（PRF）：根据介质的相态和工作压力，判断流体逸出的快慢程度，如果流体为液体，$PRF=-10$。

⑥ 置信度系数（CRF）：根据保护措施的多少，减少破坏事件发生的可能性。这几个子系数相加，就是破坏后果系数，见表 4-19。

表 4-19　破坏后果的分级标准

破坏后果系数	破坏后果等级
0～19	A
20～34	B
35～49	C
50～70	D
>70	E

健康后果系数由以下几个子系数构成。

① 毒性量值系数（TQF）：判断物质的泄放量和毒性大小的系数。

② 扩散性系数（DIF）：根据工作条件和沸点，判断物质的扩散能力。

③ 置信度系数（CRF）：根据保护措施的多少和有效性，判断安全特性。

④ 人口系数（PPF）：判断可能由于某一毒性物质泄放，而危害到的人数。

以上几个系数相加，就是健康后果系数，分级标准见表 4-20。

表 4-20　健康后果的分级标准

健康后果系数	健康后果等级
<10	A
10～19	B
20～29	C
30～39	D
>40	E

根据上面评估的失效概率和失效后果,计算出设备失效的风险,并进行排序。根据指定的风险接受准则(如 ALARP 原则),将风险划分为可接受、不可接受和合理施加控制三个等级。

风险的参考计算公式:风险 = 概率 × 后果。

现在可以为每一个特定后果计算风险。风险计算公式可以表示为:

特定后果的风险 = 特定后果的概率 × 特定的后果。

(5)风险管理:要根据风险自身的结构状况、材质质量和环境条件,制定有效的检验计划,控制失效发生的概率,将风险降低到可接受的程度,促进检验资源的合理分配,降低检验的时间和费用。对通过检验无法降低的风险,采取其他的风险减缓措施。

(6)风险再评价和 RBI 评价的更新:RBI 是个动态的工具,可以对设备现在和将来的风险进行评估。然而,这些评估是基于当时的数据和认识,随着时间的推移,不可避免会有改变。有些失效机理随时间发生变化;工艺条件和设备的改变,通常可带来设备风险的变化;RBI 评价的前提也可能发生变化;减缓策略的应用也可能改变风险,所以必须进行 RBI 再评价,对这些变化进行有效的管理。

总的风险是每一个特定后果单个风险的综合。通常一个概率或后果组是占主要的,而总的风险和主要风险大致相等。如果概率和后果无法用数值表示,风险通常可由矩阵中的概率、后果绘图来确定。不同情况的概率和后果组可以在风险矩阵中画出,确定每种情况的风险。当使用风险矩阵时,划定的概率应该和相应的后果联系起来,而不是失效的概率。

三、方法应用

(一)实例

某石化企业裂解装置于 1979 年建成投产,是从法国德西尼布公司引进,采用法国石油研究院(IFP)石脑油裂解工艺,以石脑油、抽余油、CS 和循环乙烷为原料,通过高温裂解、深冷分离出产品乙烯和丙烯以及副产品混合碳四、碳三液化气、燃料气、氢气、裂解汽油和焦油。该装置已经运行了 20 多年,期间经过了几次技术改造,现年产聚合级乙烯 $12 \times 10^4 t$。

经过对该装置工艺流程图(PFD)以及对物流形态和组成的分析,将该装置分为 5 个工段:急冷工段、裂解气压缩和脱甲烷工段、分离工段、制冷系统、低压蒸汽凝液回收系统。

1. 裂解装置的定性风险分析

为了初步判断出装置中各工段或设备的风险高低,对装置的风险有个宏观上的认识,并确定是否有进一步分析(定量 RBI)的必要,可以在工艺危害性审查的基础上,采用定性风险分析方法来评估装置发生破坏的可能性和后果等级。

本次对裂解装置的定性风险分析细化到裂解装置的工段,按照 API 581《基于风险的检测技术(RBI)》附录 A 的定性分析工作手册,采用打分的方式进行。先确定可能性等级、破坏性后果或健康性后果等级,再将可能性和后果相结合,判断风险等级。当工段中具有若干种不同的工艺流体时,对每一物质重复评估以推导出每一有害物质的单独的风险类别。对单元进行定性风险检验分析评估时,首先应考虑导致最高水平风险的物质。

根据装置的实际数据,通过 API 581 的定性工作手册,计算出裂解装置各工段的失效可能性和失效后果,见表 4-21。

表 4-21 裂解气压缩和脱甲烷工段具体的分析结果

失效可能性		失效后果			
		破坏后果		健康后果	
设备系数	5	化学系数	15	毒性量值系数	15
破坏系数	23	量值系数	45	扩散性系数	0.1
检验系数	-4	状态系数	6	置信度系数	-5
条件系数	9	自燃系数	7	人孔系数	15
工艺系数	5	压力系数	-10		
机械设计系数	2	置信度系数	-5		
总可能性系数	40	破坏后果系数	58		
总可能性级别	IV	破坏后果级别	D		

表 4-22 为各工段风险分析结果,那些具有较高风险的工段,需要随后在定量风险评估中将加以重点评估。

表 4-22 各工段风险分析结果

工段	可能性等级	后果等级	风险等级
急冷工段	III	C	2
裂解气压缩和脱甲烷工段	IV	D	3
分离工段	II	C	2
制冷系统	II	B	1
低压蒸汽凝液回收系统	I	A	1

从表 4-22 中可以看出该裂解装置中风险等级最高的是裂解气压缩和脱甲烷工段,风险等级为 3,即处于中高风险区。这主要是由于该工段存在的腐蚀介质较多,腐蚀比较严重而引起的。

2. 裂解装置的半定量风险分析

半定量的 RBI 方法兼有定性和定量方法的主要优点,采用问答、选择、估算和计算等多种方式确定失效可能性和失效后果等级,也可用风险矩阵表示风险。这种方法同样需要大量的数据,但不必非常精确,可以采用简化的方法,这样花费的时间少得多,也能得到定量 RBI 方法的大部分结果。下面是半定量 RBI 方法的具体步骤,及对该裂解装置中的部分静设备具体的风险分析结果,并以冷却器 A 为例说明。

(1)确定介质的泄放特性。

① 计算泄放率:根据设备中流体的相态(液态或气态),选用不同的公式,计算出不同失效孔截面积($\frac{1}{4}$in、1in、4in、破裂)对应的流体的泄放率。

② 确定泄放类型:流体泄放后的最终相态可以分为气态或液态,泄放性质可分为持续泄放和瞬时泄放,因此,泄放类型分为液体持续泄放、液体瞬时泄放、气体持续泄放、气体瞬时泄放。

③ 泄放时间:根据存量/泄放量计算泄放时间,或者根据检验和隔离系统估计泄放时间,两者之中取时间较小者。瞬时泄放持续时间假设为 0。

④ 泄放特性:数据汇总见表 4-23。

表 4-23 裂解装置中冷却器 A 的泄放特性数据

工段		$\frac{1}{4}$in	1in	4in	破裂
泄放类型	管程	液体持续泄放	液体持续泄放	液体持续泄放	液体持续泄放
	壳程	液体持续泄放	液体持续泄放	液体持续泄放	液体持续泄放
泄放时间	管程	30min	20min	0min	0min
	壳程	30min	20min	0min	0min

在设备修正系数的四个子系数中,技术模块子系数是最重要的,它是用来评估特定失效机理对失效概率的影响,其值往往比其他三个子系数的和还高 1～2 个数量级。而且除机械子系数外,其他子系数和管理系统评估系数对于给定装置和装置中的设备基本是恒定不变的。所以半定量方法可以只通过技术模块子系数来确定可能性级别,这是唯一的直接受检验影响并且形成检验计划的基础子系数。

(2)确定介质泄放可能性。

可能性分析以设备的同类失效频率为基础,通过设备中的介质种类、操作条件和设备材质识别破坏机理,在相应破坏机理的技术模块表格中,根据检验数,检验有效性和相应的破坏参数(例如,减薄技术模块为腐蚀率,应力腐蚀开裂(SCC)技术模块为 SCC 的敏感性)确定技术模块子系数,再通过保险设计进行修正,得到修正后的技术模块子系数,转换为相应的可能性类别,具体转换数值见表 4-24。

表 4-24　技术模块子系数的转换

技术模块子系数	可能性类别
<1	I
1～10	II
10～100	III
100～1000	IV
>1000	V

冷却器 A 管程存在腐蚀减薄、应力腐蚀开裂和外部腐蚀现象,技术模块子系数为 22,可能性级别为Ⅲ;壳程存在腐蚀减薄和外部腐蚀现象,技术模块子系数为 1,失效可能性为Ⅱ。

（3）失效后果分析。

根据检验、隔离系统对泄放率或泄放量进行调节,选择合适的方程,代入泄放率或泄放量计算出可燃后果面积,选择合适的毒性后果曲线,确定有毒后果面积。

将每一孔尺寸的后果面积乘以该尺寸的同类失效频率与所有孔尺寸的同类失效频率和的比值,即给每一孔尺寸的计算面积赋予一个权值。这时,每一孔尺寸的同类失效频率与其他孔尺寸同类失效频率的相对值比较重要。然后将每一孔尺寸的加权面积相加得到最终的后果面积值,按表 4-25 转换为失效后果类别。

经过计算,冷却器 A 管程和壳程的后果级别均为 B。

表 4-25　加权后果面积的转换

加权后果面积值	后果类别
<0.929	A
0.929～0.290	B
0.290～92.90	C
92.90～929.00	D
>929.00	E

3. 风险分析结果

将失效可能性类别和失效后果类别放入 5×5 矩阵中,得到风险等级。本次共对该裂解装置中的 158 台设备进行了风险分析,将每一台设备的分析结果都放入风险矩阵,确定设备的风险等级,详细的结果如图 4-25 所示。

将同等风险等级的设备台数相加,放入表 4-26,并计算出各风险等级的设备量占设备总量的百分比。

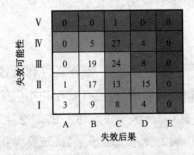

图 4-25　设备风险在风险矩阵中的分布

表 4-26 设备风险分布

	中高风险	中风险	低风险	总计
设备量,台	40	69	49	158
百分比,%	25.3	43.7	31.0	100.0

从图 4-25 和表 4-26 中可以看出该裂解装置中有 25.3% 的设备风险等级是 3 级,即失效风险处于"中高"风险区,高于发达国家石化装置"中高"风险设备占 20% 的水平,说明该装置风险水平总体偏高。对于高风险的设备,要加强检验工作,增强检验有效性,中低风险区的设备可在现有风险条件下继续使用。

4. 裂解装置的腐蚀介质和损伤机理分析

根据 API 581 以及对该装置工艺的分析,可以看出其装置的腐蚀介质主要有硫化氢、氯离子、氢、氨、氢氧化钠和二氧化碳等。

腐蚀比较严重的是急冷工段和裂解气压缩和脱甲烷工段。主要的损伤机理有高温硫腐蚀、湿硫化氢腐蚀、湿二氧化碳腐蚀、酸性水腐蚀、氨开裂、碳酸盐应力腐蚀、碱腐蚀和氢腐蚀等。应针对不同的腐蚀机理选用有效的检验方法,制定合理的检验策略。

(二)注意事项

可接受风险就是企业能够承受即允许存在的风险,而 RBI 没有规定也无法规定统一的可接受风险,它只强调了各企业可以有自己的风险准则。可接受的风险应由政府的有关部门和企业主管单位综合多方面因素确定。不能把法规和技术规范当作"传统检验"同 RBI 对立起来。RBI 与法规和技术规范是相互依存、相互支持的关系,必须在法规允许的框架下进行,并且应在政府的监督下健康发展。追求本质安全才是最大的经济性,RBI 可以在保证设备安全性的基础上,显著降低成本。

RBI 活动中总是假定容器与管道的设计、制造都是符合要求的,因而在实践中要考虑结构与焊缝中的超标缺陷问题。进行风险分析时,要补充相应的基础数据库,不可仅仅直接使用 RBI 中的数据库。同样,国外的软件也并不完全适合我国的石化装置,应用时要补充和完善数据库,尽快开发适应我国国情的具有自主知识产权的 RBI 软件。在线检验具有简便、成本低和自动控制等优点,所以在合适的条件下,应当采用在线检验的方法代替停车检验。

四、方法参考资料

(1)API 581:2008 基于风险的检测技术(RBI)[S].

(2)GB/T 26610.1—2011 承压设备系统基于风险的检验实施导则 第 1 部分:基本要求和实施程序[S].

(3)GB/T 26610.2—2014 承压设备系统基于风险的检验实施导则 第 2 部分:基于风

险的检验策略[S].

（4）GB/T 26610.3—2014　承压设备系统基于风险的检验实施导则　第3部分：风险的定性分析方法[S].

（5）GB/T 26610.4—2014　承压设备系统基于风险的检验实施导则　第4部分：失效可能性定量分析方法[S].

（6）GB/T 26610.5—2014　承压设备系统基于风险的检验实施导则　第5部分：失效后果定量分析方法[S].

（7）GB/T 30578—2014　常压储罐基于风险的检验及评价[S].

（8）GB/T 30582—2014　基于风险的埋地钢质管道外损伤检验与评价[S].

（9）SY/T 6653—2013　基于风险的检验（RBI）的推荐作法[S].

（10）SY/T 6714—2008　基于风险检验的基础方法[S].

第八节　事故后果模拟分析法（ACS）

一、方法概述

事故后果模拟分析法（Accident Consequence Simulation，简称 ACS）就是利用相关数学模型，定量地描述一个可能发生的重大事故对周边范围内的设施、人员以及环境造成危害的严重程度。对于事故后果模拟分析法，国内外有很多研究成果，如美国、英国、德国等发达国家，早在20世纪80年代初便完成了以 Burro，Coyote，Thorney Island 为代表的一系列大规模现场泄漏扩散实验。到了90年代，又针对毒性物质的泄漏扩散进行了现场实验研究。迄今为止，已经形成了数以百计的事故后果模型，如著名的 DEGADIS，ALOHA，SLAB，TRACE，ARCHIE，ANSYS 等。基于事故模型的实际应用也取得了发展，如 DNV 公司的 SAFETY Ⅱ软件是一种多功能的定量风险分析和危险评价软件包，包含多种事故模型，可用于工厂的选址、区域和土地使用决策、运输方案选择、优化设计、提供可接受的安全标准。Shell Global Solution 公司提供的 Shell FRED，Shell SCOPE 和 Shell Shepherd 3 个序列的模拟软件涉及泄漏、火灾、爆炸和扩散等方面的危险风险评价软件。这些软件都是建立在大量实验的基础上得出的数学模型，有着很强的可信度。

特点：事故后果模拟分析法评价的结果用数字或图形的方式显示事故影响区域，以及个人和社会承担的风险。可根据风险的严重程度对可能发生的事故进行分级，有助于制定降低风险的措施。

适用范围：该方法在管道企业中可用于工厂的选址、区域和土地使用决策、运输方案选择、优化设计、提供可接受的安全标准。由于这种方法在评价过程中较为简单、针对性较强，所以在具有火灾爆炸、中毒危险性的评价项目中得到了广泛应用。

二、评价步骤

事故后果模拟分析法评价流程如图4-26所示。

事故后果模拟分析法操作步骤：

1. 确定模拟条件

根据现场实际状况，确定出需要模拟的物质参数、周边设备布置和环境条件设施。

2. 泄漏过程模拟

弄清现场可能有的泄漏设备设施，找准泄漏原因和泄漏过程的介质状态变化，分析出可能的泄漏后果。

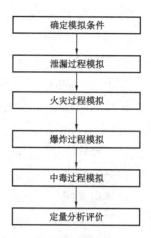

图4-26 事故后果模拟分析法评价流程图

1）泄漏的主要设备

根据各种设备泄漏情况分析，可将工厂（特别是化工厂）中易发生泄漏的设备归纳为以下10类：管道、挠性连接器、过滤器、阀门、压力容器或反应器、泵、压缩机、储罐、加压或冷冻气体容器及火炬燃烧装置或放散管等。

2）造成泄漏的原因

（1）设计失误。

① 基础设计错误，如地基下沉，造成容器底部产生裂缝，或设备变形、错位等。

② 选材不当，如强度不够，耐腐蚀性差、规格不符等。

③ 配置不合理，如压缩机和输出管没有弹性连接，因振动而使管道破裂。

④ 用机械不合适，如转速过高、耐温、耐压性能差等。

⑤ 用计测仪器不合适。

⑥ 储罐、贮槽未加液位计，反应器（炉）未加溢流管或放散管等。

（2）设备原因。

① 加工不符合要求，或未经检验擅自采用代用材料。

② 加工质量差，特别是不具有操作证的焊工焊接质量差。

③ 施工和安装精度不高，如泵和电机不同轴、机械设备不平衡、管道连接不严密等。

④ 选用的标准定型产品质量不合格。

⑤ 对安装的设备没有按规范进行验收。

⑥ 设备长期使用后未按规定检修期进行检修，或检修质量差造成泄漏。

⑦ 计测仪表未定期校验，造成计量不准。

⑧ 阀门损坏或开关泄漏，又未及时更换。

⑨ 设备附件质量差，或长期使用后材料变质、腐蚀或破裂等。

（3）管理原因。

① 没有制定完善的安全操作规程。

② 对安全漠不关心,已发现的问题不及时解决。

③ 没有严格执行监督检查制度。

④ 指挥错误,甚至违章指挥。

⑤ 未经培训的工人上岗,知识不足,不能判断错误。

⑥ 检修制度不严,没有及时检修已出现故障的设备,使设备带病运转。

（4）人为失误。

① 误操作,违反操作规程。

② 判断错误,如记错阀门位置而开错阀门。

③ 擅自脱岗。

④ 思想不集中。

⑤ 出现异常现象不知如何处理。

3）泄漏后果

泄漏一旦出现,其后果不单与物质的数量、易燃性、毒性有关,而且与泄漏物质的相态、压力、温度等状态有关。

这些状态可有多种不同的结合,在后果分析中,常见的可能结合有 4 种:常压液体;加压液化气体;低温液化气体;加压气体。

泄漏物质的物性不同,其泄漏后果也不同。

（1）可燃气体泄漏。可燃气体泄漏后与空气混合达到燃烧极限时,遇到引火源就会发生燃烧或爆炸。泄漏后起火的时间不同,泄漏后果也不相同。

① 立即起火。可燃气体从容器中往外泄出时即被点燃,发生扩散燃烧,产生喷射性火焰或形成火球,它能迅速地危及泄漏现场,但很少会影响到厂区的外部。

② 滞后起火。可燃气体泄出后与空气混合形成可燃蒸气云团,并随风飘移,遇火源发生爆炸或爆轰,能引起较大范围的破坏。

（2）有毒气体泄漏。有毒气体泄漏后形成云团在空气中扩散,有毒气体的浓密云团将笼罩很大的空间,影响范围大。

（3）液体泄漏。一般情况下,泄漏的液体在空气中蒸发而生成气体,泄漏后果与液体的性质和储存条件（温度、压力）有关。

① 常温常压下液体泄漏。这种液体泄漏后聚集在防液堤内或地势低洼处形成液池,液体由于池表面风的对流而缓慢蒸发,若遇引火源就会发生池火灾。

② 加压液化气体泄漏。一些液体泄漏时将瞬时蒸发,剩下的液体将形成一个液池,吸收周围的热量继续蒸发。液体瞬时蒸发的比例决定于物质的性质及环境温度。有些泄漏物可能在泄漏过程中全部蒸发。

③ 低温液体泄漏。这种液体泄漏时将形成液池,吸收周围热量蒸发,蒸发量低于加压液化气体的泄漏量,高于常温常压下液体的泄漏量。

无论是气体泄漏还是液体泄漏,泄漏量的多少都是决定泄漏后果严重程度的主要因素,而泄漏量又与泄漏时间长短有关。

3. 火灾过程模拟

依据火灾可能发生的形式,评估出火灾产生的着火面积、燃烧速度、火焰高度、热辐射通量和热辐射强度等五个描述火灾能量的参数。

易燃、易爆的气体、液体泄漏后遇到引火源就会被点燃而着火燃烧。它们被点燃后的燃烧方式有池火、喷射火、火球和突发火 4 种。

1）池火

可燃液体（如汽油、柴油等）泄漏后流到地面形成液池,或流到水面并覆盖水面,遇到火源燃烧而成池火。

2）喷射火

加压的可燃物质泄漏时形成射流,如果在泄漏裂口处被点燃,则形成喷射火。

3）火球和爆燃

低温可燃液化气由于过热,容器内压增大,使容器爆炸,内容物释放并被点燃,发生剧烈的燃烧,产生强大的火球,形成强烈的热辐射。

4）突发火

泄漏的可燃气体、液体蒸发的蒸气在空中扩散,遇到火源发生突然燃烧而没有爆炸。

突发火后果分析,主要是确定可燃混合气体的燃烧上、下极限的边界线及其下限随气团扩散到达的范围。为此,可按气团扩散模型计算气团大小和可燃混合气体的浓度。

5）火灾损失

火灾通过辐射热的方式影响周围环境。当火灾产生的热辐射强度足够大时,可使周围的物体燃烧或变形,强烈的热辐射可能烧毁设备甚至造成人员伤亡等。在评价火灾损失时需计算如下三个物理量。

（1）单位表面积燃烧速度。当液池中可燃液体的沸点（77.2℃）高于周围环境温度时,液体表面上单位面积的燃烧速度按式（4-16）计算。

$$\mathrm{d}m/\mathrm{d}t = \frac{0.001H_e}{C_p(T_b+T_o)+\mathrm{H}} \tag{4-16}$$

式中　$\mathrm{d}m/\mathrm{d}t$——单位表面积燃烧速度,kg/（m^2·s）;

　　　H_e——液体燃烧热,J/kg;

　　　T_b——液体的沸点,K;

　　　C_p——液体的比定压热容,J/（kg·K）;

　　　T_o——环境温度,K;

　　　H——液体的气化潜热,J/kg。

（2）池火灾火焰高度按式（4-17）计算。

$$h=84r\left(\frac{dm/dt}{\rho\sqrt{2gr}}\right)^{0.6} \tag{4-17}$$

式中　h——火焰高度，m；

ρ——周围空气密度，kg/m^3；

r——液池半径，m；

g——重力加速度，$9.8m/s^2$。

（3）热辐射通量。液池燃烧时放出的总热辐射能量按式（4-18）计算。

$$Q=(\pi r^2+2\pi rh)\times(dm/dt)\times n\times H_c/\left[72(dm/dt)^{0.6}+1\right] \tag{4-18}$$

式中　Q——总热辐射通量，W；

n——效率因子，取值在 0.13～0.35 之间。

（4）目标射入热辐射强度。将池火理想化为一燃烧中心点，假如全部辐射热量由燃烧中心点的小球面射出来，则在距离燃烧中心点某一距离处的入射强度按式（4-19）计算。

$$I=Q\times t_c/(4\pi x^2) \tag{4-19}$$

式中　I——热辐射强度，kW/m^2；

Q——总热辐射通量，kW；

t_c——热传导系数在无相对理想的数据时，可取值为 1；

x——目标点到液池中心距离，m。

从上式推导出式（4-20）。

$$x=\sqrt{\frac{Qt_e}{4\pi I}} \tag{4-20}$$

4. 爆炸过程模拟

依据爆炸可能发生的形式，计算出爆炸产生的类型以及爆炸产生的强压缩能，再根据冲击波的破坏力评估出可能的爆炸后果。

爆炸是物质的一种非常急剧的物理、化学变化，也是大量能量在短时间内迅速释放或急剧转化成机械能的现象。它通常是借助于气体的膨胀来实现。

从物质运动的表现形式来看，爆炸就是物质剧烈运动的一种表现。物质运动急剧增速，由一种状态迅速地转变成另一种状态，并在瞬间内释放出大量的能量。

1）爆炸的特征

一般说来，爆炸现象具有以下特征：

（1）爆炸过程进行得很快。

（2）爆炸点附近压力急剧升高，产生冲击波。

（3）发出或大或小的响声。

（4）周围介质发生震动或邻近物质遭受破坏。

一般将爆炸过程分为两个阶段：第一阶段是物质的能量以一定的形式（定容、绝热）转变为强压缩能；第二阶段强压缩能急剧绝热膨胀对外做功，引起作用介质变形、移动和破坏。

2）爆炸类型

按爆炸性质可分为物理爆炸和化学爆炸。物理爆炸就是物质状态参数（温度、压力、体积）迅速发生变化，在瞬间放出大量能量并对外做功的现象。其特点是在爆炸现象发生过程中，造成爆炸发生的介质的化学性质不发生变化，发生变化的仅是介质的状态参数。例如锅炉、压力容器和各种气体或液化气体钢瓶的超压爆炸以及高温液体金属遇水爆炸等。化学爆炸就是物质由一种化学结构迅速转变为另一种化学结构，在瞬间放出大量能量并对外做功的现象。如可燃气体、蒸气或粉尘与空气混合形成爆炸性混合物的爆炸。化学爆炸的特点是爆炸发生过程中介质的化学性质发生了变化，形成爆炸的能源来自物质迅速发生化学变化时所释放的能量。化学爆炸有 3 个要素，即反应的放热性、反应的快速性和生成气体产物。

雷电是一种自然现象，也是一种爆炸。

从工厂爆炸事故来看，有以下几种化学爆炸类型。

（1）蒸气云团的可燃混合气体遇火源突然燃烧，是在无限空间中的气体爆炸。

（2）受限空间内可燃混合气体的爆炸。

（3）化学反应失控或工艺异常所造成压力容器爆炸。

（4）不稳定的固体或液体爆炸。

总之，发生化学爆炸时会释放出大量的化学能，爆炸影响范围较大；而物理爆炸仅释放出机械能，其影响范围较小。

5. 中毒过程模拟

根据有毒物质的漂移、扩散和吸入与接触的过程，计算出有毒气团在空气中漂移、扩散的范围、浓度、接触毒物的人数等。

有毒物质泄漏后生成有毒蒸气云，它在空气中飘移、扩散，直接影响现场人员，并可能波及居民区。大量剧毒物质泄漏可能带来严重的人员伤亡和环境污染。

毒物对人员的危害程度取决于毒物的性质、毒物的浓度和人员与毒物接触时间等因素。有毒物质泄漏初期，其毒气形成气团聚集在泄漏源周围，随后由于环境温度、地形、风力和湍流等影响气团飘移、扩散，扩散范围变大，浓度减小。在后果分析中，往往不考虑毒物泄漏的初期情况，即工厂范围内的现场情况，主要计算毒气气团在空气中飘移、扩散的范围、浓度、接触毒物的人数等。

6. 定量分析评价

根据计算出的火灾能量和爆炸冲击波能量，评估出火灾爆炸范围内不同区间的能量分布、人员伤亡的概率、时间。

图 4-27 为事故后果模拟分析法主要分析内容及数据示意图。

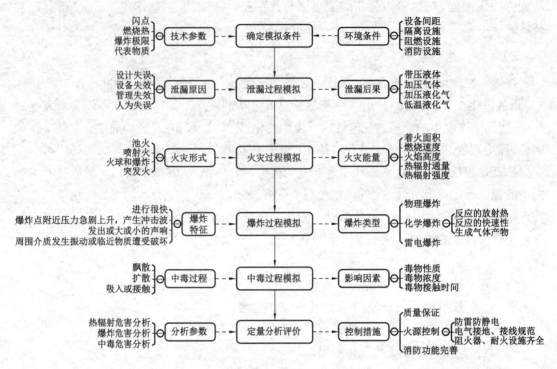

图 4-27　事故后果模拟分析法要点示意图

三、方法应用

(一)实例

某石油化工企业原料成品储罐区由 2 个罐组组成,两罐组由北向南平行布置,罐组外设置有防火堤。北面罐组内均为 2000m³ 以下(含 2000 m³)储罐,组内储罐为 2 排,设置有 2000 m³ 甲醛水溶液罐 1 个,2000 m³ 和 1000 m³ 丁醇罐各 1 个,2000 m³ 醋酸丁酯罐 1 个,2000 m³ 醋酸乙酯罐 1 个,2000 m³ 和 1000 m³ 醋酸罐各 1 个,1500 m³ 乙醇罐 1 个,2000 m³ 和 1500 m³ 空罐各 1 个。在甲醛与其他储罐、2000 m³ 和 2000 m³ 以下储罐间设置了防火隔堤。罐区具体布置如图 4-28 所示。

1. 选取评价单元

(1)与厂区外某敏感区域距离相对较近的是北面 2 个罐组,罐组内共 10 个储罐,其中有 2 个为空罐,南面靠近生产区罐组,布置 3 个 3000 m³ 的储罐。

(2)与厂区外某敏感区域距离相对较近的北面罐组内物料特点见表 4-27。

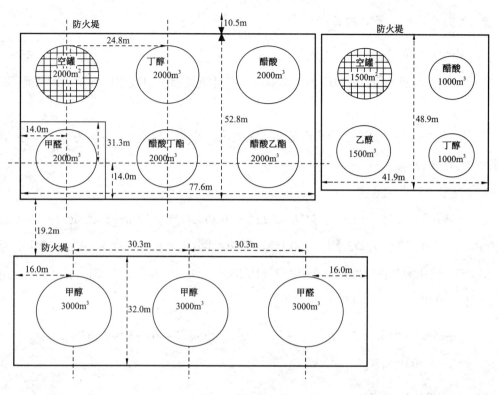

图 4-28 某石化企业成品储罐区储罐布置情况

表 4-27 物料特点

物料	火险等级	闪点 ℃	燃烧热 kJ/mol	爆炸极限 %	容量 m³
醋酸乙酯	甲	-4	2244.2	2~11.5	2000
醋酸丁酯	甲	22	3463.5	1.2~7.5	2000
乙醇	甲	12	1366.5	3.3~19	1500
醋酸	乙	39	873.7	4~17	一个 2000
					一个 1000
丁醇	乙	36	2673.2	1.4~11.2	一个 2000
					一个 1000
甲醛	乙	50	2345	7~73	2000

上述物质中,醋酸乙酯最容易着火,且从燃烧热、爆炸极限、容量等与池火计算有关的因素来综合考虑,以其作为代表性物质进行事故模拟比较合理。

(3)假设储罐泄漏或破裂,大量醋酸乙酯在防火堤内着火燃烧形成池火,从而计算出醋酸乙酯池火灾模式的危害程度。

2. 火灾热辐射后果模拟分析

（1）确定液池直径。

① 根据图4-28标示，液池面积为2000m³，罐组防火堤面积减去甲醛防火隔堤面积，S：3457.19m²。

② 求等效半径，根据上面计算液池面积等效为一个圆，该圆的半径即为等效半径，其等效半径约为33.17m。

（2）确定液池燃烧速度。

已知醋酸乙酯的燃烧热 H_e=2.244×10⁶J/mol=25.×10⁶J/kg；比定压热容C_p=1920 J/（kg·K）；沸点T_b=72.2℃=350.35K；醋酸乙酯的分子质量为88kg/kmol；环境温度T_o=301.45K；汽化潜热=32.28kJ/mol=0.367×10⁶J/kg。

上述数值代入公式（4-15）计算所得：

$$dm/dt=0.001×25.5×10^6÷[1.92×10^3×（350.35-301.45）+0.367×10^6]$$
$$=0.05533kg/（m^2·s）$$

（3）确定池火灾火焰高度。

已知液池半径r=33.17m；周围空气经计算ρ=1.29kg/m³。

上述数值代入公式（4-16），计算所得：

$$h=84×33.17[0.5533÷1.29\sqrt{2×9.8×33.17}^{0.6}]=60.33m$$

（4）热辐射通量。液池燃烧时放出的总热辐射能量，n取值为0.13~0.35的中间值0.24，其余符号意义与数值同前，代入公式（4-17）数据计算得Q=3.97×10⁵kW。

（5）目标射入热辐射强度。

将池火理想化为一燃烧中心点，假如全部辐射热量由燃烧中心点的小球面射出来，则在距离燃烧中心点某一距离处的入射强度为：

设定：I_1=37.5kW/m²；I_2=25.0 kW/m²；I_3=12.5 kW/m²；I_4=4.0 kW/m²；I_5=1.6 kW/m²。

上述数值代入公式（4-19），经计算所得：

$$x_1=29.02m；x_2=35.54m；x_3=50.26m；x_4=88.85m；x_5=140.48m。$$

（6）池火灾热辐射危害分析。

① 池火辐射热量使物体受热变形和燃烧，人员受伤害，设备及设施受损毁。不同热辐射强度及暴露时间对人体或设备、设施造成危害的程度不同，见表4-28。

表 4-28　热辐射伤害——破坏准则

热辐射通量 kW/m²	对设备的损害	对人的伤害
37.5	操作设备全部损坏	10s,1% 人员死亡; 1min,100% 人员死亡
25.0	在无火焰、长时间辐射下,木材燃烧的最小能量	10s,人员重大烧伤; 1min,100% 死亡
12.5	有火焰时,木材燃烧,塑料熔化的最低能量	10s,人员可 1 度烧伤; 15min,1% 死亡
4		20s 以上感觉疼痛,未必起泡
1.6		长时间辐射无不舒服感

② 根据前面的计算,相应入射辐射通量点到燃烧中心点距离(对于面积较大的液池,则为到液池边界距离)的计算值见表 4-29。

表 4-29　热辐射伤害一览表

目标点到燃烧中心点距离, m	热辐射通量, kW/m²	设备设施破坏程度	人员的伤害程度
29.02	37.5	全部破坏	死亡
35.54	25.0	严重破坏	重度烧伤或死亡
50.26	12.5	中等程度破坏	中度烧伤到重度烧伤,个别死亡
88.85	4.0	轻度受损坏	可能发生轻度烧伤
140.48	1.6	基本不受损坏	无不舒服感

（7）评价结论分析。

① 从上面的结论可知,在 2000m³ 罐组防火堤外 29.02m 左右,设备会全部损坏;人员若不能迅速逃避则有死亡危险。

② 在防火堤外 35.54m 左右,设备会严重损坏;人员会严重烧伤,甚至死亡,必须迅速撤离。

③ 在防火堤外 50.26m 左右,设备会中等程度受损,人员会受中度到重度烧伤。

④ 在防火堤外 88.85m 左右,设备会出现轻度损坏,人员有可能轻微烧伤。

⑤ 在防火堤外 140.48m 外的区域内,设备不会受损坏,人员有灼热感觉,但不会受伤害,可视为安全区域。

（8）对策措施建议:

池火灾的影响与物质燃烧热、燃烧速度、液池面积等有关,因此,要降低对西北面的影响,可采取下列措施。

① 将西北角的空罐与罐组内其他储罐采用防火隔堤隔开,可减少液池面积,且能增加与厂区外敏感区域的防护距离。

② 将火灾危险性低的物质储罐置于罐组西北面。

③ 在罐组外增设泡沫炮、泡沫栓等消防设施,以有效覆盖液池,可大大降低火灾危害。

④ 在罐组西北面的防火堤外设置水幕防护。

3. 爆炸冲击波后果模拟分析

1）选取模拟储罐

经综合考虑,选取 2000m³ 丁醇罐进行模拟分析。

2）爆炸的能量

丁醇罐容积为 2000 m³,假设罐内充满最高爆炸上限 11.2% 的混合气体,则其中丁醇含量为 2000×11.2%=224m³（气态）（按标准状态下 1mol=22.4×10⁻³m³ 计）。

燃烧热为 H_e=2673.2kJ/mol；能量释放 Q=224×10³×2673.3/22.4=26.7×10⁶kJ；冲击波的能量约占爆炸时介质释放能量的 75%；则冲击波的能量 E=26.7×10⁶×75%=20.0×10⁶kJ。

3）爆炸冲击波的伤害、破坏作用

冲击波是由压缩波叠加形成的,是波阵面以突进形式在介质中传播的压缩波。开始时产生的最大正压力即是冲击波波阵面上的超压 Δp。多数情况下,冲击波的伤害、破坏作用是由超压引起的。

冲击波伤害、破坏的超压准则认为,只要冲击波超压达到一定值时,便会对目标造成一定的伤害或破坏。超压波对人体的伤害和对建筑物的破坏作用见表 4-30 和表 4-31。

表 4-30　冲击波超压对人体的伤害作用

超压 Δp, MPa	伤害作用
0.02～0.03	轻微损伤
0.03～0.05	听觉器官损伤或骨折
0.05～0.10	内脏严重损伤或死亡
>0.10	人员死亡

表 4-31　冲击波超压对建筑物的破坏作用

超压 Δp, MPa	破坏作用	超压 Δp, MPa	破坏作用
0.005～0.006	门窗玻璃部分破碎	0.06～0.07	木建筑厂房房柱折断,房架松动
0.006～0.015	受压面的门窗玻璃大部分破碎	0.07～0.10	砖墙倒塌
0.015～0.02	窗框损坏	0.10～0.20	防震钢筋混凝土破坏,小房屋倒塌
0.02～0.03	墙裂缝	0.20～0.30	大型钢架结构破坏
0.04～0.05	屋瓦掉下		

4）1000kgTNT 爆炸时的冲击波超压

在表 4-32 中给出了超压 Δp 时的 1000kgTNT 爆炸试验中的相当距离 R。

表 4-32 1000kg TNT 爆炸时的冲击波超压分布情况

距离 R_0 m	5	6	7	8	9	10	12	14
超压 Δp MPa	2.94	2.06	1.67	1.27	0.95	0.76	0.50	0.33
距离 R_0 m	16	18	20	25	30	35	40	45
超压 Δp MPa	0.235	0.17	0.126	0.079	0.057	0.043	0.033	0.027
距离 R_0 m	50	55	60	65	70	75		
超压 Δp MPa	0.0235	0.0205	0.018	0.016	0.0143	0.013		

5）后果模拟

（1）爆破能量 E 换算成 TNT 当量 q。因为 1kgTNT 爆炸所放出的爆破能量为 4230～4836kJ/kg，一般取平均爆破能量为 4500 kJ/kg，故 2000m³ 丁醇罐爆炸时，其 TNT 当量为：

$$q = E/Q_{TNT} = E/4500 = 4455.3 \text{kg}$$

（2）按下式求出爆炸的模拟比 α，即：

$$\alpha = (q/q_0)^{\frac{1}{3}} = (q/1000)^{\frac{1}{3}} = 1.645$$

（3）根据表 4-30、表 4-31 中列出的对人员和建筑物的伤害、破坏作用对的额超压 Δp 值，从表 4-32 中找出对应的超压 Δp（中间值用插入法）时的 1000kgTNT 爆炸试验中的相当距离 R_0，列于表 4-33、表 4-34 中。

（4）根据 $R_0 = R/\alpha$，算出实际危害距离（距爆炸中心距离）：

$$R = R_0 \times \alpha = R_0 \times 1.645$$

（5）计算结果见表 4-33 和表 4-34。

表 4-33 丁醇罐爆炸冲击波超压对人体的伤害作用

超压 Δp, MPa	伤害作用	相当距离 R_0, m	实际距离 R, m
0.02～0.03	轻微损伤	56	92.1
0.03～0.05	听觉器官损伤或骨折	43	70.7
0.05～0.10	内脏严重损伤或死亡	33	54.3
>0.10	人员死亡	23	37.9

表 4-34　丁醇罐爆炸冲击波超压对建筑物的破坏作用

超压 Δp, MPa	伤害作用	相当距离 R_0, m	实际距离 R, m
0.005~0.006	门窗玻璃部分破碎	>75	>123.4
0.006~0.015	受压面的门窗玻璃大部分破碎	>75	>123.4
0.015~0.02	窗框损坏	66	108.6
0.02~0.03	墙裂缝	56	92.1
0.04~0.05	屋瓦掉下	36	59.2
0.06~0.07	木建筑厂房房柱折断,房架松动	29	47.7
0.07~0.10	砖墙倒塌	27	44.4
0.10~0.20	防震钢筋混凝土破坏,小房屋倒塌	23	37.8
0.20~0.30	大型钢架结构破坏	17	28

6）模拟结果分析

（1）由以上计算结果可知,距储罐中心 54.3m 时,内脏严重损伤或死亡,因此,储罐爆炸对人体造成重伤以上伤害的范围在西面处于厂区围墙以内,北面波及监狱地域与厂区相邻的林地。

（2）距储罐中心 92.1m 时,会对人员造成轻微损伤。

（3）距储罐中心 44.4m 时,砖墙倒塌,因此,储罐爆炸对建筑物造成较严重破坏的范围在厂区围墙以内。

（4）距储罐中心 >123.4m 时,门窗玻璃部分破碎。

7）对策措施建议

（1）做好储罐的验收,确保罐体质量合格。

（2）确保阻火器、呼吸阀、罐体接地及防雷措施的有效,防止静电火花、雷击火花等。

（3）确保罐体冷却喷淋的有效性。

（4）加强动火作业的管理,落实动火前的可燃气体检测和动火审批工作。

（二）注意事项

在危险化学品的安全评价过程中,经常要采用事故后果模拟分析方法,一般分为泄漏、火灾、爆炸、中毒 4 种模式。运用时一般只套用公式,假设数据,计算出结果,然后直接得出结论。但是在运用这种方法时存在一些问题,如参数的选用和推算往往靠人为判断和人为选取,使有关参数的选用不切合实际。参数运用非常重要,也是运用这种方法的难点,如果参数选用不妥当,或者数据库不配套,现场情况又不熟悉,在缺乏某些参数时假设有关参数而去套用公式,这样采用不真实的数据得到的计算结果必然与实际相差甚远。在实际运用中,应根据实际情况,将参考书中的有关计算公式进行调整,不能机械地以套用公式得出事故后果或大或小的结论。

四、方法参考资料

（1）BS PD 8010-3：2009　管道实施规程　第 3 部分：陆地上的钢制管道　对于拟在装有易燃物质的存在重大事故危险的管道附近进行的开发项目进行管道风险评估的指南［S］.

（2）国家安全生产监督管理总局 . 安全评价（第 3 版）［M］. 北京：煤炭出版社，2005.5.

（3）王凯全，邵辉等 . 危险化学品安全评价方法（第 2 版）［M］. 北京：中国石化出版社，2005.5.

（4）刘诗飞，詹予忠 . 重大危险源辨识及危害后果分析［M］. 北京：化学工业出版社，2008.1.

（5）崔克清 . 安全工程　燃烧爆炸理论与技术［M］. 北京：中国计量出版社，2005.11.

第五章　常用危险指数评价方法

危险指数评价法是应用系统的事故危险指数模型,根据系统及其物质、设备(设施)和工艺的基本性质和状态,采用推算的办法,逐步给出事故的可能损失、引起事故发生或使事故扩大的设备、事故的危险性以及采取安全措施的有效性的安全评价方法。在危险指数评价法中,由于指数的采用,使得系统结构复杂、难以用概率计算事故可能性的问题,通过划分为若干个评价单元的办法得到了解决。这种评价方法,一般将有机联系的复杂系统,按照一定的原则划分为相对独立的若干个评价单元,针对评价单元逐步推算事故可能损失和事故危险性以及采取安全措施的有效性,再比较不同评价单元的评价结果,确定系统最危险的设备和条件。常用的危险指数评价法有:重大危险源辨识评价法、易燃易爆有毒重大危险源评价法、道化学公司火灾爆炸危险指数评价法、蒙德火灾爆炸毒性指数评价法。

第一节　危险化学品重大危险源辨识评价法

一、方法概述

危险化学品重大危险源评价法是依据一种危险化学品的数量超过或等于临界量以及多种危险化学品数量与临界量的比值之和大于或等于1时则定为重大危险源的评价方法。

重大危险源辨识评价和控制是政府的安全监察和管理以及企业的安全生产的主要内容,也是危险评价必不可少的研究内容。

危险是指材料、物品、系统、工艺过程、设施或工厂对人、财产或环境具有产生伤害的潜能。危险辨识就是找出可能引发事故、导致不良后果的材料、系统、生产过程的特征。危险辨识的两个关键任务:(1)辨识可能发生的事故后果;(2)识别可能引发事故的材料、系统、生产过程的特征。前者相对来说较容易,但是,由它确定后者的范围,故辨识可能发生的事故后果是很重要的。

事故后果可简单地分为对人的伤害、对环境的破坏及财产损失三大类。在此基础上可进一步细分成各种具体的伤害或破坏类型。可能发生的事故后果确定后,就可在此基础上辨识可能产生这些后果的材料、系统、过程的特征。

在危险辨识的基础上,可确定需要进一步评价的危险因素。危险评价的范围和复杂程度与辨识危险的数量和类型以及需要了解问题的深度成正比。

常用的危险辨识方法包括分析材料性质、生产条件、生产工艺、组织管理措施等,制定相互作用矩阵,以及应用危险评价方法等。

特点:重大危险源辨识评价和控制是政府的安全监察和管理以及企业的安全生产的主

要内容,也是危险评价必不可少的研究内容。

适用范围:重大危险源辨识技术规定了辨识重大危险源的依据和方法,在管道企业适用于分析危险物质的生产、使用、贮存和经营等各环节。

二、评价步骤

危险化学品重大危险源辨识评价法评价流程如图 5-1 所示。

危险化学品重大危险源辨识评价操作步骤:

1. 成立小组

确定本单位需要辨识的危险化学品生产、经营、储存和使用装置,收集国内外相关法律法规、技术标准及工程系统的技术资料。参加人员可由本单位的注册安全工程师、技术人员或外聘有关专家组成。

2. 分析材料性质和生产条件

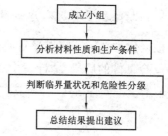

图 5-1　危险化学品重大危险源辨识法评价流程图

分析开始时要首先对本单位的装置和设备进行单元划分,以国家相关标准规范和危险化学品目录为基础辨识危险有害因素,存在部位、存在方式,分析所在单位的危险物质的材料性质和生产条件。

了解生产或使用的材料性质是危险辨识的基础。危险辨识中常用的材料性质类别见表 5-1。

表 5-1　材料性质类别

性质	性质
急毒性:吸入,口入,皮入	慢毒性:吸入,口入,皮入
致癌性	诱变性
环境中的持续性	气味阀值
物理性质:凝固点,膨胀系数,沸点,溶解性,蒸汽性,密度,腐蚀性,比热容,热容量	反应性:过程材料,要求反应,副反应,分解反应,动力学,结构材料,原材料纯度,污染物,分解产物,不相容化学品
自燃材料	稳定性,撞击,光,温度,聚合反应
生物退化性	水毒性
致畸性	暴露极限值:TLV(阀限值)
燃烧、爆炸性:爆炸上、下限,燃烧上、下限,粉尘爆炸系数,最小点火能量,闪电,自点火温度,产生能量	

初始的危险辨识可通过简单比较材料性质来进行。如对火灾,只要辨识出易燃和可燃材料,将它们分类为各种火灾危险源,再进行详细的危险评价工作。

生产条件也会产生危险或使生产过程中材料的危险性加剧。例如,水就其性质来说没有爆炸危险。然而,如果生产工艺的温度和压力超过了水的沸点,那么水的存在就具有蒸汽爆炸的危险。因此,在危险辨识时,仅考虑材料性质是不够的,还必须同时考虑生产条件。分析生产条件可使有些危险材料免于进一步分析和评价。例如,某材料的闪点高于400℃,而生产是在室温和常压下进行的,那就可排除这种材料引发重大火灾的可能性。当然,在危险辨识时既要考虑正常生产过程,也要考虑不正常生产的情况。

3. 判断临界量状况和危险性分级

根据化学性质和临界量对照梳理出来的本单位危险化学品,逐一确认其数量、临界量,评估危险事件的后果,估计发生火灾、爆炸或毒性泄漏的物质数量、事故影响范围,通过风险评估给出危险性等级,分析其安全管理措施、安全技术措施、监控措施和应急措施。

1)辨识依据

危险化学品重大危险源的辨识依据是危险化学品的危险特性及其数量,具体见表5-2和表5-3。

表5-2 危险化学品名称及其临界量

序号	类别	危险化学品名称和说明	临界量,t
1	爆炸品	叠氮化钡	0.5
2		叠氮化铅	0.5
3		雷酸汞	0.5
4		三硝基苯甲醚	5
5		三硝基甲苯	5
6		硝化甘油	1
7		硝化纤维素	10
8		硝酸铵(含可燃物>0.2%)	5
9	易燃气体	丁二烯	5
10		二甲醚	50
11		甲烷,天然气	50
12		氯乙烯	50
13		氢	5
14		液化石油气(含丙烷、丁烷及其混合物)	50
15		一甲胺	5
16		乙炔	1
17		乙烯	50

续表

序号	类别	危险化学品名称和说明	临界量，t
18	毒性气体	氨	10
19		二氟化氧	1
20		二氧化氮	1
21		二氧化硫	20
22		氟	1
23		光气	0.3
24		环氧乙烷	10
25		甲醛(含量>90%)	5
26		磷化氢	1
27		硫化氢	5
28		氯化氢	20
29		氯	5
30		煤气(CO，CO 和 H_2、CH_4 的混物等)	20
31		砷化三氢(胂)	12
32		锑化氢	1
33		硒化氢	1
34		溴甲烷	10
35	易燃液体	苯	50
36		苯乙烯	500
37		丙酮	500
38		丙烯腈	50
39		二硫化碳	50
40		环己烷	500
41		环氧丙烷	10
42		甲苯	500
43		甲醇	500
44		汽油	200
45		乙醇	500
46		乙醚	10
47		乙酸乙酯	500
48		正己烷	500

序号	类别	危险化学品名称和说明	临界量, t
49	易于自燃的物质	黄磷	50
50		烷基铝	1
51		戊硼烷	1
52	遇水放出易燃气体的物质	电石	100
53		钾	1
54		钠	10
55	氧化性物质	发烟硫酸	100
56		过氧化钾	20
57		过氧化钠	20
58		氯酸钾	100
59		氯酸钠	100
60		硝酸(发红烟的)	20
61		硝酸(发红烟的除外, 含硝酸 >70%)	100
62		硝酸铵(含可燃物≤0.2%)	300
63		硝酸铵基化肥	1000
64	有机过氧化物	过氧乙酸(含量≥60%)	10
65		过氧化甲乙酮(含量≥60%)	10
66	毒性物质	丙酮合氰化氢	20
67		丙烯醛	20
68		氟化氢	1
69		环氧氯丙烷(3 氯 1,2 环氧丙烷)	20
70		环氧溴丙烷(表溴醇)	20
71		甲苯二异氰酸酯	100
72		氯化硫	1
73		氰化氢	1
74		三氧化硫	75
75		烯丙胺	20
76		溴	20
77		乙撑亚胺	20
78		异氰酸甲酯	0.75

表 5-3　未在表 5-2 中列举的危险化学品类别及其临界量

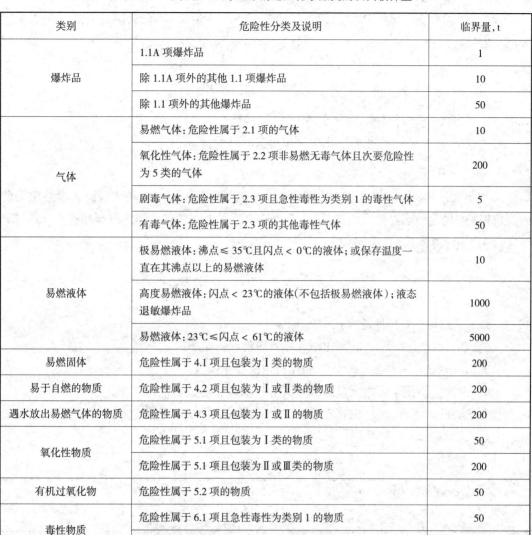

类别	危险性分类及说明	临界量,t
爆炸品	1.1A 项爆炸品	1
	除 1.1A 项外的其他 1.1 项爆炸品	10
	除 1.1 项外的其他爆炸品	50
气体	易燃气体:危险性属于 2.1 项的气体	10
	氧化性气体:危险性属于 2.2 项非易燃无毒气体且次要危险性为 5 类的气体	200
	剧毒气体:危险性属于 2.3 项且急性毒性为类别 1 的毒性气体	5
	有毒气体:危险性属于 2.3 项的其他毒性气体	50
易燃液体	极易燃液体:沸点 ≤ 35℃且闪点 < 0℃的液体;或保存温度一直在其沸点以上的易燃液体	10
	高度易燃液体:闪点 < 23℃的液体(不包括极易燃液体);液态退敏爆炸品	1000
	易燃液体:23℃≤闪点 < 61℃的液体	5000
易燃固体	危险性属于 4.1 项且包装为 I 类的物质	200
易于自燃的物质	危险性属于 4.2 项且包装为 I 或 II 类的物质	200
遇水放出易燃气体的物质	危险性属于 4.3 项且包装为 I 或 II 的物质	200
氧化性物质	危险性属于 5.1 项且包装为 I 类的物质	50
	危险性属于 5.1 项且包装为 II 或 III 类的物质	200
有机过氧化物	危险性属于 5.2 项的物质	50
毒性物质	危险性属于 6.1 项且急性毒性为类别 1 的物质	50
	危险性属于 6.1 项且急性毒性为类别 2 的物质	500

注:以上危险化学品危险性类别及包装类别依据 GB 12268—2012《危险货物品名表》确定,急性毒性类别依据 GB 30000.18—2013《化学品分类和标签规范　第 18 部分:急性毒性》确定。表中条款号参见 GB 18218—2009《危险化学品重大危险源辨识》。

危险化学品临界量的确定方法:(1)在表 5-2 范围内的危险化学品,其临界量按表 5-2 确定;(2)未在表 5-2 范围内的危险化学品,依据其危险性,按表 5-3 确定临界量;若一种危险化学品具有多种危险性,按其中最低的临界量确定。

危险化学品重大危险源的辨识指标:单元内存在危险化学品的数量超过或等于表 5-2、表 5-3 规定的临界量,即被认定为重大危险源。单元内存在的危险化学品的数量根据处理危险化学品种类的多少区分为以下两种情况:

(1)单元内存在的危险化学品为单一品种,则该危险化学品的数量即为单元内危险化学品的总量,若超过或等于相应的临界量,则定为重大危险源。

（2）单元内存在的危险化学品为多品种时,则按式（5-1）计算,若满足公式（5-1）,则定为重大危险源:

$$\frac{q_1}{Q_1} + \frac{q_2}{Q_2} + \cdots + \frac{q_n}{Q_n} \geq 1 \qquad (5-1)$$

式中　$q_1, q_2, \ldots, q_n$——每种危险化学品实际存在量,t;

　　　　$Q_1, Q_2, \ldots, Q_n$——与各危险化学品相对应的临界量,t。

2）分级指标

采用单元内各种危险化学品实际存在（在线）量与其在 GB 18218《危险化学品重大危险源辨识》中规定的临界量比值,经校正系数校正后的比值之和 R 作为分级指标。

（1）R 的计算方法,见式（5-2）。

$$R = \alpha \left(\beta_1 \frac{q_1}{Q_1} + \beta_2 \frac{q_2}{Q_2} + \cdots + \beta_n \frac{q_n}{Q_n} \right) \qquad (5-2)$$

式中　$q_1, q_2, \ldots, q_n$——每种危险化学品实际存在量,t;

　　　　$Q_1, Q_2, \ldots, Q_n$——与各危险化学品相对应的临界量,t;

　　　　$\beta_1, \beta_2, \ldots, \beta_n$——与各危险化学品相对应的校正系数;

　　　　α——该危险化学品重大危险源单元外暴露人员的校正系数。

（2）校正系数 β 的取值:根据单元内危险化学品的类别不同,设定校正系数 β 值,见表5-4 和表5-5。

表5-4　校正系数 β 取值表

危险化学品类别	毒性气体	爆炸品	易燃气体	其他类危险化学品
β	见表5-5	2	1.5	1

注:危险化学品类别依据 GB 12268—2012《危险货物品名表》中分类确定。

表5-5　常见毒性气体校正系数 β 值取值表

毒性气体名称	一氧化碳	二氧化硫	氨	环氧乙烷	氯化氢	溴甲烷	氯
β	2	2	2	2	3	3	4
毒性气体名称	硫化氢	氟化氢	二氧化氮	氰化氢	碳酰氯	磷化氢	异氰酸甲酯
β	5	5	10	10	20	20	20

注:未在表5-5 中列出的有毒气体可按 $\beta=2$ 取值,剧毒气体可按 $\beta=4$ 取值。

（3）校正系数 α 的取值:根据重大危险源的厂区边界向外扩展500m 范围内常住人口数量,设定厂外暴露人员校正系数 α 值,见表5-6。

表 5-6　校正系数 α 取值表

厂外可能暴露人员数量	α
100 人以上	2.0
50～99 人	1.5
30～49 人	1.2
1～29 人	1.0
0 人	0.5

（4）分级标准：根据计算出来的 R 值，按表 5-7 确定危险化学品重大危险源的级别。

表 5-7　危险化学品重大危险源级别和 R 值的对应关系

危险化学品重大危险源级别	R 值
一级	$R \geqslant 100$
二级	$100 > R \geqslant 50$
三级	$50 > R \geqslant 10$
四级	$R < 10$

500 起危险化学品事故中频次较高前 9 位危险物质的名称统计，如图 5-2 所示。

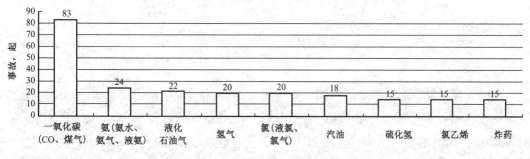

图 5-2　危险化学品事故频次统计对比图

4. 总结结果提出建议

对确认的危险化学品要逐项登记建档，提出降低或控制重大危险源的安全对策措施，判断其是否可接受，形成相应的安全评价报告。

危险化学品重大危险源安全评估报告应当客观公正、数据准确、内容完整、结论明确、措施可行，并包括下列内容：

（1）评估的主要依据。

（2）重大危险源的基本情况。

（3）事故发生的可能性及危害程度。

（4）个人风险和社会风险值（仅适用定量风险评价方法）。

（5）可能受事故影响的周边场所、人员情况。

（6）重大危险源辨识、分级的符合性分析。

（7）安全管理措施、安全技术和监控措施。

（8）事故应急措施。

（9）评估结论与建议。

图5-3为危险化学品重大危险源评价法评价要点示意图，图中给出了需要分析的内容和判断依据等所使用的环节。

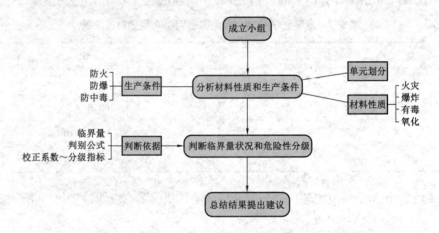

图5-3　危险化学品重大危险源辨识评价法要点示意图

三、方法应用

（一）实例

现以天津某氯醇法生产环氧丙烷企业为对象，对重大危险源辨识评价法进行举例说明。

该企业的环氧丙烷生产装置内，原料丙烯的最大存在量为258t，原料氯气最大的存在量为394t，产品环氧丙烷最大存在量为361t，副产品二氯丙烷最大存在量为50.55t。环氧丙烷的储存罐区共有容积为300m³的环氧丙烷储罐3个，最大存储量为747t。环氧丙烷事故罐区共有储罐5个，其中3个容积均为30m³的储罐和1个容积为100m³的储罐是环氧丙烷储罐，1个容积为40m³的储罐作为环氧丙烷事故罐，整个罐区环氧丙烷的最大存储量为190.9t。

1. 成立小组

确定本单位需要辨识的危险化学品生产、经营、储存和使用装置，收集国内外相关法律法规、技术标准及工程系统的技术资料。参加人员可由本单位的注册安全工程师、技术人员或外聘有关专家组成。

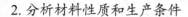

2. 分析材料性质和生产条件

环氧丙烷生产与存储过程所涉及危险化学物质的实际量与临界量见表5-8。

表5-8 环氧丙烷生产所需危险物质实际量与临界量对比表

序号	存货名称	实际量 q, t	临界量 Q, t
1	环氧丙烷	937.9+361=1298.9	10
2	二氯丙烷	928+50.55=978.55	1000
3	丙氯气烯	258	10
4	氯气	394	5
5	液氨	14	10

根据 GB 18218《危险化学品重大危险源辨识》的规定，环氧丙烷生产与存储过程的单元划分如下：

单元1：环氧丙烷在用生产装置；

单元2：二氯丙烷储存罐区；

单元3：环氧丙烷储存罐区；

单元4：环氧丙烷事故罐区；

单元5：液氨罐区。

3. 判断临界量状况和危险性分级

根据辨识步骤，分别对上述单元进行辨识计算，并判断其是否构成重大危险源。分析与判断的结果如下：

（1）单元1环氧丙烷在用生产装置、单元3环氧丙烷储存罐区、单元4环氧丙烷事故罐区和单元5液氨罐区，分别构成重大危险源。

（2）单元2二氯丙烷储存罐区不构成重大危险源。

（3）组合"单元1、单元2、单元3、单元4"、"单元1、单元2、单元3"和"单元1、单元2"，分别构成重大危险源。

（4）"单元1、单元3"、"单元1、单元4"和"单元3、单元4"的组合划分，会在一定程度上夸大危险程度小的重大危险源的实际风险。

（5）"单元1、单元2、单元3"、"单元1、单元2、单元4"的组合，由于单元3和单元4均是环氧丙烷存储，单元4的储量远大于单元3，因此，选择环境容许风险评估的对象时，应以"单元1、单元2、单元3"这一存量较大的组合为主。

4. 总结结果提出建议

按照2,3步骤评价的结果，依据"评价步骤"部分中4的要求编制评价报告。

（二）注意事项

利用危险化学品重大危险源辨识评价法进行评价，特别是针对危险化学品或化学品企业进行评价的时候，在实际操作过程中，发现开展危险化学品重大危险源辨识与分级工作至关重要，应多次辨识以提高辨识的准确性，防止遗漏重要的重大危险源监控区域；但对已经构成重大危险源的单元之间，应避免再组合进行重大危险源辨识与分级，以防止夸大其单元危险等级的情况发生。

四、方法参考资料

（1）GB 18218—2014　危险化学品重大危险源辨识［S］.

（2）安监管协调字［2004］56 号 . 关于开展重大危险源监督管理工作的指导意见 .

（3）安监总局令第 40 号 . 危险化学品重大危险源监督管理暂行规定 .

（4）安全工程师实务手册编写组 . 安全工程师实务手册［M］. 北京：机械工业出版社，2006.2.

（5）吴穹，许开立 . 安全管理学［M］. 北京：煤炭工业出版社，2002.7.

（6）吴宗之，高进东 . 重大危险源辨识与控制［M］. 北京：冶金工业出版社，2001.6.

第二节　易燃易爆有毒重大危险源评价法

一、方法概述

易燃、易爆、有毒重大危险源评价法是一种定量的评价方法，该方法是在重大火灾、爆炸、毒物泄漏中毒事故资料的统计分析基础上，从物质危险性、工艺危险性入手分析重大事故发生的原因、条件，评价事故的影响范围、伤亡人数和经济损失后得出的。易燃、易爆、有毒重大危险源评价法是国家"八五"科技攻关项目"最大危险源评价和宏观控制技术研究"的重要专题成果，能较准确地评价出系统内危险物质、工艺过程的危险程度、危险性等，较精确地计算出事故后果的严重程度（危险区域范围、人员伤亡和经济损失），提出工艺设备、人员素质以及安全管理三方面的 107 个指标组成的评价指标集。

特点：该方法适用于各类安全评价及安全评价过程中对重大危险源的评价。但该方法需要人员具有较高的综合能力，方法程序操作复杂，需要确定的参数指标较多。

适用范围：在管道企业中适用于站场或油库的固有危险性评价。

二、评价步骤

易燃易爆有毒重大危险源评价法评价流程如图 5-4 所示。

易燃易爆有毒重大危险源评价法操作步骤：

1. 评价单元划分

重大危险源评价以单元作为评价对象。一般把装置的一个独立部分称为单元,每个单元都有一定的功能特点,分流、加热、净化、计量、增压、储存、输送等。

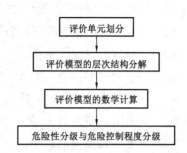

图5-4 易燃易爆有毒重大危险源评价流程图

2. 评价模型的层次结构

评价模型的层次结构主要是有评价指标组成。评价模型的指标是从两个方面进行设计,一方面是要评价系统自身固有的危险发生的可能性和后果严重度;另一方面是评价应用于系统危险控制的人员、技术和管理对策是否满足。常用的重大危险源评价模型可采用图5-5所示的层次结构。从图上可以看出每一个上层指标都由2个以上的下层指标构成,还可以根据评价对象自身的工艺特性和管理现状进一步向下分解。

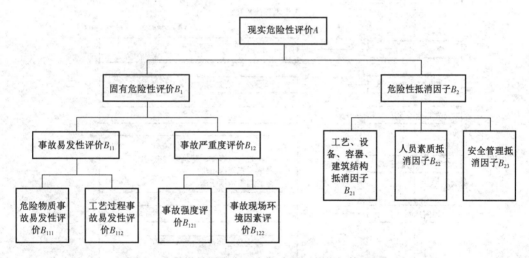

图5-5 易燃易爆有毒重大危险源评价指标体系框架图

3. 价模型的数学计算

易燃易爆有毒重大危险源的评价法常要做固有危险性评价和现实危险性评价两个部分,后者是在前者的基础上考虑各种危险性的抵消因子,它们反映了人在控制事故发生和控制事故宏观扩大方面的主观能动作用。固有危险性评价主要反映了物质的固有特性、危险物质生产过程的特点和危险单元内部、外部的环境状况。

易燃易爆有毒重大危险源评价法主要采用式(5-3)作为数学评价模型,其表达式为:

$$A=\left\{\sum_{i=1}^{n}\sum_{i=1}^{m}(B_{111})_i W_{ij}(B_{112})_j\right\} B_{12}\prod_{k=1}^{3}(1-B_{2k}) \tag{5-3}$$

式中 $(B_{111})_i$ ——第 i 种物质危险性的评价值;

$(B_{112})_j$——第 j 种工艺危险性的评价值；

W_{ij}——第 j 种工艺与第 i 种物质危险性的相关系数；

B_{12}——事故严重度评价值；

B_{2k}——抵消因子；

B_{21}——工艺、设备、容器、建筑抵消因子；

B_{22}——人员素质抵消因子；

B_{23}——安全管理抵消因子。

数学表达式中参数计算部分的流程如图 5-6 所示。

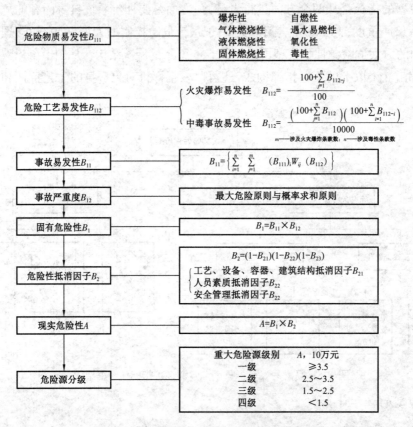

图 5-6　易燃易爆有毒重大危险源评价流程图

1）物质事故易发性 B_{111} 的评价

参照联合国专家委员会的建议书及我国 GB 6944—2012《危险货物分类和品名编号》分类标准,具有燃烧爆炸性质的危险物质可分为七大类:(1)爆炸性物质;(2)气体燃烧性物质;(3)液体燃烧性物质;(4)固体燃烧性物质;(5)自燃物质;(6)遇水易燃物质;(7)氧化性物质。

每类物质根据其总体危险感度给出权重分;每种物质根据其与反应感度有关的理化参数值给出状态分;每一大类物质下面分若干小类,共计 19 个子类。对每一大类或子类,分别给出状态分的评价标准。权重分与状态分的乘积即为该类物质危险感度的评价值,亦即危险物质事故易发性的评分值。权重分的确定参考了全国化工行业和兵器行业218起重大事故的统计资料。关于易燃、易爆物质危险性的另一侧面是物质反应烈度,它主要在事故严重度评价中考虑。

为了考虑毒物扩散危险性,我们在危险物质分类中定义毒性物质为第八种危险物质。一种危险物质可以同时属于易燃易爆七大类中的一类,又属于第八类。对于毒性物质,其危险物质事故易发性主要取决于下列4个参数:(1)毒性等级;(2)物质的状态;(3)气味;(4)重度。毒性大小不仅影响事故后果,而且影响事故易发性:毒性大的物质,即使微量扩散也能酿成事故,而毒性小的物质不具有这种特点。毒性对事故严重度的影响在毒物伤害模型中予以考虑。对不同的物质状态,毒物泄漏和扩散的难易程度有很大不同,显然气相毒物比液相毒物更容易酿成事故;重度大的毒物泄漏后不易向上扩散,因而容易造成中毒事故。物质危险性的最大分值定为100分。

2)工艺过程事故易发性 B_{112} 的评价

工艺过程事故易发性的影响因素确定为21项。参考了道化学公司的方法、英国帝国化学公司蒙德分部的蒙德法和我国国内研制出的《光气及光气化产品生产装置安全评价通则》以及《建筑设计防火规范》、《化学危险物品安全管理条例》和《爆炸和火灾危险场所电力装置设计规范》等国家标准,以及一些防火防爆的国内外著作。

21种工艺影响因素是:(1)放热反应;(2)吸热反应;(3)物料处理;(4)物料储存;(5)操作方式;(6)粉尘生成;(7)低温条件;(8)高温条件;(9)高压条件;(10)特殊的操作条件;(11)腐蚀;(12)泄漏;(13)设备因素;(14)密闭单元;(15)工艺布置;(16)明火;(17)摩擦与冲击;(18)高温体;(19)电器火花;(21)静电;(21)毒物出料及输送。最后一种工艺因素仅与含毒性物质有相关关系。

每种因素区别若干状态。各种因素的权重分值合并在因素中的各个状态分值一起考虑。状态分的确定参考了一些已知评价方法中有关项目危险性大小的对比值,以及大量火灾爆炸事故原因分析的统计资料,如日本消防厅《火灾年报》公布的数据和我国石化行业发生的一些重大事故。

3)工艺—物质危险性相关系数 W_{ij} 确定

同一种工艺条件对于不同类的危险物质所体现的危险程度是各不相同的,因此必须确定相关系数。W_{ij} 可以分为以下5级。

(1)A级关系密切,$W_{ij}=0.9$。

(2)B级关系大,$W_{ij}=0.7$。

(3)C级关系一般,$W_{ij}=0.5$。

(4)D级关系小,$W_{ij}=0.2$。

(5)E级没有关系,$W_{ij}=0$。

W_{ij} 定级根据专家的咨询意见,15 位专家的 380 个系数的平均方差为 0.06,最大均方差为 0.14。

4)事故严重度 B_{12} 的评价

事故严重度用事故后果的经济损失(万元)表示。事故后果系指事故中人员伤亡以及房屋、设备、物资等的财产损失,不考虑停工损失。人员伤亡区分人员死亡数、重伤数、轻伤数。财产损失严格讲应分若干个破坏等级,在不同等级破坏区破坏程度是不相同的,总损失为全部破坏区损失的总和。在危险性评估中为了简化方法,用一个统一的财产损失区来描述,假定财产损失区内财产全部破坏,在损失区外全不受损,即认为财产损失区内未受损失部分的财产同损失区外受损失的财产相互抵消。死亡、重伤、轻伤、财产损失各自都用一当量圆半径描述。对于单纯毒物泄漏事故仅考虑人员伤亡,暂不考虑动植物死亡和生态破坏所受到的损失。

对几种常见的火灾爆炸事故进行了全面的研究,建立了 6 种伤害模型,它们分别是:(1)凝聚相含能材料爆炸;(2)蒸气云爆炸;(3)沸腾液体扩展为蒸气云爆炸;(4)池火灾;(5)固体和粉尘火灾;(6)室内火灾。不同类物质往往具有不同的事故形态,但即使是同一类物质,甚至同一种物质,在不同的环境条件下也可能表现出不同的事故形态。

为了对各种不同类的危险物质可能出现的事故严重度进行评价,我们根据下面两个原则建立了物质子类别同事故形态之间的对应关系,每种事故形态用一种伤害模型来描述。这两个原则如下:

(1)最大危险原则。如果一种危险物具有多种事故形态,且它们的事故后果相差悬殊,则按后果最严重的事故形态考虑。

(2)概率求和原则。如果一种危险物具有多种事故形态,且它们的事故后果相差不悬殊,则按统计平均原理估计事故后果。

根据泄漏物状态(液化气、液化液、冷冻液化气、冷冻液化液、液体)和储罐压力、泄漏的方式(爆炸型的瞬时泄漏或持续 10min 以上的连续泄漏)建立了 9 种毒物扩散伤害模型,这 9 种模型分别是:源抬升模型、气体泄放速度模型、液体泄放速度模型、高斯烟羽模型、烟团模型、烟团积分模型、闪蒸模型、绝热扩散模型和重气扩散模型。毒物泄漏伤害严重程度与毒物泄漏量以及环境大气参数(温度、湿度、风向、风力、大气稳定度等)都有密切关系。若在测算中遇到事先评价所无法定量预见的条件时,则按较严重的条件进行评估。当一种物质既具有燃爆特性,又具有毒性时,则人员伤亡按两者中较重的情况进行测算,财产损失按燃烧燃爆伤害模型进行测算。毒物泄漏伤害区也分死亡区、重伤区、轻伤区,轻度中毒而无需住院治疗即可在短时间内康复的一般吸入反应不算轻伤。各种等级的毒物泄漏伤害区呈纺锤形,为测算方便,同样将它们简化成等面积的当量圆,但当量圆的圆心不在单元中心处,而在各伤害区的面心上。

为了测算财产损失与人员伤亡数,需要在各级伤害区内对财产分布函数与人员损失函数进行积分。为了便于采样,人员和财产分布函数各分为三个区域,即单元区、厂区与居民区,在每一区域内假定人员分布与财产分布都是均匀的,但各区之间是不同的。为了简化采样,单元区面积简化为当量圆,厂区面积当长宽比大于2时简化为矩形,否则简化为当量圆。各种类型的伤害区覆盖单元区、厂区和居民区的各部分面积通过几何关系算出。

因为不可能对居民区的财产分布状态进行直接采样,因此特别建立了一个专门的评估模型,用于评估居民区的财产分布密度。在该模型中,居民财产分布密度看成是人口密度、人均的月生活费用支出水平、人均住房面积和单位面积房价的函数。

为了使单元之间事故严重度的评估结果具有可比性,需要对不同种类的伤害用某种标度进行折算再作叠加。如果我们把人员伤亡和财产损失在数学上看成是不同方向的矢量,其实所谓"折算"就是选择一个共同的矢量基,将和矢量在矢量基上投影。不同的矢量基对应不同的折算。折算方法选择与同一个国家国情及政府的管理行为有关。参考我国政府部门的一些有关规定,在方法中使用了折算公式,见式(5-4)。

$$S=C+20\left(N_1+0.5N_2+10^5/6000N_3\right) \tag{5-4}$$

式中 C——事故中财产损失的评估值,万元;

N_1, N_2, N_3——事故中人员死亡、重伤、轻伤人数的评估值。

5)危险性的抵消因子 B_2 的确定

尽管单元的固有危险性是由物质的危险性和工艺的危险性所决定的,但是工艺、设备、容器、建筑结构上的各种用于防范和减轻事故后果的各种设施,危险岗位上操作人员的良好素质,严格的安全管理制度能够大大抵消单元内的现实危险性。

在本评价方法中,工艺、设备、容器和建筑结构抵消因子由23个指标组成评价指标集;安全管理状况由11类72个指标组成评价指标集;危险岗位操作人员素质由4项指标组成评价指标集。

大量事故统计表明,工艺设备故障、人的误操作和生产安全管理上的缺陷是引发事故发生的三大原因,因而对工艺设备危险进行有效监控,提高操作人员基本素质和提高安全管理的有效性,能大大减少事故的发生。但是大量的事故统计事实同样表明,上述三种因素在许多情况下并不相互独立,而是耦合在一起发生作用的,如果只控制其中一种或两种是不可能完全杜绝事故发生的,甚至当上述三种因素都得到充分控制以后,只要有固有危险性存在,现实危险性不可能抵消至零,这是因为还有很少一部分事故是由上述三种原因以外的原因(例如自然灾害或其他单元事故牵连)引发的。因此一种因素在控制事故发生中的作用是同另外两种因素的受控程度密切相关的。每种因素都是在其他两种因素控制得越好时,发挥出来的控制效率越大。根据对1991个火灾爆炸事故的统计资料,用条件概率方法和模糊数学隶属度算法,给出了各种控制因素的最大事故抵消率关联算法以及综合抵消因子的算法。

4. 危险性分级与危险控制程度分级

以单元固有危险性大小作为分级的依据。分级目的主要是为了便于政府对危险源的监控。固有危险性大小的因素基本上是由单元的生产属性决定的,不易改变。按照我国的实际情况,把易燃易爆有毒重大危险源划分为四级,一级由国家级安全管理部门直接监控;二级由省级和直辖市政府安全管理部门直接监控;三级由县市级安全管理部门直接监控;四级由企业重点管理控制和管理。危险性等级越高,要求的危险控制程度级别越高。

用 $A^* = \lg(B_1^*)$ 作为危险源分级标准,式中 B_1^* 是以 10 万元为缩尺单位的单元固有危险性的评分值。定义:

一级重大危险源 $A^* \geq 3.5$;

二级重大危险源 $2.5 \leq A^* < 3.5$;

三级重大危险源 $2.5 \leq A^* < 3.5$;

四级重大危险源 $A^* < 1.5$。

单元综合抵消因子的值愈小,说明单元现实危险性与单元固有危险性比值愈小,即单元内危险性的受控程度愈高。因此,可以用单元综合抵消因子值的大小说明该单元安全管理与控制的绩效。一般说来,单元的危险性级别愈高,要求的受控级别也应愈高。建议用下列标准作为单元危险性控制程度的分级依据(B_2 为危险性抵消因子):

A 级　$B_2 \leq 0.001$;

B 级　$0.001 < B_2 \leq 0.01$;

C 级　$0.01 < B_2 \leq 0.1$;

D 级　$B_2 > 0.1$。

各级重大危险源应达到的受控标准是:一级危险源在 A 级以上;二级危险源在 B 级以上;三级和四级危险源在 C 级以上。

图 5-7 为易燃易爆有毒重大危险源评价法评价要点示意图,图中给出了需要分析的内容和判断依据等所使用的环节。

三、方法应用

(一)实例

以某煤化工企业甲醇储罐为例,该企业有两个甲醇储罐,型式是立式拱顶,单具储存容量 8000m³。甲醇相对于水的密度稍小,约为 0.79。甲醇为易燃品,闪点为 11℃,根据 GB 18218—2009《危险化学品重大危险源辨识》,对于闪点在 28~60℃之间的易燃液体,储量在 20t 及以上时,就将该储存区域定义为重大危险源。故该厂的甲醇储罐已构成了重大危险源,需要重点加以保护和管理。现应用易燃、易爆、有毒重大危险源评价法对其进行定量风险分析。

(1)评价单元划分:评价单元为立式拱顶甲醇储罐,其评价资料包括如下:

甲醇罐区的重大危险源评价见表 5-9。

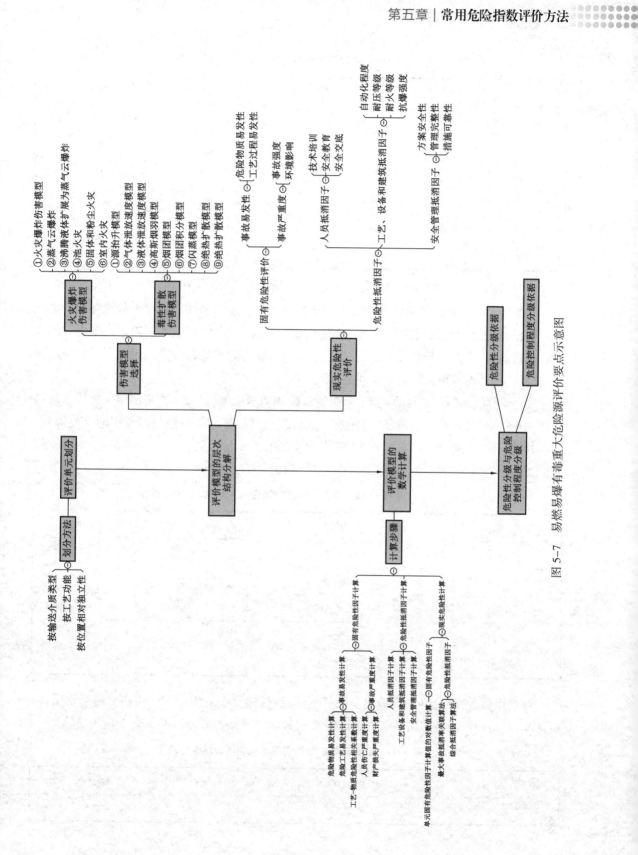

图 5-7 易燃易爆有毒重大危险源评价要点示意图

表 5-9　甲醇罐区危险化学品安全信息表

参数	数值	参数	数值
编号	32058	蒸汽压，kPa	13.33（21.2℃）
相对分子质量	32.04	爆炸上限，(体积分数)%	44
液体相对密度	0.79	爆炸下限，(体积分数)%	5.5
沸点，℃	64.8	临界温度，℃	240
燃点，℃	385	临界压力，MPa	7.95
闪点，℃	11	燃烧热，kJ/mol	727

注：甲醇在危险化学品中的编号为32058。

（2）评价模型的层次结构。依据图 5-7 绘制的现场易燃易爆有毒重大危险源评价要点示意图设计评价模型的层次结构图。在完成层次结构图设计后，原则上依据模型规定的评价指标设定，但实践中仍然要广泛征求工艺、化工、管理以及操作和管理人员评估单位的意见，确保指标的设置更加符合本企业的实际状况。

（3）评价模型的数学计算：接下来进行危险物质事故易发性评价，得出甲醇物质事故易发性为54。对工艺过程事故易发性进行评价，工艺过程事故易发性与过程中的反应形式、物料处理过程、操作方式、工作环境和工艺过程等有关。

工艺—物质危险性相关系数的分级见表 5-10。

表 5-10　工艺—物质危险性相关系数

级别	相关性	工艺—物质危险性相关系数 W_{ij}
A	关系密切	0.9
B	关系大	0.7
C	关系一般	0.5
D	关系小	0.2
E	没有关系	0

根据甲醇的反应区间，计算出事故易发性，然后计算甲醇生产厂区的伤害模型及伤害／破坏半径，得出沸腾液体扩散蒸汽爆炸伤害／破坏半径(m)，见表 5-11。

表 5-11　沸腾液体扩散蒸汽爆炸伤害／破坏半径表

死亡半径，m	重伤半径，m	轻伤半径，m	财产破坏半径，m
2485.7	3065.2	4592.1	1285.6

（4）危险性分级与危险控制程度分级：

估计事故的严重度，从而评定固有危险性，根据步骤，逐步计算出甲醇罐区的危险性等级为9.09。最后即得出评价结果为甲醇罐区为一级重大危险源。

（二）注意事项

重大危险源所涉及的危险物质具有易燃、易爆、有毒、有害的特性，必须对重大危险源实行有效的控制。加强对重大危险源主要涉及的易燃、易爆、有毒危险物质的生产、使用、处理和储存等工艺处理各环节的管理。易燃、易爆、有毒重大危险源评价法从物质危险性、工艺危险性入手，分析重大事故发生的原因、条件，评价事故的影响范围、伤亡人数和经济损失等，能够为预防、控制重大危险源风险提供量化依据。为使评价与量化结果具有更高的准确性和可靠性，该方法可以进行进一步的计算机程序化。

四、方法参考资料

（1）GB 18218—2014　危险化学品重大危险源辨识［S］.

（2）刘铁民，张兴凯，刘功智.安全评价方法应用指南［M］.北京：中国石化出版社，2005.4.

（3）罗云等.风险分析与安全评价［M］.北京：化学工业出版社，2009.12.

（4）吴穹，许开立.安全管理学［M］.北京：煤炭工业出版社，2002.7.

第三节　道化学公司火灾、爆炸危险指数评价法（DOW）

一、方法概述

道化学公司评价方法（Evaluation method of dow chemical company，简称DOW）是以物质系数为基础，加上一般和特殊工艺的危险指数，计算出单元的火灾、爆炸指数。美国道化学公司火灾、爆炸指数（F&EI，Fire and Explosion Index）评价方法第一版于1964年发行，此后经过多次修改，1994年发展到第七版，该方法是最常用的危险指数评价法之一。

道化学公司火灾、爆炸指数评价法（第七版）运用了大量的实验数据和实践结果，以被评价单元中的重要物质系数（MF）为基础，用一般工艺危险系数（F_1）确定影响事故损害大小的主要原因素，特殊工艺危险系数（F_2）表示影响事故发生概率的主要因素。MF、F_1、F_2乘积为火灾爆炸危险指数，用来确定事故的可能影响区域，估计所评价生产过程中发生事故可能造成的破坏；由物质系数（MF）和单元工艺危险系数（$F_3=F_1×F_2$）得出单元破坏系数（DF），从而计算评价单元基本最大可能财产损失（基本$MPPD$），然后再对工程中拟采取的安全措施取补偿系数（C），确定发生事故时实际最大可能财产损失（实际$MPPD$）和停产损失(BI)。

特点：该方法的最大特点是能用经济的大小来反映生产过程中火灾爆炸性的大小和所采取安全措施的有效性。该方法操作简单，是目前应用较多的评价方法之一。道化学公司火灾、爆炸指数评价法对指数法的采用使对用概率难以表述其危险性的单元和结构复杂的系统进行评价有了可行的方法。指数的采用避免了事故概率及其后果难以确定的困难，且该评价指数值含有事故频率和事故后果两个方面的因素。

适用范围：道化学公司火灾、爆炸指数评价法主要用于评价按规范设计和运行的化工、石化企业生产、储存装置的火灾、爆炸危险性。尽管该方法在指标选取和参数确定等方面还存在一定的缺陷，需要进一步完善，但目前该法仍是石油、化工企业定量安全评价中最广泛采用的方法。在管道企业中主要适合于油库、站场固有危险性评价。

二、评价步骤

道化学公司火灾、爆炸指数评价法评价流程如图 5-8 所示。

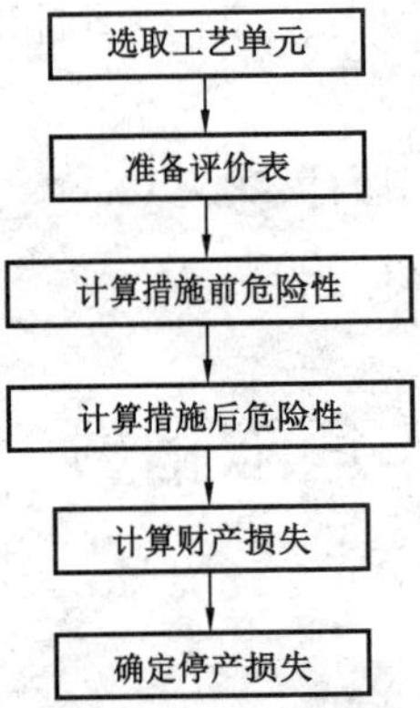

```
选取工艺单元
    ↓
准备评价表
    ↓
计算措施前危险性
    ↓
计算措施后危险性
    ↓
计算财产损失
    ↓
确定停产损失
```

图 5-8　道化学公司火灾、爆炸指数
评价法危险度评价流程图

道化学公司火灾、爆炸指数评价法操作步骤：

1. 选取工艺单元

包括评价单元的确定和评价设备的选择。选取单元的依据主要为如下（但不限于）：

① 潜在化学能（根据物质的物质系数）；

② 工艺单元中危险物质的数量；

③ 资金密集度（每平方米美元数）；

④ 操作压力和操作温度；

⑤ 导致火灾、爆炸事故的历史资料；

⑥ 对装置起关键作用的单元。

除了选取被评价的工艺单元外，还要准备相应的资料，装置的设计方案、工艺流程图等。

2. 准备评价表

参考《安全评价方法应用指南》和《火灾爆炸危险指数评价方法》（道氏第 7 版）等资料，道化学公司火灾、爆炸指数评价法所需表格和图表如下：

（1）火灾、爆炸指数危险度分级指南；

（2）物质系数和特性系数表；

（3）易燃、可燃液体分类表；

（4）物质系数选择表；

（5）火灾、爆炸即毒性危险性指数计算表；

（6）安全措施补偿系数表；

（7）补偿火灾、爆炸即毒性危险性指数计算表；

（8）工艺单元风险分析汇总表；

（9）一般工艺危险性系数确定表；

（10）特殊工艺危险性系数确定表；

（11）预报火灾、爆炸安全措施的补偿系数表；

（12）预防中毒手段及安全措施补偿系数表；

（13）生产装置风险分析汇总表；

（14）工艺过程毒性系数确定表；

（15）工艺设备及安装成本表。

3.计算措施前的危险性

通过计算物质系数了解物质的内在能量,计算工艺危险性来掌握工艺单元事故后可能的损失大小以及事故发生的概率大小,由物质系数和工艺危险性系数确定出采取工艺开展措施前的危险性。

1）计算物资系数 MF

物质系数（ MF ）是表述物质由燃烧或其他化学反应引起的火灾、爆炸过程中释放能量大小的内在特性。

单元选择以后,重要的是确定单元的物质系数,因为物质系数（ MF ）是评价单元危险性的基本数据。重要物质是指单元中以较多数量（5%以上）存在的危险性潜能较大的物质。如果物质闪点小于60℃或反应活性温度低于60℃,则该物质系数不需要修正；若工艺单元温度超过60℃,则对 MF 应作修正。

物质系数是由美国消防协会规定的 N_F （物质的燃烧性）、N_R （物质的化学活性）决定的,在本书附录的"三"中可查到。

应该根据单元内具有代表性的物质确定物质系数。混合物的物质系数应根据各组分的危险性及含量加以确定。如无可靠数据,可按照最危险物质确定物质系数。

（1）本书附录中"三"以外物质的物质系数：

在求取附录中"三"、NFPA 325M 和 NFPA49 中未列的物质、混合物或化合物的物质系数时,必须确定其可燃性等级（ N_F ）或可燃性粉尘等级（ S_t ）（表5-12）。首先要确定表5-12左栏中的参数,液体和气体的 N_F 由其闪点得出,粉尘或尘雾的 S_t 值由粉尘爆炸试验确定。可燃固体的 N_F 值则依其性质不同在表5-12左栏中分类标示。

表5-12 物质系数确定指南

液体、气体的易燃性或可燃性 [a]	NEPA325M 或 NEPA49	反应性或不稳定性				
		$N_R=0$	$N_R=1$	$N_R=2$	$N_R=3$	$N_R=4$
不燃物 [b]	$N_F=0$	1	14	24	29	40
F.P.>93.3℃	$N_F=1$	4	14	24	29	40

液体、气体的易燃性或可燃性 [a]	NEPA325M 或 NEPA49	反应性或不稳定性				
		$N_R=0$	$N_R=1$	$N_R=2$	$N_R=3$	$N_R=4$
37.8℃ < F.P. < 93.3℃	$N_F=2$	10	14	24	29	40
22.8℃ < F.P. < 37.8℃或 F.P. < 22.8℃并且 B.P. < 37.8℃	$N_F=3$	16	16	24	29	40
F.P. < 22.8℃并且 B.P. < 37.8℃	$N_F=4$	21	21	24	29	40
可燃性粉尘或烟雾 [c]						
S_t–1（K_{St} < 200bar·m/s）		16	16	24	29	40
S_t–2（K_{St} < 201bar·m/s）		21	21	24	29	40
S_t–3（K_{St} < 300bar·m/s）		24	24	24	29	40
可燃性固体						
厚度 >40mm 紧密的 [d]	$N_F = 1$	4	14	24	29	40
厚度 < 40mm 疏松的 [e]	$N_F = 2$	10	14	24	29	40
泡沫材料、纤维、粉尘物等 [f]	$N_F = 3$	16	16	24	29	40

[a] 包括挥发性固体。

[b] 暴露在 816℃的热空气中 5min 不燃烧。

[c] K_{St} 值是用带强点火源的 16L 或更大的密闭试验容器测定的，见 NFPA68《泄漏指南》。

[d] 包括 50.8mm 厚度的标准木板、镁锭、紧密的固体堆积物、紧密的纸张卷或塑料薄膜卷，如 SARAN WRAPR。

[e] 包括塑料颗粒、支架、木材平板之类的粗粒状材料，以及聚苯乙烯类不起尘的粉状物料等。

[f] 包括轮胎、胶靴类橡胶制品、STYROFOAMR 标牌塑料泡沫和粉尘包装的 METHOCELR 纤维素醚。

注:F.P. 为闭杯闪点;

B.P. 为标准温度和压力下的沸点。

物质、混合物或化合物的反应性等级（N_R），可根据其在环境温度条件下的不稳定性（或与水反应的剧烈程度）来确定。根据 NEPA 704 确定原则如下:

①N_R=0,其至在燃烧条件下仍能保持稳定的物质。该等级通常包括以下物质:

（a）不与水反应的物质;

（b）在温度 >300℃但 ≤ 500℃时,用差示扫描量热计（DSC）测定显示温升的物质;在温度 ≤ 500℃时,用 DSC 试验不显示温升的物质。

②N_R=1,自身通常稳定,但在加温加压条件下就变得不稳定。该等级通常包括如下物质:

（a）接触空气、受光照射或受潮时发生变化或分解的物质;

（b）在温度 150~300℃时显示温升的物质。

③N_R=2,在加温加压下易于发生剧烈化学变化的物质。该等级物质通常包括:

（a）用 DSC 试验，在温度 ≤ 150℃时显示温升的物质；

（b）与水剧烈反应或与水形成潜在爆炸性混合物的物质。

④ N_R=3，本身能发生爆炸分解或爆炸反应，但需要强引发源，或引发前必须在密闭状态下加热的物质。此类物质通常包括：

（a）加温加热时对热或机械冲击敏感的物质；

（b）不需要加热或密闭即与水发生爆炸反应的物质。

⑤ N_R=4，在常温常压下自身易于引发爆炸分解或爆炸反应的物质。该类通常包括常温常压下对局部热冲击或机械冲击敏感的物质。

反应性包括自身反应性（不稳定性）和与水反应性。物质 N_R 指标由差热分析仪（DTA）或差示扫描量热计（DSC）分析其温升的最低峰值温度来判断，按表 5-13 分类。

表 5-13　物质反应性等级 N_R 指标表

温升，℃	300～500	150～300	150
N_R	0	1	2, 3, 4

几个附加限制条件：如果该物质或化合物是氧化剂，N_R 增加 1（但不超过 4）；所有对冲击敏感性物质，N_R=3 或 N_R=4；若得出的 N_R 值与该物质、混合物或化合物的特性不相符，则应补做化学品反应性试验；向周围熟悉化学物质活性的人员请教，以便对差热分析仪或差示扫描量热计的测定结果进行合理的分析。一旦求出并确定 N_F（或 S_t）和 N_R，就可用表 5-12 来确定物质系数。注意，还要根据下述的"物质系数的温度修正"作必要的调整。

（2）混合物：

某种情况下，一些混合物物质系数的确定是很麻烦的。通常那些能发生剧烈反应的物质，如燃料和空气、氢气和氯气等是在人为控制条件下混合，这时反应持续而快速地进行，并生成一些非燃烧性、稳定的产物，反应产物安全地存留于诸如反应器之类的工艺单元之中。燃烧炉内燃料—空气混合物的燃烧便是一个很好的例子。可是，由于熄火或其他故障，其物质系数应根据初始混合状态来确定，这样才符合"在实际操作过程中存在最危险物质"的阐述。

混合溶剂或含有反应性物质的溶剂的物质系数也难以确定。这类混合物的物质系数应该由反应性化学试验数据来求得。如果无法取得反应性化学试验数据，应取组分中最大的 *MF* 作为混合物 *MF* 的近似值。该组分应有较高浓度（大于或等于 5%）。

一种特别难处理的情况是"混杂物"，它由可燃粉尘和易燃气体混合，在空气中能形成爆炸性混合物。为了充分反映这类物质在这种特定条件下的危险特性，必须用反应性化学晶试验数据来确定其适当的物质系数。建议请教反应性化学专家。

（3）烟雾：

烟雾在某种特定情况下会引起爆炸。它类似于闪点之上的易燃蒸汽或可燃蒸汽。易燃或可燃液体的微粒悬浮于空气中能形成易燃的混合物,它具有易燃气体—空气混合物的一些特性。易燃或可燃液体的雾滴在远远低于其闪点的温度下能像易燃蒸汽—空气混合物那样具有爆炸性。例如对液滴直径小于 0.01mm 的悬浮体来说,此悬浮体的燃烧下限几乎与环境温度下该物质在其闪点的燃烧下限相同。

不要在封闭的工艺单元内使可燃液体形成雾,这一点很重要,因为此时更易达到可燃浓度,并且爆炸产生的超压可能导致结构破坏。

防止烟雾爆炸的最佳防护措施是避免形成烟雾。如果可能形成烟雾,可将物质系数提高一级(参见表 5-13),以说明危险程度增大。还建议请教损失预防专家。

(4)物质系数的温度修正:

物质系数(MF)代表了在正常环境温度和压力下物质的危险性。如果物质闪点小于 60℃或反应活性温度低于 60℃,则该物质的物质系数不需修正,因为易燃性和反应性危险已经在物质系数中体现出了。关于压力的影响,将在下面"特殊工艺危险"中详细讨论。如果工艺单元温度超过 60℃,则 MF 本身应作修正。物质系数的温度修正由表 5-14 确定。

表 5-14　物质系数温度修正表

序号	物质系数温度修正	N_F	S_t	N_R
a	填入 N_F(粉尘为 S_t)N_R			
b	如果温度小于 60℃,则转至"e"栏			
c	若温度高于闪点,或温度大于 60℃,在 N_F 栏内填"1"			
d	若温度大于放热起始温度或自燃点,在 N_R 栏内填"1"			
e	各竖行数字相加,但总数为 5 时填 4			
f	用"e"栏数字和附录中"三"确定 MF,并填入 F&EI 表和生产单元危险分析汇总表			

注:储藏物由于层叠放置和阳光照射,温度可能达到 60℃。

当温度超过 60℃时,物质系数要进行修正。对于可燃性粉尘而言,确定其物质系数时,用粉尘危险分级值(S_t 值)而不用 N_F 值。

2)确定工艺危险系数

根据单元的工艺条件,采用适当的危险系数,求得单元一般工艺危险系数 F_1 和特殊工艺危险系数 F_2。一般工艺危险系数 F_1 是确定事故损害大小的主要因素。特殊工艺危险系数 F_2 是影响事故发生概率的主要因素。

一般工艺危险涉及放热反应、吸热反应、物料处理与输送、封闭或室内单元、通道、排放和泄漏控制等六项内容。根据各个单元的具体情况得到危险系数后,将各危险系数相加再加上基本系数"1.00"后,即为一般工艺危险系数(F_1)。

特殊工艺危险涉及物质毒性、压力释放、爆炸范围或其附近的操作、易燃物质数量、腐蚀、泄漏、明火设备的使用等十二项危险内容。根据各个单元的具体情况得到危险系数后,将各危险系数相加再加上基本系数"1.00"后,即为特殊工艺危险系数(F_2)。

单元危险系数(F_3):一般工艺危险系数与特殊工艺危险系数的乘积即为单元危险系数(F_3)。单元危险系数 F_3 的数值范围为 1.00～8.00,超过 8.00 时按 8.00 计。

评价了所有的特殊工艺危险之后,计算基本系数与所涉及的特殊工艺危险系数的总和,并将它填入火灾、爆炸指数计算表中的"特殊工艺危险系数(F_2)"的栏中。

特殊工艺危险系数的计算:

特殊工艺危险系数(F_2)= 基本系数 + 所有选取的特殊工艺危险系数之和

单元工艺危险系数:工艺单元危险系数(F_3)= 一般工艺危险系数(F_1)× 特殊工艺危险系数(F_2)。F_3 值范围为:1～8,若 $F_3 > 8$ 则按 8 计。

3)确定火灾、爆炸危险指数

$F\&EI = F_3 \times MF$。它可被用来估计生产过程中事故可能造成的破坏。安全措施补偿系数 C 为工艺控制补偿系数 C_1、物质隔离补偿系统数 C_2、防火措施补偿系数 C_3 三者的乘积,即 $C = C_1 \times C_2 \times C_3$。

火灾、爆炸危险指数 $F\&EI$ 代表了单元的火灾、爆炸危险性的大小,它是由物质系数 MF 与危险系数 F_3 相乘得到的。得到了 $F\&EI$ 的数值就可参照表 5-15 确定单元固有危险度等级。

表 5-15　道化学评价法危险等级标准

火灾、爆炸指数($F\&EI$)	危险程度
1～60	最轻
61～96	较轻
97～127	中等
128～158	很大
>159	非常大

4. 计算措施后危险性

安全措施补偿系数(C):安全措施分为工艺控制、物质隔离、防火措施三类,其补偿系数分别为:工艺控制补偿系数(C_1)、物质隔离补偿系数(C_2)和防火措施补偿系数(C_3)。每种安全措施补偿系数中包含有若干项,根据采取的安全措施确定补偿系数后,将各补偿系数相乘即得到工艺控制补偿系数 C_1(或物质隔离补偿系数 C_2、防火措施补偿系数 C_3)。C_1、C_2、C_3 相乘即得到总的安全措施补偿系数 C。根据固有危险度和安全措施补偿系数 C,计算得出预评价单元在考虑补充对策措施后的危险度。

(1)工艺控制补偿系数(C_1)。见表 5-16。

表 5-16　工艺控制安全补偿系统表

项目	补偿系数范围	采用补偿系数[a]	项目	补偿系数范围	采用补偿系数[a]
（1）应急电源	0.98		（6）惰性气体保护	0.94～0.96	
（2）冷却装置	0.97～0.99		（7）操作规程/程序	0.91～0.99	
（3）抑爆装置	0.84～0.98		（8）化学活泼性物质检查	0.91～0.98	
（4）紧急切断装置	0.96～0.99		（9）其他工艺危险分析	0.91～0.98	
（5）计算机控制	0.93～0.99				

[a] 无安全补偿系数时填入 1.00。

（2）物质隔离补偿系统（C_2）。见表 5-17。

表 5-17　物理隔离安全补偿系数表

项目	补偿系数范围	采用补偿系数[a]	项目	补偿系统范围	采用补偿系数[a]
（1）遥控阀	0.96～0.98		（3）排放系统	0.91～0.97	
（2）卸料/排空装置	0.96～0.98		（4）连锁装置	0.98	

[a] 无安全补偿系数时填入 1.00。

（3）防火措施安全补偿系数（C_3）。见表 5-18。

表 5-18　防火措施安全补偿系数表

项目	补偿系数范围	采用补偿系数[a]	项目	补偿系统范围	采用补偿系数[a]
（1）泄漏检测装置	0.94～0.98		（6）水幕	0.97～0.98	
（2）结构钢	0.95～0.98		（7）泡沫灭火装置	0.92～0.97	
（3）消防水供应系统	0.94～0.97		（8）手提式灭火器材/喷水枪	0.93～0.98	
（4）特殊灭火系统	0.91		（9）电缆防护	0.94～0.98	
（5）洒水灭火系统	0.74～0.97				

[a] 无安全补偿系数时填入 1.00。

　　安全措施补偿系数 $C=C_1 \times C_2 \times C_3$（填入表 5-19 第 7 行）

　　工艺单元危险分析汇总于下：见表 5-19。

表 5-19　工艺单元危险分析表

（1）火灾、爆炸指数（*F&EI*）	
（2）暴露半径	m
（3）暴露面积	m²
（4）暴露区内财产价值	百万美元
（5）危害系数	
（6）基本最大可能财产损失：（基本 *MPPD*）（暴露区内财产价值 × 危害系数）	百万美元
（7）安全措施补偿系数 C：（$C_1 \times C_2 \times C_3$）	
（8）实际最大可能财产损失：（实际 *MPPD*）（基本最大可能财产损失 × 安全措施补偿系数）	百万美元
（9）最大可能停工天数：（*MPDQ*）	天
（10）停产损失：（*BI*）	百万美元

生产单元危险分析汇总于下：

地区 / 国家		部门		场所		
位置		生产单元		操作类型		
评价人		生产单元总替换价值		日期		
工艺单元主要物质	物质系数	火灾爆炸指数 *F&EI*	影响区内财产价值 百万美元	基本 *MPPD*[a] 百万美元	实际 *MPPD*[a] 百万美元	停工天数 *MPDO*[b]	停产损失 *BI*[c] 百万美元

[a] 最大可能财产损失。

[b] 最大可能停工天数。

[c] 停产损失。

安全措施补偿系数：安全措施可以分为工艺控制、物质隔离、防火措施三类，其补偿系数分别为 C_1, C_2, C_3。安全措施补偿系数是 C_1, C_2, C_3 的乘积。

安全措施补偿系数按下列程序进行计算并汇总于安全措施补偿系数表中：

① 直接把合适的系数填入该安全措施的右边；

② 没有采取的安全措施，系数记为 1；

③ 每一类安全措施的补偿系数是该类别中所有选取系数的乘积；

④ $C_1 \times C_2 \times C_3$ 计算便得到总补偿系数；

⑤ 将补偿系数填入单元危险分析汇总表中的第 7 行。

所选择的安全措施应能切实地减少或控制评价单元的危险。选择安全措施以提高安全可靠性不是本危险分析方法的最终结果,其最终结果是确定损失减少的美元数或使最大可能财产损失降至一个更为实际的数值。当地的损失预防专家能帮助我们选择各种合适的安全措施。下面列出安全措施及相应的补偿系数并加以说明。

火灾爆炸危险指数计算表见表5-20。

表5-20 火灾爆炸危险指数计算表

地区/国家:	部门:		场所:		日期:
位置:	生产单元:		工艺单元:		
评价人:	审定人(负责人):			建筑物:	
检查人:(管理部)	检查人:(技术中心)			检查人(安全和损失预防):	
工艺设备中的物料:					
操作状态: 设计—开车—正常操作—停车			需确定 MF 的物质:		
物质系数(见附录三))应注意温度超过60℃单元的物质					

1. 一般工艺危险	危险系数	采用危险系数
基本系数	1.00	1.00
(1)放热化学反应	0.30~1.25	
(2)吸收反应	0.20~0.40	
(3)物料处理与输送	0.25~1.06	
(4)密闭式或室内工艺单元	0.25~0.90	
(5)通道	0.20~0.35	
(6)排放和泄漏控制	0.25~0.50	
一般工艺危险系数(F_1)		
2. 特殊工艺危险		
基本系数	1.00	1.00
(1)毒性物质	0.20~0.80	
(2)负压(6.67kPa)	0.50	
(3)易燃范围内及接近易燃范围的操作		
惰性化—— 未惰性化——		
①罐装易燃液体	0.50	
②过程失常或吹扫故障	0.30	
③一直在燃烧范围内	0.80	

续表

（4）粉尘爆炸	0.25～2.00	
（5）压力（查图获得） 操作压力，kPa（a） 释放压力，kPa（a）		
（6）低温	0.20～0.30	
（7）易燃及不稳定物质的重量 物质重量，kg 物质燃烧 H_c，J/kg		
①工艺中的液体及气体		
②储存中的液体及气体		
③储存中的可燃固体及工艺中的粉尘		
（8）腐蚀与磨蚀	0.10～0.75	
（9）泄漏——接头和填料	0.10～1.50	
（10）使用明火设备		
（11）热油热交换系统	0.15～1.15	
（12）转动设备	0.50	
特殊工艺危险系数（F_2）		
工艺单元危险系数 $F_3=（F_1 \times F_2）$		
火灾、爆炸指数 $F\&EI=（F_3 \times MF）$		

将火灾爆炸危险指数（$F\&EI$）与安全补偿系数（C）相乘，得到采取安全措施后火灾爆炸指数和危险度。

确定补偿后的危险度及暴露面积：用火灾、爆炸指数值乘以 0.84 后查表得出单元的暴露区域半径 R（m），并计算暴露面积 A。$A=\pi \times R^2$。

5. 计算财产损失

（1）确定暴露区域内财产的更换价值：暴露区域内财产价值可由区域内含有的财产（包括在存的物料）的更换价值来确定。更换价值 = 原来成本 $\times 0.82 \times$ 增长系数。

（2）确定单元破坏系数：危害系数是由单元危险系数（F_3）和物质系数（MF）按单元危害系数计算图来确定的，它代表了单元中物料泄漏或反应能量释放所引起的火灾、爆炸事故的综合效应。确定危害系数时，如果 F_3 数值超过 8.0，也不能按单元危害系数计算图外推，按 $F_3=8.0$ 来确定危害系数。

（3）确定基本最大可能财产损失（*MPPD*）：基本最大可能财产损失是假定没有任何一种安全措施来降低损失。基本最大可能财产损失是由工艺单元危险分析汇总的数据相乘得到的。

（4）确定实际最大可能财产损失（*MPPD*）：表示在采取适当的（但不完全理想）防护措施后事故造成的财产损失。基本最大可能财产损失与安全措施补偿系数的乘积就是实际最大可能财产损失（实际 *MPPD*）。

6. 确定停产损失

（1）确定最大可能工作日损失（*MPDO*）：最大可能工作日损失 *MPDO* 可应用实际 MPPD 查图得出。

（2）由最大可能工作日损失可以估算出停产损失（*BI*）。$BI = VPM \times (MPDO/30) \times 0.70$。其中，*VPM* 为每月产值。

图 5-9 为道化学公司火灾、爆炸指数评价法评价要点示意图，图中给出了需要分析的内容和判断依据等所使用的环节。

三、方法应用

（一）实例

咸阳某商业储备油库于 2011 年 5 月建成并投入运营，占地面积 $253080m^2$，总建筑面积 $101798m^2$，共设有 7 个拱顶储罐，单罐设计库容 $100000m^3$，装满度 85%。油罐分区设置，每个分区设置 7 个油罐，单元分区内设有防火堤坝。罐区消防通道畅通，消防设施较齐全，设有独立和自动报警系统、自动喷水灭火系统和消防给水设施，储罐区有专用消火栓 34 个，消防水泡数量 38 门。为便于监控和管理，还设有消防控制中心，并进行联动监控，消防安全组织机构和消防管理制度健全。

首先将原油储罐物质储备情况统计见表 5-21。

表 5-21 原油储罐区物质储存情况

罐号	储存介质	储罐数量 座	单罐容积，m^3		工作温度 ℃	工作压力 MPa
			设计容积	装满度		
储罐	原油	7	100000	85	常温	常压

（1）选取工艺单元：根据评价步骤部分提出的六点原则，选取工艺单元为原油储罐区。

（2）准备评价表：根据评价步骤部分列举的评价列表准备表单。

（3）计算措施前危险性：根据评价步骤部分提出的计算内容进行计算：确定物质系数（*MF*）、计算火灾、爆炸指数（*F&EI*）和暴露区域面积（*S*）、确定暴露区域内的财产值、确定单元危险系数等逐步进行。

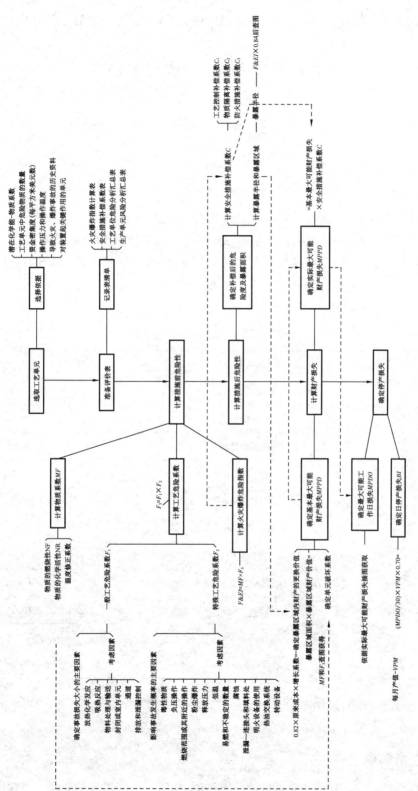

图 5-9 道化学公司火灾、爆炸危险指数评价法评价要点示意图

（4）计算措施后危险性：采取安全措施前后计算火灾、爆炸指数（F&EI）以及危险等级见表5-22。

表5-22 火灾爆炸指数（F&EI）及危险等级表

危险等级	最轻	较轻	中等	很大	非常大
	1～60	61～96	97～127	128～158	>159
F&EI			110.24		
F&EI	46.3				

（5）计算财产损失：根据评价步骤部分提出的步骤，确定基本最大可能财产损失 MPPD 和实际最大可能财产损失 MPPD，包括暴露区内的财产更换价值、单元破坏系数等。

（6）确定停产损失：通过评价步骤部分提出的步骤，确定最大可能工作日损失和日停产损失 BI。

工艺单元危险分析汇总表见表5-23。

表5-23 工艺单元危险分析汇总表

序号	内容	工艺单元
1	火灾、爆炸危险指数（F&EI）	110.24
2	危险等级	中等
3	补偿后的危险等级	最轻
4	暴露区域半径 R	28.22m
5	暴露区域面积 S	2500m²
6	暴露区域内财产价值	A
7	破坏系数 DF	0.63
8	基本最大可能财产损失（基本 MPPD）	0.63A
9	实际最大可能财产损失（实际 MPPD）	0.26A
10	最大可能停工天数（MPDO）	d
11	停产损失（BI）	0.032·d·VIP

根据安全评价结果，该油库未采用安全措施前的火灾、爆炸指数为110.24，危险等级为中级，采用安全措施之后的火灾、爆炸指数为46.3，危险等级属于最轻。

（二）注意事项

在应用道化学火灾、爆炸危险指数评价方法时，要注意评价单元的选取。选取评价单元时应重点考虑以下参数：物质系数；工艺单元中的危险物质的数量；资金密度；操作压力与操作温度；导致火灾、爆炸事故的历史资料；对装置操作起关键作用的设备。一般情况下，上述参数的数值越大，则该单元越需要评价。

四、方法参考资料

（1）美国道化学公司编. 火灾爆炸危险指数评价方法（第7版）（Dow's Fire and Explosion Index Hazard Classification Guide, 7th Ed.［M］.ISBN：978-0-8169-0623-9, 1994.6.）

（2）刘铁民, 张兴凯, 刘功智. 安全评价方法应用指南［M］.北京：中国石化出版社, 2005.4.

（3）张景林, 崔国璋. 安全系统工程［M］.北京：煤炭工业出版社, 2002.8.

（4）吴宗之, 高进东, 魏利军. 危险评价方法及其应用［M］.北京：冶金工业出版社, 2002.2.

（5）罗云等. 风险分析与安全评价［M］.北京：化学工业出版社, 2009.12.

（6）王凯全, 邵辉等. 危险化学品安全评价方法［M］.北京：中国石化出版社, 2005.5.

第四节 蒙德火灾爆炸毒性危险指数评价法（ICI Mond）

一、方法概述

蒙德火灾爆炸毒性危险指数评价法（简称 ICI Mond）是基于道化学法的，以物质系数为基础，并对特殊物质、一般工艺及特殊工艺的危险性进行修正，求出火灾、爆炸和毒性的危险指数，再根据指数大小分成4个等级，按等级要求采取相应对策的一种评价法。

1974年英国帝国化学工业公司（ICI）蒙德（Mond）部在道化学指数评价法的基础上引进了毒性概念，并发展了一些新的补偿系数，提出了"蒙德火灾、爆炸、毒性指标评价法"，该方法是最常用的危险指数评价法之一。

特点：蒙德法在对现有装置及计划建设装置的危险性研究中，尤其是在新设计项目的潜在危险评价时，有必要对道化学火灾爆炸指数评价法进行改进和补充。其中最重要的两个方面是：（1）引进了毒性的概念，将道化学公司的"火灾、爆炸指数"扩展到包括物质毒性在内的"火灾、爆炸、毒性指数"的初期评价。（2）发展了新的补偿系数，进行装置现实危险性水平再评价。

适用范围：ICI 蒙德火灾、爆炸毒性指标法在管道企业对装置潜在的危险性进行评价，适用于生产、储存和处理涉及易燃、易爆、有化学活性、有毒性的物质的工艺过程及其他有关工艺系统。

二、评价步骤

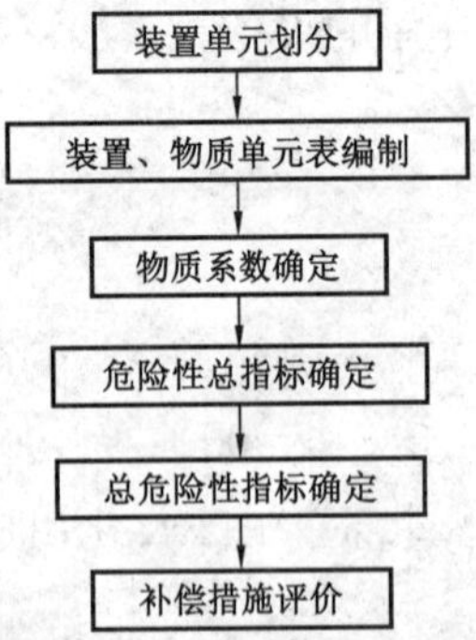

蒙德火灾爆炸毒性危险指数评价法评价流程如图 5-10 所示。

蒙德火灾爆炸毒性指数评价法的操作步骤：

1. 评价单元的确定

将装置划分为不同类型的一些单元就能对装置不同单元的危险特性进行评价。"单元"是装置的一个独立部分，而不是与装置在一起的其余部分，如有一定间距、挡火墙、防护堤等隔开的装置的一部分设施，也可作为单元。整个装置或装置的大部分就会带有其中最危险单元的特征。此外，通过单元划分，可对装置中最危险的单元向其他投资多的单元发生事故蔓延时的界限加以考虑。在选择装置的部分作为单元时，要注意邻近的其他单元的特征及是否存在有不同的特别工艺和有危险性物质的区域。

装置中具有代表性的单元类型有：原料贮区、供应区域、反应区域、产品蒸馏区域、吸收或洗涤区域、半成品贮区、产品贮区、运输装卸区、催化剂处理区、副产品处理区、废液处理区、通入装置区的主要配管桥区。此外，还有过滤、干燥、固体处理、气体压缩等，合适时也可将装置划分为适当的单元。

2. 装置、物质单元表编制

DOW/ICI 总指标等级表见表 5-24。

图 5-10 蒙德火灾爆炸毒性指数评价法程序
（装置单元划分 → 装置、物质单元表编制 → 物质系数确定 → 危险性总指标确定 → 总危险性指标确定 → 补偿措施评价）

表 5-24 DOW/ICI 总指标等级表

DOW/ICI 总指标 D 的范围	范畴
0～20	缓和的
20～40	轻度的
40～60	中等的
60～75	稍重的
75～90	重的
90～115	极端的
115～150	非常极端的
150～200	潜在灾难性
200 以上	高度灾难性

火灾负荷等级表见表 5-25。

表 5-25　火灾负荷等级表

火灾负荷, kJ/m²	范畴	预计火灾持续时间, h	备注
0～173000	轻	1/4～1/2	
173000～346000	低	1/2～1	住宅
346000～692000	中等	1～2	工厂
692000～1384000	高	2～4	工厂
1384000～3460000	非常高	4～10	对使用建筑物最大
3460000～6920000	强的	10～20	橡胶仓库
6920000～17300000	极端的	20～50	
17300000～34600000	非常极端的	50～100	

装置内部爆炸危险性等级见表 5-26。

表 5-26　装置内部爆炸危险性等级表

装置内部爆炸指标 E	范畴
0～1	轻
1～2.5	低
2.5～4	中等
4～6	高
6 以上	非常高

环境气体爆炸性指标等级见表 5-27。

表 5-27　环境气体爆炸性指标等级表

环境气体爆炸指标 A	范畴
0～10	轻
10～30	低
30～100	中等
100～500	高
500 以上	非常高

单元毒性指标等级见表 5-28。

表 5-28　单元毒性指标等级表

单元毒性指标 U	范畴
0～1	轻

单元毒性指标 U	范畴
1～3	低
3～5	中等
6～10	高
10 以上	非常高

主毒性事故指标等级见表 5-29。

表 5-29　主毒性事故指标等级表

主毒性事故指标 C	范畴
0～20	轻
20～50	低
50～200	中等
200～500	高
500 以上	非常高

总危险性评分等级见表 5-30。

表 5-30　总危险性评分等级表

总危险性评分	范畴
0～20	缓和
20～100	低
100～500	中等
500～1100	高（1 类）
1100～2500	高（2 类）
2500～12500	非常高
12500～65000	极端
65000 以上	非常极端

3. 物质系数的确定

1）选取单元内的重要物质

单元内往往有原料、中间产品、产品、副产品、催化剂、溶剂等多种物质的存在,这些物质的危险性潜能和在单元内的存在数量是不同的。选用不同的物质对单元的危险性进行评价,其评价结果是不同的。因此,在选择单元中以较多数量存在的、危险性潜能较大的物质作为单元内的重要物质对单元进行评价。

2)重要物质系数的确定

物质系数是指重要物质在标准状态(25℃,0.1MPa)下的火灾、爆炸或放出能量的危险性潜能的尺度。进行总效果计算时物质系数(MF)用符号 B 表示。

4. 危险性总指标确定

(1)特殊物质的危险性。

(2)一般工艺过程危险性。

(3)特殊工艺过程危险性。

(4)数量的危险性。

(5)布置上的危险性。

(6)毒性的危险性。

(7)初期评价结果的计算。

DOW/ICI 总指标 D 的计算见式(5-5)。

$$D = B\left(1 + \frac{M}{100}\right)\left(1 + \frac{P}{100}\right)\left(1 + \frac{S+Q+L}{100} + \frac{T}{100}\right) \quad (5-5)$$

5. 总危险性指数确定

火灾潜在性是指构成事故时火灾持续时间的预测值。评价火灾潜在性恰当的方法是以单位面积的燃烧热为基础,通过这种评价方法可以比较不同种类的建筑物的值,见式(5-6)。

$$R = D\left(1 + \frac{\sqrt{F \times U \times E \times A}}{1000}\right) \quad (5-6)$$

式中   D——DOW/ICI 总指标;

F——火灾负荷系数;

U——单元毒性系数;

E——爆炸指数;

A——空气爆炸指数。

6. 补偿措施评价

在设计中采取的安全措施分为降低事故率和降低严重度两种。后者是指一旦发生事故,可以减轻造成的后果和损失,因此对应于各项安全措施分别给出了抵消系数,使综合危险性指数下降。

采取的措施主要有改进容器设计(K_1)、加强过程的控制(K_2)、安全态度教育(K_3)、防火措施(K_4)、隔离危险的装置(K_5)、消防(K_6)等,每项都包括数项安全措施,根据其降低危险所起的作用给予小于1的补偿系数。各类安全措施补偿系数等于该类各项取值之积。见式(5-7)。

$$R_2=R_1 \times K_1 \times K_2 \times K_3 \times K_4 \times K_5 \times K_6 \qquad (5-7)$$

式中　R_1——未上补充措施的总危险性指数;

　　　K——改进容器设计等6个参数值。

图5-11为蒙德火灾爆炸毒性危险指数评价法的评价要点示意图,图中大致列举了该方法的计算参数和公式。

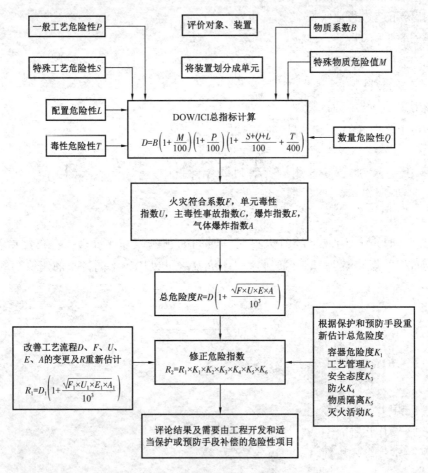

图5-11　蒙德火灾爆炸毒性危险指数评价要点

三、方法应用

(一)实例

在化工生产过程中,危险源辨识的范围主要有以下几方面:第一,工艺过程中的固有危险,包括一般工艺危险和特殊工艺危险。第二,易燃易爆、有害物质的反应、存储和运输。物料的化学、物理特性是构成危险的最基本因素,它是化学反应引起火灾爆炸时释放能量的潜在性。第三,能源、动力设备运行时的危险。第四,在役压力容器的危险性。第五,危险工业构筑物。第六,厂内生活设施中有发生火灾爆炸、中毒危险的场所。现评价环氧乙烷生产过程中的危险性,通过蒙德火灾爆炸毒性指数评价法对生产过程中存在危险源的部位或装置进行风险评估。

主要评价单元系数见表 5-31。

表 5-31 评价单元系数表

评价单元	B	M	P	S	Q	L	T	K	n	m	H	t	P
反应器单元	26	25	50	255	38	25	400	24	200	0	7	495	0
吸收住宅单元	26	150	10	155	27	150	400	9	300	0	10	309	0
解吸净化单元	26	150	10	150	30	150	400	9	300	0	10	309	0
废液处理单元	26	150	10	150	34	125	400	7	100	0	15	300	0

（1）装置单元划分:

依据表 5-31 划分为四个单元。

（2）装置、物质单元参数表编制:

依据表 5-31,计算表 5-24～表 5-30 类似表格。

（3）危险性总指标确定:

依据式（5-6）计算危险性总指标。

（4）总危险性确定:

依据式（5-7）确定总危险性指数。

根据以上步骤得出评价结果,见表 5-32。

表 5-32 评价结果表

评价单元	反应器单元	吸收装置单元	解吸净化单元	废液处置单元
DOW/ICI 总指标 D	252	380	382	367
	高度灾难性	高度灾难性	高度灾难性	高度灾难性
火灾负荷 F	218.373	122.384	122.384	31.846
	低	轻	轻	轻
内部爆炸指标 E	3.8	4.05	4.05	4.05
	中等	高	高	高
环境气体爆炸指标 A	43.36	29.28	32.54	53.71
	中等	低	中等	中等

评价单元	反应器单元	吸收装置单元	解吸净化单元	废液处置单元
单元毒性指标 U	15.2	16.2	16.2	16.2
	非常高	非常高	非常高	非常高
总危险系数 R	276	396	399	378
	中等	中等	中等	中等

（5）补偿措施评价：

参照式（5-7）计算补偿评价指标值，修正完后再根据结果用表5-30进行判断，然后决定下一步的对策。

（二）注意事项

该评价方法是以代表重要物质在标准状态下的火灾、爆炸或放出能量的危险性潜能的物质系数为基础，同时把引起火灾或爆炸的特殊物质性、取决于装置操作方式的一般工艺过程危险性、取决于操作条件和化学反应的特殊工艺过程危险性以及可燃物总量、布置危险性、毒性危险性等作为追加系数进行修正，计算出初期评价的火灾、爆炸、毒性总指标。还要进行采取安全对策措施加以补偿后的最终评价计算，计算出能够接近实际水平的各项危险指数值，划分期限危险程度。通常情况下，总危险性评分值在100以下（缓和、低）是能够接受的，而 R 值在100～1100之间，即中等和高（1类）两级，视为可以有条件地接受。对于总危险性评分 R 值在1100以上，即高（2类）等级以上的单元，必须考虑采取安全措施，并进一步对安全措施补偿计算。

四、方法参考资料

（1）张景林，崔国璋.安全系统工程［M］.北京：煤炭工业出版社，2002.8.

（2）刘铁民，张兴凯，刘功智.安全评价方法应用指南［M］.北京：中国石化出版社，2005.4.

（3）吴宗之，高进东，魏利军.危险评价方法及其应用［M］.北京：冶金工业出版社，2002.2.

（4）罗云等.风险分析与安全评价［M］.北京：化学工业出版社，2009.12.

（5）王凯全，邵辉等.危险化学品安全评价方法［M］.北京：中国石化出版社，2005.5.

第六章 常用风险评价方法比较及选用

风险评价是以实现系统安全为目的,在充分掌握资料的基础之上,运用安全系统工程原理和方法对系统中存在的风险因素进行辨识与分析,判断系统发生事故和职业危害的可能性及其严重程度,从而为制定防范措施和管理决策提供科学依据。

风险评价的内容相当丰富,评价的目的和对象不同,具体的评价内容和指标也不相同。对于高风险或大型、工艺复杂的用人单位,在进行危害辨识和风险评价时,宜采用系统风险分析及评价方法。系统风险分析及评价方法是对系统中的危险性、危害性进行分析评价的工具,目前已开发出数十种评价方法,每种评价方法的原理、目标、应用条件、适用的评价对象、工作量均不尽相同,各有其特点和优缺点。按其评价方法的特征一般可分为定性评价、半定量评价和定量评价。选用系统风险分析及评价方法时应根据对象的特点、具体条件和需要,以及评价方法的特点选用几种方法对同一对象进行评价,互相补充、分析综合、相互验证,以提高评价结果的准确性。

第一节 常用风险评价方法的比较

风险评价方法是保险、金融、航天、军工、化工等企业长期管理风险的工作成果,都有其适用范围和优缺点,因而,每一种方法都有其适用群体和环境。要想把这些方法都能为己所用,需要经过长时间的对方法的特点和属性的理解和使用的摸索。

一、风险评价方法的分类

风险评价方法分类的目的是为了根据风险评价对象选择适用的评价方法。风险评价方法的分类很多,常用的有按评价结果的量化程度分类法、按评价的推理过程分类法、按针对的系统性质分类法、按风险评价要达到的目的分类法等。

(一)按评价结果的量化程度分类法

按照风险评价结果的量化程度,风险评价方法可分为定性风险评价法和定量风险评价法。

1. 定性风险评价方法

定性安全评价可以按次序揭示系统、子系统中存在的所有危险,使用了系统工程方法,可以做到不漏项。定性风险评价方法主要是根据经验和直观判断能力对生产系统的工艺、设备、设施、环境、人员和管理等方面的状况进行定性的分析,风险评价的结果是一些定性的指标,如是否达到了某项安全指标、事故类别和导致事故发生的因素等。

定性风险评价方法还能大致把危险性进行重要程度的分类,分清轻重缓急,以便采取适当的安全措施。在工程设计之前使用这种方法,可以提醒人们选用较安全的工艺和原材料,在设计完成之后施工之前使用这种方法,可以查出设计缺陷,及早采取修正措施。它也可以帮助修订和修改有关安全操作的规章制度,作为安全教育的教材和进行安全检查的依据,并可为定量安全评价做好准备。

定性风险评价方法的特点是容易理解、便于掌握,评价过程简单。目前定性风险评价方法在国内外企业安全管理工作中被广泛使用。但定性风险评价方法往往依靠经验,带有一定的局限性,因为参加评价人员的经验和经历等有相当的差异。同时由于风险评价结果不能给出量化的危险度,所以不同类型的对象之间风险评价结果缺乏可比性。属于定性风险评价方法的有:安全检查表、启动前安全检查表法、工作前安全分析法、工作循环分析法、预先危险性分析法、故障类型和影响分析、危险可操作性研究、危害分析法、故障假设分析法、故障假设/检查表法和管理疏忽和风险树分析法等。

定性评价的方法有多种形式,可以根据需要选用,例如安全检查表法,它往往是发展中国家中、小企业进行安全检查和安全评价的常用手段,因为用它可以对系统的危险性进行系统的、不遗漏的检查,根据其结果可以做出系统安全性大小的大致评价。

2. 半定量风险评价方法

半定量风险评价方法的主要特点是简单灵活,而且是一种局部评价方法,可以依据系统层次按次序揭示系统、子系统和设备中的危险,并按照风险的可能性和严重性进行分类,以便根据轻重缓急采取安全措施,与其他定性方法和定量方法相比较具有更广泛的用途,是在系统、工程全周期过程中评价和管理风险的直接方法。

半定量风险评价方法大都建立在实际经验的基础上,以经验为主,合理打分,根据最后的分值或概率风险与严重度的乘积进行分级。由于其可操作性强且还能依据分值有一个明确的级别,因而也广泛用于地质、冶金、化工、电力和石油等领域。

该类方法不必建立精确的数学模型和计算方法,不必采用复杂的强度理论和昂贵的现代分析仪器等手段,而是在有经验的现场操作人员和专家意见的基础上,结合一些简单的公式进行打分评判,其评价的精确性取决于专家经验的全面性及划分影响因素的细致性、层次性。如半定量风险评价法中,打分检查表法的操作顺序同定性检查表法所述的检查表法一致,但在评价结果时不是用"是/否"来判断,而是根据标准的严与宽,给出标准分,根据实际的满足情况,打出具体分,即安全检查表的结果一栏被分成两栏,一栏是标准分,一栏是实得分。只要有了具体数值,就可以实现半定量评价。半定量评价法包括风险矩阵法、指标体系评价法、作业条件危险性评价法、保护层分析法和基于可靠性的维护等。美国保险协会制订的安全检查表,就曾把检查对象按其重要程度进行分类,列出评分数。如工厂选址占3.5%,平面布置占2%,构筑物占3.3%,原材料占20%,工艺流程占10.6%,单元装置和贮运占 4.4%，操作占 17%，设备占 30.7%，防灾措施占 8.5%，这样对检查结果进行评价时就不至于同等对待。

3.定量风险评价方法

定量风险评价方法是运用基于大量的实验结果和广泛的事故资料统计分析获得的指标或规律（数学模型），该类方法是建立在大量实验的基础上得出的数学模型，有着很强的可信度。对生产系统的工艺、设备、设施、环境、人员和管理等方面的状况进行定量的计算，风险评价的结果是一些定量的指标，如事故发生的概率、事故的伤害（或破坏）范围、定量的危险性、事故致因因素的事故关联度或重要度等。由于这种方法在评价过程中较为简单，针对性较强，所以在管道企业可用于工厂的选址、区域和土地使用决策、运输方案选择、优化设计、提供可接受的安全标准。如基于风险评估的设备检验技术（RBI）是在设备检验技术、失效分析技术、材料损伤机理研究、设备安全评估和计算机等技术发展的基础上产生的一种新的设备和管线检验及腐蚀管理技术。定量评价法包括事故树分析法、事件树分析法、可接受风险值法、定量风险评价法、人因可靠性分析法、安全完整性等级评估法、基于风险的检验和事故后果模拟分析法等。

（二）其他风险评价分类法

按照风险评价的逻辑推理过程，风险评价方法可分为归纳推理评价法和演绎推理评价法。归纳推理评价法是从事故原因推论结果的评价方法，即从最基本危险、有害因素开始，逐渐分析导致事故发生的直接因素，最终分析到可能的事故。演绎推理评价法是从结果推论原因的评价方法，即从事故开始，推论导致事故发生的直接因素，再分析与直接因素相关的因素，最终分析和查找出致使事故发生的最基本危险、有害因素。

按照风险评价要达到的目的，风险评价方法可分为事故致因因素风险评价方法、危险性分级风险评价方法和事故后果风险评价方法。事故致因因素风险评价方法是采用逻辑推理的方法，由事故推论最基本危险、有害因素或由最基本危险、有害因素推论事故的评价法，该类方法适用于识别系统的危险、有害因素和分析事故，这类方法一般属于定性风险评价法。危险性分级风险评价方法是通过定性或定量分析给出系统危险性的风险评价方法，该类方法适应于系统的危险性分级，该类方法可以是定性风险评价法，也可以是定量风险评价法。事故后果风险评价方法可以直接给出定量的事故后果，给出的事故后果可以是系统事故发生的概率、事故的伤害（或破坏）范围、事故的损失或定量的系统危险性等。

二、风险评价方法可分析出的结果

在风险评价中，由于评价目标不同，要求的评价最终结果是不同的，如查找引起事故的基本危险有害因素、由危险有害因素分析可能发生的事故、评价系统的事故发生可能性、评价系统的事故严重程度、评价系统的事故危险性、评价某危险有害因素对发生事故的影响程度等，因此需要根据被评价目标选择适用的风险评价方法。

在油气长输管道的全生命周期过程中，风险管理者在对管道系统的计划、实施、指挥和处置等环节实施分析、管理、操作会遇见各种需要关注的功能失效、管理缺陷、技术障碍、过程缺失、范围界定等问题，这些问题都不是明确地显露出来的，需要管理者采用不同的风险评价方法把它们识别出来。因此，对各类评价方法可能形成的结构有一个初步的了解，将有助于管理者能尽快将风险识别出来，找到解决问题的途径。各类方法可分析出的结果见表6-1。

表6-1　风险评价方法的分析结果表

方法名称	分析结果	方法名称	分析结果
安全检查表法（SCL）	管理偏差	保护层分析法（LOPA）	事故后果对应措施设计
启动前安全检查法（PSSR）	设备安装缺陷识别	基于可靠性的维护（RCM）	功能缺陷和性能失效
工作前安全分析（JSA）	危险作业步骤、动作差错	事故分析法（FTA）	事故基本原因、事故机理
工作循环分析（JCA）	工艺操作规程、动作缺陷	事件树分析法（ETA）	危害因素可能后果
预先危险性分析（PHA）	主要危险源	可接受风险值法（ALARP）	外部安全防护距离
故障类型与影响分析法（FMEA）	组件故障类型、失效模式	定量风险评价法（QRA）	事故影响范围
危险与可操作性分析法（HAZOP）	物质流节点	人因可靠性分析法（HRA）	人员对系统可靠性的影响
危害分析法（HAZID）	活动的重大危险源	安全完整性等级评估法（SIL）	仪表系统功能完整性
故障假设分析法（WIA）	可能出现的事故	基于风险的检验（RBI）	设备失效机理和模式
故障假设/安全检查表法（WI/CA）	工艺系统功能缺陷	事故后果模拟法（ACS）	事故后果影响范围及程度
管理疏忽与风险树（MORT）	管理缺陷	重大危险源辨识评价法	危险物质及临界量
RMEA（风险矩阵分析法）	主要风险及风险排序	易燃易爆有毒重大危险源评价法	危险源分级
指数体系评价法（IST）	危害因素严重度排序	道化学公司火灾、爆炸危险指数评价方法（DOW）	火灾爆炸影响范围
作业条件危险性评价法（LEC）	作业危险环境状况	蒙德火灾爆炸毒性指数评价法（ICI Monde）	火灾爆炸毒性影响范围

第二节　风险评价方法选用

选择合适的风险评估技术和方法，有助于组织及时高效地获取准确的评估结果、在具体实践中，风险评估的复杂及详细程度千差万别。风险评估的形式及结果与组织自身情况适合。

一、风险评价方法的选用原则

（一）分析的目的

选择识别方法应该满足对分析的要求。虽然系统安全分析的最终目的是识别危险源，但是在具体工作中可能还要求达到一些具体目的。例如，应用识别方法可能达到以下一个或多个目的：

（1）查明系统中所有的危险源。

（2）弄清危险源可能导致的事故。

（3）确定降低危险源的措施或需要深入研究的部位。

（4）危险源的重要度分析。

（5）为定量的风险评价提供分析方向。

（二）以风险类型为基础

有些识别方法更适合于某些类型的工艺过程或对象。例如，危险性和可操作性研究适用于识别化工类工艺过程；故障类型和影响分析适合于分析机械、电气系统。因此，应该根据被分析的类型选择适用的识别方法。

工艺过程中的操作类型影响事故发生的情况。有些类型的操作过程中事故的发生是由单一事故（或失误）引起的；另一些类型的操作过程中事故的发生可能是许多第二危险源共同起作用的结果。对于前一种情况，可以选择危险性与可操作性研究方法；对于后一种情况可以选择事件树分析、事故树分析等方法。

（三）可获取的资料

危险有害因素的识别者获取的资料多少、详细程度、新旧程序等都会影响选择识别方法。一般的，被识别对象所处的阶段对可能获取的资料有很大影响。例如，识别处于方案设计阶段的系统时，很难为危险性和可操作性研究或故障类型和影响分析找到足够详细的资料。随着系统年龄的增加，可获取的资料会越来越多，也越来越详细。

可能影响风险评估技术选择的资源和能力包括：

（1）风险评估团队的技能、经验及能力。

（2）信息和数据的可获取性。

（3）时间和组织内其他资源的限制。

（4）需要外部资源时的可用预算。

（四）对象的特点

被识别对象的复杂程度、规模、工艺类型、工艺过程中的操作类型、第一危险源的类型、第二危险源的类型以及事故等都会影响系统识别方法的选择。

随着对象复杂程度和规模的增加，有些方法需要的工作量和时间相应地增加，这种情况下严格用较简洁的方法进行筛选,确定识别的详细程度,再选择适当的识别方法。

风险本身经常具有复杂性的特征。例如,在复杂的系统中进行风险评估时,应对其系统总体进行评估,而不是孤立地对待系统中的每个部分,并忽视各部分之间的相互关系。在某些情况下,对某一风险采取应对措施可能会对其他活动产生影响。需要认识后果之间的相互影响和风险之间的相互依赖关系,以确保在管理一个风险时,不会导致在其他地方产生不可容忍的风险。理解组织中单个或多个风险组合的复杂性,对于选择适当的风险评估技术和方法至关重要。

(五)对象的危险性

当对象的危险性较高时,识别者、管理者倾向于采取系统的、严格的、预测性的方法,如危险性与可操作性研究、故障类型和影响分析、事件树分析、事故树分析等方法。反之,则倾向于采取经验的、不太详细的分析方法,如检查表法等。

(六)其他

影响选择系统危险有害因素识别方法的其他因素包括识别者的知识、经验、完成时间和经费支持、识别者和管理者喜好等。

二、风险评价方法的适用性

(一)方法适用的阶段

在油气管道全生命周期过程中,方法的选择首先决定于风险管理者需要对系统风险的了解程度,这些除了风险管理者对能够获取的资料详尽程度、技术支撑团队的技术水平、风险管理经验的成熟度外,还取决于风险管理者对识别系统的分解程度和对风险评价方法的适用性掌握程度。表6-2给出了风险评价方法特征及适用范围的对比。

表6-2　风险评价方法特征及适用范围对比表

序号	方法	定性或定量	分析法或评价法	应用条件	适用阶段	事故情况	事故频率	事故后果	危险分级	经济性	标准或法规	有无软件
1	安全检查表法	定性	分析法	熟练掌握方法,熟悉系统,有丰富知识和良好的判断能力	所有阶段	分析	不分析	不分析	不分级	费用低	有	否
		半定量										
2	启动前安全检查法	定性	评价法	要熟悉系统结构、设备设施性能和功能的专家参与,评价人员要熟悉相关规范	施工、运行阶段	不分析	不分析	分析	分级	费用低	有	否

续表

序号	方法	定性或定量	分析法或评价法	应用条件	适用阶段	评价分析内容				经济性	标准或法规	有无软件
						事故情况	事故频率	事故后果	危险分级			
3	工作前安全分析法	定性	评价法	分析评价人员作业步骤和危险因素,有丰富的知识和实践经验	施工、运行阶段	不分析	不分析	分析	分级	费用低	有	否
4	工作循环分析法	定性	评价法	分析评价人员熟悉系统,有丰富的知识和实践经验	运行阶段	不分析	不分析	分析	分级	费用低	有	否
5	预先危险性分析	定性	评价法	分析评价人员熟悉系统,有丰富的知识和实践经验	预评价阶段	不分析	不分析	分析	分级	费用低	否	否
6	故障类型和影响分析法	定性	分析法	分析评价人员熟悉系统,有丰富的知识和实践经验,能编制分析表格	预评价和现状及专项评价	分析	分析	分析	分级	费用低	否	否
7	危险与可操作性研究分析法	定性	分析法	分析评价人员熟悉系统,有丰富的知识和实践经验	所有阶段	分析	分析	分析	分级	费用低	否	否
8	危害分析法	定性	评价法	分析评价人员熟悉系统,能做危害因素分解,有丰富的知识和实践经验	所有阶段	分析	分析	分析	分级	费用低	否	否
9	故障假设分析法	定性	分析法	分析评价人员熟悉系统,能做危害因素分解,有丰富的知识和实践经验	所有阶段	分析	分析	分析	分级	费用低	有	否
10	故障假设/检查表法	定性	分析法	分析评价人员熟悉系统,能做危害因素分解,有丰富的知识和实践经验	所有阶段	分析	分析	分析	分级	费用低	有	否
11	管理疏忽和风险树分析	定性	分析法	分析评价人员,熟悉系统,有丰富的知识和实践经验	所有阶段	分析	不分析	分析	不分级	费用较低	否	否
12	风险矩阵分析法	半定量	评价法	分析评价人员熟悉系统,有丰富的知识和实践经验	所有阶段	分析	分析	分析	分级	费用低	否	否

序号	方法	定性或定量	分析法或评价法	应用条件	适用阶段	评价分析内容				经济性	标准或法规	有无软件
						事故情况	事故频率	事故后果	危险分级			
13	指标体系评价法	半定量	评价法	分析评价人员熟悉系统,有丰富的知识和实践经验	运行阶段	分析	分析	分析	分级	费用低	有	否
14	作业条件危险性评价法	半定量	评价法	分析评价人员熟悉系统,对安全生产有丰富知识和实践经验	施工、运行阶段	分析	分析	分析	分级	费用低	否	否
15	保护层分析法	半定量	分析法	分析评价人员,熟悉系统,有丰富的知识和实践经验	可行性研究至初步设计阶段	分析	分析	分析	不分级	费用高	否	否
16	基于可靠性的维护	半定量	分析法	熟练掌握系统结构和组件失效模式,依靠大量的统计数据和实验数据	所有阶段	分析	分析	不分析	分级	费用较高	是	否
17	事故树分析法	定量	分析法	熟练掌握方法和事故、基本事件间的联系,有基本事件概率	所有阶段	分析	分析	不分析	分级	费用较高	否	否
18	事件树分析法	定量	分析法	熟悉系统、元素间的因果关系,有各事件发生概率	所有阶段	分析	分析	分析	分级	费用较低	否	否
19	可接受风险值分析法	定量	分析法	分析评价人员,熟悉系统,有丰富的知识和实践经验	所有阶段	分析	分析	分析	分级	费用高	是	否
20	定量风险评价法	定量	评价法	分析评价人员,熟悉系统,有丰富的知识和实践经验,要求分析完整和数据充足	预评价和现状及专项评价	分析	分析	分析	分级	费用高	否	否
21	人因可靠性分析	定量	评价法	分析评价人员,熟悉系统,有丰富的知识和实践经验,要求分析人机系统工程	预评价和现状及专项评价	分析	分析	分析	分级	费用高	否	否

续表

序号	方法	定性或定量	分析法或评价法	应用条件	适用阶段	评价分析内容				经济性	标准或法规	有无软件
						事故情况	事故频率	事故后果	危险分级			
22	完整性等级评价	定量	分析法	分析评价人员,熟悉系统,有丰富的知识和实践经验	施工验收和现状评价及专项评价	分析	分析	分析	分级	费用高	有	有
23	基于风险的检验	定量	分析法	熟练掌握方法,熟悉系统,有丰富的知识和良好的判断能力	运行阶段	分析	分析	分析	分级	费用高	有	有
24	事故后果模拟分析评价法	定量	评价法	熟练掌握方法,熟悉系统,有丰富的知识和良好的判断能力	所有阶段	分析	分析	分析	分级	费用高	否	有
25	重大危险源辨识评价技术	定量	评价法	熟练掌握方法,熟悉系统,有丰富的知识和良好的判断能力	所有阶段	分析	不分析	分析	分级	费用低	有	否
26	易燃、易爆、有毒重大危险源评价法	定量	评价法	分析评价人员,熟悉系统,有丰富的知识和实践经验	所有阶段	分析	分析	分析	分级	费用高	否	否
27	道化学公司火灾、爆炸危险指数评价方法	定量	评价法	熟练掌握方法,熟悉系统,有丰富的知识和良好的判断能力	预评价和现状及专项评价	分析	分析	分析	分级	费用高	否	有
28	蒙德法	定量	评价法	熟练掌握方法,熟悉系统,有丰富的知识和良好的判断能力	预评价和现状及专项评价	分析	分析	分析	分级	费用高	否	有

(二)生命阶段适用的方法推荐

根据近 20 年对油气输送系统全生命周期建设过程中涉及的评价方法的应用情况和相关标准规范对评价方法的适用范围的介绍,形成风险评价方法特征及适用范围对比表,见表 6-3。

表 6-3　油气管道生命周期风险识别方法

生命阶段	关注焦点	风险类型	方法类别	风险评价方法		
				国外	国内	综合
设计	(1)安全预评价、职业卫生评价、环境影响评价； (2)HSE"三同时"要求； (3)辨识与分析危险、有害因素；危险有害物质分析，风险设施识别和分析，风险事故类型分析。事故造成的人身安全与环境影响损害程度； (4)确定其与安全生产法律法规、规章、标准、规范的符合性； (5)确定项目安全环保风险的可接受水平。提出科学、合理、可行的安全对策措施建议	工艺选型风险； 设备设施选型风险； 材质选型风险； 线路选线风险； 地质勘察风险； 工艺危害风险。	识别方法	SCL（安全检查表法）； HAZID（危害分析法）	SCL（安全检查表法）	SCL（安全检查表法）； HAZID（危害设别法）； WI/CA（故障假设/安全检查表法）； 重大危险源辨识法
			分析方法	PHA（预先危险性分析法）； FMEA（故障类型与影响分析法）； FTA（事故树分析法）； ETA（事件树分析法）； HAZOP（危险与可操作性分析法）； HRA（人因可靠性分析）； PEM（物理效应建模）； EERA（逃生、撤离和救援分析）	PHA（预先危险性分析法； 日本六阶段法； FTA/ETA（事故/事件树分析法）； HAZOP（危险与可操作性分析法）	PHA（预先危险性分析法）； FMEA（故障类型与影响分析法）； FTA/ETA（事故/事件树分析法）； HAZOP（危险与可操作性分析法）； HRA（人因可靠性分析）； PEM（物理效应建模）； EERA（逃生、撤离和救援分析）
		火灾爆炸风险； 自然灾害风险； 地质灾害风险； 职业卫生风险； 应急逃生风险； 环境污染风险； 社会风险； 政策法律风险	评价方法	QRA（定量风险评价法）； SIL（安全完整性等级评估法）； ACS（事故后果模拟法）	IST（指数体系评价法）； DOW/ICI Mond（道化学/蒙德法）； QRA（定量风险评价法）； ACS（事故后果模拟法）； 管道风险评价法	KENT/IST（肯特/指数法）； 道化学/蒙德法； QRA（定量风险评价法）； ACS（事故后果模拟法）； SIL（安全完整性等级评估法）； 管道风险等级评估法
			控制方法	LOPA（保护层分析法）； 防错法	LOPA（保护层分析法）	LOPA（保护层分析法）； 防错法

续表

生命阶段	关注焦点	风险类型	方法类别	风险评价方法 国外	国内	综合
施工	（1）安全验收评价；（2）HSE"三同时"；（3）管理措施、规章制度、应急预案；（4）确定建设项目满足安全生产法律法规、标准、规范要求的符合性；（5）必要的应急环境监测仪器设备的配备情况	组织管理风险；质量风险；行为责任风险；人员伤亡风险；作业风险；电气触电风险；功能安全风险；地质灾害风险；自然灾害风险；信息安全风险；第三方破坏风险；"三废"排放环境污染风险	识别方法	SCL（安全检查表法）；PSSR（启动前安全检查法）；JSA（工作前安全分析法）	SCL（安全检查表法）；PSSR（启动前安全检查法）；JSA（工作前安全分析法）；WI/CA（故障假设/安全检查表法）；重大危险源辨识法	SCL（安全检查表法）；PSSR（启动前安全检查法）；JSA（工作前安全分析法）；JCA（工作循环分析法）；WI/CA（故障假设/安全检查表法）；重大危险源辨识法
			分析方法	PHA（预先危险性分析法）；FTA/ETA（事故/事件树分析法）；CBA（成本效益分析法）	PHA（预先危险性分析法）；FTA/ETA（事故/事件树分析法）	PHA（预先危险性分析法）；FTA/ETA（事故/事件树分析法）；CBA（成本效益分析法）
			评价方法	LEC（作业条件危险性评价法）；矩阵	LEC（作业条件危险性评价法）；RMEA（风险矩阵分析法）	LEC（作业条件危险性评价法）；RMEA（风险矩阵分析法）
运行	（1）安全现状评价、专项安全评价；（2）管道站场的完整性；（3）识别可能诱发管道事故风险具体事件的位置及状况，确定事件发生的可能性和后果，放风险评估的结果进行排序，采取各种措施分级管控，将存在合理、可接受的范围内；（4）生产和施工"三废"排放，严格控制工业噪声，生产粉尘和有毒物质泄漏	管道设备失效风险；机械安全风险；功能安全风险；人员误操作风险；管理疏忽风险；人身伤亡风险；职业健康风险；作业风险；火灾爆炸风险；地质灾害风险；自然灾害风险；腐蚀泄漏风险；电气触电风险；信息安全风险；第三方破坏风险；"三废"排放环境污染风险	识别方法	SCL（安全检查表法）；JHA（工作危害分析法）	SCL（安全检查表法）；JSA（工作前安全分析法）；PSSR（启动前安全检查法）；JCA（工作循环分析法）；重大危险源辨识法	SCL（安全检查表法）；JSA（工作前安全分析法）；PSSR（启动前安全检查法）；JCA（工作循环分析法）；重大危险源辨识法
			分析方法	HAZOP（危险与可操作性分析法）；FMEA（故障类型与影响分析法）；MORT（管理疏忽风险树）；HRA（人员可靠性分析法）；SIL（安全完整性等级评估法）	HAZOP（危险与可操作性分析法）；FMEA（故障类型与影响分析法）；FTA/ETA（事故/事件树分析法）	HAZOP（危险与可操作性分析法）；FMEA（故障类型与影响分析法）；FTA/ETA（事故/事件树分析法）；MORT（管理疏忽风险树）；HRA（人员可靠性分析法）；SIL（安全完整性等级评估法）

续表

生命阶段	关注焦点	风险类型	方法类别	风险评价方法		
				国外	国内	综合
运行	（1）安全现状评价、专项安全评价；（2）管道站场的完整性；（3）识别可能诱发管道事故风险具体事件的位置及状况,确定事件发生的可能性和后果,按风险评估的结果进行排序,实施分类分级缓解措施,采取各种风险减缓措施,将风险控制在合理、可接受的范围内；（4）生产和施工"三废"排放,严格控制工业噪声,生产粉尘和有毒有害物质泄漏	管道设备失效风险；机械安全风险；功能安全风险；人员误操作风险；管理疏忽风险；人身伤亡风险；职业健康风险；作业风险；火灾爆炸风险；地质灾害风险；自然灾害风险；腐蚀泄漏风险；电气触电风险；信息安全风险；第三方破坏风险；"三废"排放污染风险；环境污染风险	评价方法	QRA（定量风险评价法）；RMEA（风险矩阵分析法）	QRA（定量风险评价法）；RMEA（风险矩阵分析法）；DOW/ICI Mond（道化学/蒙德法）	KENT/IST（肯特/指数法）；LEC（作业条件危险性评价法）；QRA（定量风险评价法）；RMEA（风险矩阵分析法）；DOW/ICI Mond（道化学/蒙德法）
			检验方法	RCM（基于可靠性的维护）；RBI（基于风险的检验）	RBI\RCM（基于风险的检查和维护）	RCM（基于可靠性的维护）；RBI（基于风险的检验）；SIL（安全完整性等级评估法）
处置	（1）设备设施内残存危害物质残留；（2）停用闲置拆除是否会产生新风险,生物反应或潜在风险,是否会产生新的危害产生可能性；（3）资源再利用,废物处置符合国家相关标准规范；（4）安全环境突发事件的应急管理	管理疏忽风险；人身伤亡风险；职业健康风险；作业风险；火灾爆炸风险；腐蚀泄漏风险；电气触电风险；第三方破坏风险；三废排放风险；环境污染风险	识别方法	SCL（安全检查表法）；HAZID（危害分析法）；JHA（工作危害分析法）	SCL（安全检查表法）；PSSR（启动前安全检查法）；JSA（工作前安全分析法）	SCL（安全检查表法）；HAZID（危害分析法）；PSSR（启动前安全检查法）；JSA（工作前安全分析法）；重大危险源辨识法
			分析方法	PHA（预先危险性分析法）；CBA（成本效益分析法）	HAZOP（危险与可操作性分析法）	PHA（预先危险性分析法）；HAZOP（危险与可操作性分析法）；CBA（成本效益分析法）
			评价方法	RMEA（风险矩阵分析法）	RMEA（风险矩阵分析法）	RMEA（风险矩阵分析法）

三、风险评价方法选用步骤

在选择风险评价方法时,应首先详细分析被评价的系统,明确通过风险评价要达到的目标,即通过风险评价需要给出哪些、什么样的风险评价结果;然后收集尽量多的风险评价方法;将风险评价方法进行分类整理;明确被评价的系统能够提供的基础数据、工艺和其他资料;最后根据风险评价要达到的目标以及所需的基础数据、工艺和其他资料,选择适用的风险评价方法。风险评价方法的选择过程如图 6-1 所示。

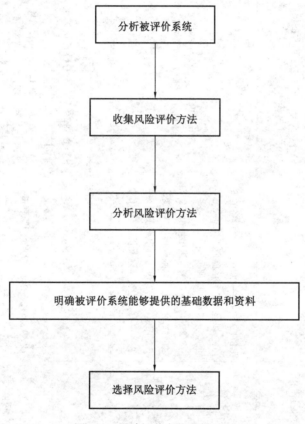

图 6-1 风险评价方法选择过程

四、风险评价方法参考的标准规范

针对以上风险评价方法在现场应用的解析、应用实例的解释,可以得到这 28 套评价方法的应用方面的实践知识。其中,有的评价方法已经形成了标准规范,表 6-4 提供了相关评价方法的标准规范名录,可以帮助读者更加详细地了解相关方法的技术内涵。

表6-4 风险识别过程方法标准表

方面	国际标准	国家标准	行业标准	中国石油天然气集团公司企业标准
风险辨识	ISO 17776：2003《石油和天然气工业：海上开采装置 危险识别和风险评估用方法和技术指南》	GB/T 23694—2013《风险管理 术语》	SY/T 6631—2005《危害辨识、风险评价和风险控制推荐作法》；SY/T 6653—2013《基于风险的检验（RBI）推荐作法》	Q/SY 1364—2011《危险与可操作性分析技术指南》；Q/SY 1420—2011《油气管道站场危险与可操作性分析指南》
风险分析	ISO 14971：2000《医疗器械风险管理对医疗器械的应用》；ISO/TR 11633-1：2000《卫生信息学 医疗设备及医疗信息系统的远程维护用信息安全管理 第1部分：要求和风险分析》	GB/T 22696.2—2008《电气设备的安全 风险评估和风险降低 第2部分：风险分析和风险评价》；GB/T 20879—2007《进出境植物和植物产品有害生物风险分析技术要求》；GB/T 21658—2008《进出境植物和植物产品有害生物风险分析工作指南》	YY 0316—2008《医疗器械风险管理 第1部分：风险分析的应用》	Q/SY 1646—2013《定量风险分析导则》
风险评估	ISO/IEC 31010：2009《风险管理 风险评估技术》	GB/T 27512—2011《风险评估方法》；GB/T 27921—2011《风险管理 风险评估技术》	SY/T 6859《油气输送管道风险评价导则》；SY/T 6891.1—2012《油气管道风险评价方法 第1部分：半定量评价法》；AQ/T 3046—2013《化工企业定量风险评价导则》；HJ/T 169—2004《建设项目环境风险评价技术导则》	Q/SY 1265—2010《输气管道环境及地质灾害风险评估方法》；Q/SY 1343—2010《信息安全风险评估实施指南》；Q/SY 1356—2010《风险评估规范》；Q/SY 1481—2012《输气管道第三方损坏风险评估半定量法》；Q/SY 1594—2013《油气管道站场定量化风险评价（QRA）导则》；Q/SY 1599—2013《在役盐穴地下储气库风险评价导则》；Q/SY 1646—2013《定量风险分析导则》

续表

方面	国际标准	国家标准	行业标准	中国石油天然气集团公司企业标准
风险控制	ISO 31000：2009《风险管理原则和实施指南》；ISO 13335.4《信息技术安全管理指南 防护措施的选择》；ISO/TS 22367：2008《医学实验室 通过风险管理和不断改进的方式减少误差》	GB/T 24353—2009《风险管理 原则与实施指南》；GB/T 21714.2—2008《雷电防护 第2部分：风险管理》；GB 22696—2008《电气设备的安全风险评估和风险降低》	SY/T 6631—2005《危害辨识、风险评价和风险控制推荐作法》；SY/T 11444—2012《电子信息行业危险源辨识、风险评价和风险控制要求》	
风险检验	SAE JA1011：1999《基于可靠性维护的评价标准 Evaluation Criteria for Reliability-Centered Maintenance（RCM）Processes》	GB/T 20172—2006《石油天然气工业设备可靠性和维修数据的采集与交换》；GB/T 29167—2012《石油天然气工业 管道输送系统 基于可靠性的极限状态方法》；GB/T 26610.1—2011《承压设备系统 基于风险的检验实施导则 第1部分：基本要求和实施程序》	SY/T 6714—2008《基于风险检验的基础方法》；SY/T 6155—1995《石油装备可靠性考核评定编制导则》；SY/T 10007—1996《海底管道稳定性设计》	
项目安全	IEC 62198：2001《项目风险管理应用指南》	GB/T 20032—2005《项目风险管理应用指南》；GB/T 19016—2005《质量管理体系 项目质量管理指南》；GB/T 30339—2013《项目后评价实施指南》；GB/T 50326—2006《建设工程项目管理规范》	AQ/T 3033—2010《化工建设项目安全设计管理导则》；HG/T 20705—2009《石油和化学工业工程建设项目管理规范》；建标114—2009《输油管道工程项目建设标准》；建标115—2009《输气管道工程项目建设标准》；建标119—2009《石油储备库工程项目建设标准》	

续表

方面	国际标准	国家标准	行业标准	中国石油天然气集团公司企业标准
危险评价		GB 13690—2009《化学品分类和危险性公示通则》； GB 18218—2009《危险化学品重大危险源辨识》； GB/T 25444.7—2010《移动式和固定式近海设施 电气装置 第7部分：危险区域》	SY/T 6776—2010《海上生产设施计和危险性分析推荐作法》； SY/T 6519—2010《易燃液体、气体或蒸气的分类及电气设备安装危险区的划分》； AQ 3018—2008《危险化学品储罐区作业安全通则》； AQ 3035—2010《危险化学品重大危险源 安全监控通用技术规范》； HG 20660—2000《压力容器中化学介质毒性危害和爆炸危险程度分类》	Q/SY 1131—2013《重大危险源分级规范》； Q/SY 1523—2012《危险源早期辨识技术指南》
机械安全	DIN EN ISO 14121-1：2007《机械安全 风险评估 第1部分：原理》； ISO 13849.1：2006《机械安全 控制系统的相关安全部分 第1部分：设计用一般原理》； DIN EN 981：2009《机械安全 声光报警信号和信息信号系统》； DIN EN 1005-5：2007《机械安全 人体特性 第5部分：高频重复搬运的风险评估》；	GB/T 8196—2003《机械安全 防护装置 固定式和活动式防护装置设计与制造一般要求》； GB/T 15706—2012《机械安全 设计通则 风险评估与风险减小》； GB/T 16855.1—2008《机械安全控制系统有关安全部件 第1部分：设计通则》； GB/T 16856—2015《机械安全 风险评估 实施指南和方法举例》； GB/T 18569.1—2001《机械安全 减小由机械排放的危害性物质对健康的风险 第1部分：用于机械制造商的原则和规范》；		

续表

方面	国际标准	国家标准	行业标准	中国石油天然气集团公司企业标准
机械安全	DIN EN 12198-1:2008 《机械安全 机械辐射的风险评估和降低 第1部分:一般原则》; DIN EN 12198-2:2008 《机械安全 机械辐射的风险评估和降低 第2部分:辐射发出测量程序》; DIN EN 81-1:2010 《升降机施工和安装的安全规则 第1部分:电动升降机》;	GB/T 18569.2—2001 《机械安全 减小由机械排放的危害性物质对健康的风险 第2部分:产生验证程序的方法学》; GB/T 18831—2010 《机械安全 带防护装置的联锁装置设计和选择原则》; GB/T 26118.1—2010 《机械安全 机械辐射产生的风险的评价与减小 第1部分:通则》; GB/T 26118.2—2010 《机械安全 机械辐射产生的风险的评价与减小 第2部分:辐射排放的测量程序》; GB/T 26118.3—2010 《机械安全 机械辐射产生的风险的评价与减小 第3部分:通过衰减或屏蔽减小辐射》;		
功能安全	DIN EN 50495:2010 《与爆炸风险相关的设备的安全性功能必需的安全设备》; DIN EN 61508 Bb.1:2005 《电气/电子/可编程序电子安全相关系统的功能安全性 第0部分:功能安全性和IEC 61508》; DIN EN 61511-1:2005 《功能安全 加工工业部门用安全仪表化系统 第1部分:框架、定义、系统、硬件和软件要求》;	GB/T 20438.1—2006 《电气/电子/可编程电子安全相关系统的功能安全 第1部分:一般要求》; GB/T 20438.2—2006 《电气/电子/可编程电子安全相关系统的功能安全 第2部分:电气/电子/可编程电子安全相关系统的要求》; GB/T 20438.5—2006 《电气/电子/可编程电子安全相关系统的功能安全 第5部分:确定安全完整性等级的方法示例》;		

续表

方面	国际标准	国家标准	行业标准	中国石油天然气集团公司企业标准
功能安全	DIN EN 61511-2：2005《功能安全 加工工业部门用安全仪表化系统 第2部分：IEC 61511-1的应用指南》; DIN EN 61511-3：2005《功能安全 加工工业部门用安全仪表化系统 第3部分：所要求的安全完整性等级的测定指南》	GB/T 20438.6—2006《电气/电子/可编程电子安全相关系统的功能安全 第6部分：GB/T 20438.2和GB/T 20438.3的应用指南》; GB/T 20438.7—2006《电气/电子/可编程电子安全相关系统的功能安全 第7部分：技术和措施概述》; GB/T 21109.1—2007《过程工业领域 安全仪表系统的功能安全 第1部分：框架、定义、系统、硬件和软件的要求》; GB/T 21109.2—2007《过程工业领域 安全仪表系统的功能安全 第2部分：GB/T 21109.1的应用指南》; GB/T 21109.3—2007《过程工业领域 安全仪表系统的功能安全 第3部分：确定要求的安全完整性等级的指南》; GB 28526—2012《机械电气安全 安全相关电气、电子和可编程电子控制系统的功能安全》		
安全防护	ISO 13335.4《信息技术安全管理指南—防护措施的选择》	GB 16895.2—2005《建筑物电气装置 第4-42部分：安全防护 热效应保护》; GB 16895.5—2012《低压电气装置 第4-43部分：安全防护 过电流保护》; GB/T 16895.10—2010《低压电气装置 第4-44部分：安全防护 电压骚扰和电磁骚扰防护》; GB/T 1831—2010《机械安全 带防护装置的联锁装置设计和选择原则》; GB/T 20801.6—2006《压力管道规范 工业管道 第6部分：安全防护》	GA 267—2000《计算机信息系统雷电电磁脉冲安全防护规范》; SY/T 6277—2005《含硫油气田硫化氢监测与人身安全防护规程》; SY/T 6186—2007《石油天然气管道安全规程》; AQ 2012—2007《石油天然气安全规程》; SY/T 5536—2016《原油管道运行规程》; SY/T 6652—2006《成品油管道输送安全规程》	Q/SY 1490—2012《油气管道安全防护规范》

续表

方面	国际标准	国家标准	行业标准	中国石油天然气集团公司企业标准
工艺安全		GB 6514—2008《涂装作业安全规程 涂漆工艺安全及其通风净化》；GB 7692—2012《涂装作业安全规程 涂漆前处理工艺安全及其通风净化》；GB 12367—2006《涂装作业安全规程 静电喷漆工艺安全》；GB 15607—2008《涂装作业安全规程 粉末静电喷涂工艺安全》；GB/T 24737.1~9—2012《工艺管理导则》	AQ/T 3034—2010《化工企业工艺安全管理实施导则》；YS/T 3019—2013《氰化堆浸提金工艺安全生产技术规范》	Q/SY 1362—2011《工艺危害分析管理规范》；Q/SY 1363—2011《工艺安全信息管理规范》
管道完整性	DIN CEN/TS 15173：2006 燃气供应系统 关于管道完整性管理系统(PIMS)的参考框架	GB 32167—2015《油气输送管道完整性管理规范》	SY/T 6621—2005《输气管道系统完整性管理规范》；NB/T 20013—2010《含缺陷核承压设备完整性评定》；SY/T 6648—2006《危险液体管道的完整性管理》	Q/SY 1180.3—2009《管道完整性管理规范 第3部分：管道风险评价导则》；Q/SY 1481—2012《输气管道第三方损坏风险评估半定量法》
泄漏危险	DIN EN 13184：2001《无损检测 压力改变法 渗漏试验》；DIN EN 1779：1999《无损检验 泄漏检验 选择检验方法和检验技术的标准》；DIN EN 1318：2001《无损检测 渗漏试验 痕量气体法》	GB/T 12604.7—2014《无损检测术语 泄漏检测》	SY/T 6830—2011《输油站场管道和储罐泄漏的风险管理》；NB/T 47013.8—2012《承压设备无损检测 第8部分：泄漏检测》；GA/T 970—2011《危险化学品泄漏事故处置行动要则》；CJJ/T 215—2014《城镇燃气管网泄漏检测技术规程》	

续表

方面	国际标准	国家标准	行业标准	中国石油天然气集团公司企业标准
人类工效学	ISO 15265：2004《热环境的人类工效学 热工作环境中压力或不适感预防的风险评估策略》	GB/T 1251.1—2008《人类工效学 公共场所和工作区域的险情信号 险情听觉信号》； GB/T 1251.2—2006《人类工效学 险情视觉信号 一般要求、设计和检验》； GB/T 1251.3—2008《人类工效学 险情和信息的视听信号体系》； GB/T 22188.1—2008《控制中心的人类工效学设计 第1部分：控制中心的设计原则》； GB/T 22188.2—2010《控制中心的人类工效学设计 第2部分：控制套室的布局原则》； GB/T 22188.3—2010《控制中心的人类工效学设计 第3部分：控制室的布局》		
作业安全		GB 8958—2006《缺氧危险作业安全规程》； GB 12942—2006《涂装作业安全规程 有限空间作业技术要求》（已废止）； GB 7691—2003《涂装作业安全规程 安全管理通则》	AQ/T 5209—2011《涂装作业危险有害因素分类》； AQ 3028—2008《化学品生产单位受限空间作业安全规范》； HG 23013—1999《厂区盲板抽堵作业安全规程》（已废止）； AQ 3025—2008《化学品生产单位高处作业安全规范》； HG 30013—2013《生产区域高处作业安全规范》（已废止）；	Q/SY 95—2011《油气管道储运设施受限空间作业安全规程》； Q/SY 164—2007《汽车罐车成品油、液化石油气装卸作业安全规程》； Q/SY 165—2007《油罐人工清洗作业安全规程》； Q/SY 1236—2009《高处作业安全管理规范》； Q/SY 1241—2009《动火作业安全管理规范》；

续表

方面	国际标准	国家标准	行业标准	中国石油天然气集团公司企业标准
作业安全		GB 8958—2006《缺氧危险作业安全规程》； GB 12942—2006《涂装作业安全技术要求 有限空间作业安全技术规程》（已废止）； GB 7691—2003《涂装作业安全管理通则》	AQ 3021—2008《化学品生产单位吊装作业安全规范》； HG 30014—2013《生产区域吊装作业安全规范》（已废止）； AQ 3023—2008《化学品生产单位动土作业安全规范》； AQ 3024—2008《化学品生产单位断路作业安全规范》； HG 30016—2013《生产区域动土作业安全规范》； HG 30017—2013《生产区域设备检修作业安全规范》（已废止）； SY 6516—2010《石油工业电焊焊接作业安全规程》； AQ 3010—2007《加油站作业安全规范》； AQ 3018—2008《危险化学品储罐区作业安全通则》； SY 6516—2010《石油工业电焊焊接作业安全规程》； SY 6554—2011《石油工业带压开孔作业安全规范》； AQ 3022—2008《化学品生产单位动火作业安全规范》； AQ 3027—2008《化学品生产单位首板抽塔作业安全规范》； SY 6137—2012《含硫化氢油气生产和天然气处理装置作业安全技术规程》	Q/SY 1244—2009《临时用电安全管理规范》； Q/SY 1247—2009《挖掘作业安全管理规范》； Q/SY 1248—2009《移动式起重机吊装作业安全管理规范》； Q/SY 1309—2010《铁路罐车成品油、液化石油气装卸作业安全规范》； Q/SY 1371—2011《起升车辆作业安全管理规范》

续表

方面	国际标准	国家标准	行业标准	中国石油天然气集团公司企业标准
职业病		GBZ/T 157—2009《职业病诊断名词术语》； GBZ 158—2003《工作场所职业病危害警示标识》； GBZ/T 211—2008《建筑行业职业病危害预防控制规范》； GBZ/T 229.1—2010《工作场所职业病危害作业分级 第1部分：生产性粉尘》； GBZ/T 229.2—2010《工作场所职业病危害作业分级 第2部分：化学物》； GBZ/T 229.3—2010《工作场所职业病危害作业分级 第3部分：高温》； GBZ/T 229.4—2012《工作场所职业病危害作业分级 第4部分：噪声》；	AQ/T 8009—2013《建设项目职业病危害预评价导则》； AQ/T 4233—2013《建设项目职业病防护设施设计专篇编制导则》； AQ/T 8010—2013《建设项目职业病危害控制效果评价导则》； SY/T 6284—2016《石油企业职业病危害因素监测技术 SY/T 6284—2008 2016 石油企业职业病危害因素监测技术规范》；	
信息安全	DIN V VDE V 0831-100：2009《铁路用电信号系统 第100部分：基于风险的潜在安全漏洞的评估 减少风险措施的评估》	GB/T 20984—2007《信息安全技术 信息安全风险评估规范》； GB/T 18794.6—2003《信息技术 开放系统互连 开放系统安全框架 第6部分：完整性框架》； GB/T 18492—2001《信息技术 系统及软件完整性级别》； GB/Z 24364—2009《信息安全技术 信息安全风险管理指南》； GB/T 28458—2012《信息安全技术 安全漏洞标识与描述规范》；	SJ/T 11444—2012《电子信息行业危险源辨识、风险评价和风险控制要求》	Q/SY 1343—2010《信息安全风险评估实施指南》

续表

方面	国际标准	国家标准	行业标准	中国石油天然气集团公司企业标准
供应安全		GB/T 24420—2009《供应链风险管理指南》		
化学品安全			SN/T 3060—2011《危险品风险管理通则》； SN/T 3522—2013《化学品风险评估通则》	
电气安全		GB 5226.1—2008《机械电气安全 机械电气设备 第1部分：通用技术条件》； GB/T 22696.1—2008《电气设备的安全 风险评估和风险降低 第1部分：总则》； GB/T 22696.2—2008《电气设备的安全 风险评估和风险降低 第2部分：风险分析和风险评价》； GB/T 22696.3—2008《电气设备的安全 风险评估和风险降低 第3部分：危险、危险处境和危险事件的示例》； GB/T 22696.4—2011《电气设备的安全 风险评估和风险降低 第4部分：风险降低》； GB/T 22696.5—2011《电气设备的安全 风险评估和风险降低 第5部分：风险评估和降低风险的方法示例》； GB/T 22697.1—2008《电气设备热表面灼伤风险评估 第1部分：总则》； GB/T 22697.2—2008《电气设备热表面灼伤风险评估 第2部分：灼伤阈值》； GB/T 22697.3—2008《电气设备热表面灼伤风险评估 第3部分：防护措施》	SN/T 2447.2—2010《进出口机电产品检验通用要求 第2部分：风险评价》	

续表

方面	国际标准	国家标准	行业标准	中国石油天然气集团公司企业标准
雷电防护	DIN EN 61663-1:2000《雷电防护 通信线路 第1部分:光纤线路》; DIN EN 62305-3 Berichtigung 1:2007《雷电防护 第3部分:建筑物理损坏和生命危险》; DIN V VDE V 0185-600:2008《雷电防护 第600部分:涂覆金属的屋顶作为防雷法天然成分的适应性测试》; DIN EN 50164-1:2009《雷电防护部件(LPC) 第1部分:连接部件要求》; DIN EN 50164-2:2009《雷电防护部件(LPC) 第2部分:避雷针和接地电极用要求》; DIN EN 62305-2 Bb.1:2007《雷电防护 第2部分:风险管理:建筑物风险评估 补充件1:德国的雷电威胁》; DIN EN 62305-3/A11:2009《雷电防护 第3部分:对建筑物的物理损伤和寿命危害》; DIN EN 62305-4 Berichtigung 1:2007《雷电防护 第4部分:建筑物内电气和电子系统》; DIN EN 50164-5:2009《雷电防护组件(LPC) 第5部分:接地电极检验外壳和接地电极密封件用要求》	GB/T 21714.1—2008《雷电防护 第1部分:总则》; GB/T 21714.2—2008《雷电防护 第2部分:风险管理》; GB/T 21714.3—2008《雷电防护 第3部分:建筑物的物理损坏和生命危险》; GB/T 21714.4—2008《雷电防护 第4部分:建筑物内电气和电子系统》	SY/T 6885—2012《油气田及管道工程雷电防护设计规范》	

续表

方面	国际标准	国家标准	行业标准	中国石油天然气集团公司企业标准
火灾		GB/T 4968—2008《火灾分类》; GB/T 20660—2006《石油天然气工业 海上生产设施的控制和削减精施要求和指南》; GB 23819—2009《机械安全 火灾防治》; GB/T 27902—2011《电气火灾模拟试验技术规程》; GB 50058—2014《爆炸危险环境电力装置设计规范》; GB 50116—2013《火灾自动报警系统设计规范》	GA 185—2014《火灾损失统计方法》; GA/T 536.1—2013《易燃易爆危险品 火灾危险性分级及试验方法 第1部分：火灾危险性分级》; GA 653—2006《重大火灾隐患判定方法》; QX/T 160—2012《爆炸和火灾危险环境雷电防护安全评价技术规范》	
环境安全	DIN EN 15198：2007《潜在易爆环境中使用的非电气设备和部件的风险评估方法》; DIN EN ISO 15265：2004《热环境的人类工效学 热工作环境中防止压力和不适的风险评估策略》; DIN EN ISO 15743：2008《热环境的人类工效学 寒冷工作场所 风险评估和管理》	GB 50483—2009《化工建设项目环境保护设计规范》	SY/T 6515—2010《露天热表面引燃液态烃类及其蒸气的风险评价》; HG/T 20667—2005《化工建设项目环境保护设计规定》; HJ/T 169—2004《建设项目环境风险评价技术导则》; HJ/T 431—2008《储油库、加油站大气污染治理项目验收检测技术规范》; HJ/T 89—2003《环境影响评价技术导则 石油化工建设项目》	Q/SY 1310—2010《水体污染事故风险预防与控制措施运行管理要求》

续表

方面	国际标准	国家标准	行业标准	中国石油天然气集团公司企业标准
自然灾害		GB/T 26376—2010《自然灾害管理基本术语》；GB 28921—2012《自然灾害分类与代码》；GB/T 29425—2012《自然灾害救助应急响应应划分基本要求》	MZ/T 027—2011《自然灾害风险管理基本术语》；MZ/T 031—2012《自然灾害风险分级方法》；SL/Z 467—2009《生态风险评价导则》；SL 483—2010《洪水风险图编制导则》；SL 602—2013《防洪风险评价导则》；QX/T 85—2007《雷电灾害风险评估技术规范》	
地质灾害			SY/T 6828—2011《油气管道地质灾害风险管理技术规范》；DB45/T 382—2007《建筑项目地质灾害危险性评估规程》；DGJ08-2007—2006《建设项目地质灾害危险性评估技术规程》；SL 450—2009《堰塞湖风险等级划分标准》；DZ/T 0222—2006《地质灾害防治工程监理规范》	Q/SY 1265—2010《输气管道环境及地质灾害风险评估方法》
治安管理			GA 1089—2013《电力设施治安风险等级和安全防护要求》	
文件管理		GB/T 24738—2009《机械制造工艺文件完整性》；GB/T 50644—2011《油气管道工程建设项目设计文件编制标准》；GB/T 50691—2011《油气田地面工程建设项目设计文件编制标准》	SH/T 3503—2007《石油化工建设工程项目交工技术文件规定(中英文表格)》[含交工文件表格应用光盘]	

本章参考资料

（1）SY/T 6631—2005 危害辨识、风险评价和风险控制推荐作法［S］.

（2）国家安全生产监督管理总局 . 安全评价（上下册）［M］. 北京：煤炭工业出版社，2005.5.

（3）罗云等 .《风险分析与安全评价》［M］. 北京 . 化学工业出版社 .2009.12.

（4）刘铁民，张兴凯，刘功智 . 安全评价方法应用指南［M］. 北京：中国石化出版社，2005.4.

（5）沈斐敏 . 安全系统工程理论与应用［M］. 北京：煤炭工业出版社，2001.6.

附　录

一、通用术语

（1）必改项：指PSSR时发现的，导致不能投产或启动时可能引发安全、环境事故的，必须在启动之前整改的项目。

（2）待改项：指PSSR时发现的，会影响投产效率和产品质量，并在运行过程中可能引发安全、环境事故的，可在启动后限期整改的项目。

（3）人机工程：指使工作人员与设备、作业工具安全而有效地结合，环境更适合于人员作业，人机界面达到最佳匹配的系统工程。

（4）机械完整性：指机械设备、配套设施及相关技术资料齐全完整，设备始终处于满足安全生产平稳要求的状态。

（5）质量保证：指设备达到设计、制造、测试和安装等标准的要求。

（6）工艺技术安全信息：指与工艺流程、设备、生产原材料、辅助用料、成品与半成品等的危害信息有关的安全技术说明书、工艺设备设计依据、操作规程等资料。

（7）潜在危害：尚未得到有效识别危险有害因素。

（8）风险度：为危险有害因素产生事故事件可能性与后果严重度的乘积。

（9）发生概率：又称或然率、机会率或几率、可能性，表明一个事故发生可能性大小的参数。

（10）后果严重性：指潜在失效模式导致的最终破坏、伤害带来的损伤的范围或大小的组合。

（11）风险率：风险率是衡量危险性的指标，是某一事故发生的概率与事故后果严重性的组合。

（12）暴露频率：单位时间内人员暴露于危险环境中的次数。

（13）关键作业：可能对有关的个人或组织带来重大危害和影响的生产操作、检维修作业等活动，或者与关键设备有关联的活动。

（14）关键设备：一旦停止运转或运转失效，可能会引起异常或事故，或造成人员伤害、环境污染，或伤害员工健康的设备。

（15）协调员：负责制定工作循环分析计划并组织实施的人员，一般由分公司主管生产、技术、设备的负责人担任。

（16）操作主管：负责执行工作循环分析计划的人员，一般是作业区（站队）的负责人。

（17）事故起因：造成事故的直接原因。主要为人的不安全行为和物的不安全状态。

（18）触发条件：引起处于危险状态的事物变为事故或事件的因素。包括人的不安全行为、物的不安全状态、环境的不良因素和管理的意外缺陷。

（19）系统故障：由于某种原因，造成系统停止运行，以致系统以非正常的方式终止或性能降低的情况。

（20）危险等级：危险的潜在严重性的量度，其量度依据的是人为差错、环境、设计特性、规程缺陷、子系统或部件的故障的最坏影响。

（21）严重程度：是指造成破坏、伤害带来损伤的范围和大小的组合。

（22）结果事件：由其他事件或事件组合所导致的事件，包括顶上事件和中间事件。

（23）顶上事件：系统可能发生或已经发生的事故结果。

（24）中间事件：位于底事件和顶事件之间的结果事件。

（25）底事件：仅导致其他事件的原因事件。

（26）基本事件：导致顶上事件发生的最基本的或无须探明其发生原因的底事件或缺陷事件。

（27）省略事件：没有必要进一步向下分析或其原因不明确的原因事件。

（28）特殊事件：需要表明其特殊性或引起注意的原因事件。特殊符号表明其特殊性或引起必然不发生的特殊事件。

（29）开关事件：在正常工作条件下必然发生或必然不发生的特殊事件，也称正常事件。

（30）条件事件：指限制逻辑门起作用的事件。

（31）集合：把满足某些条件或具有某种共同性质的事物的全体称为集合，属于这个集合的每个事物叫元素。

（32）径集：又称通集。即如果事故树中某些基本事件不发生，则顶上事件不发生，这些基本事件的集合称为径集。径集是表示系统不发生故障而正常运行的模式。

（33）最小割集：能够引起顶上事件发生的最低限度的基本事件的集合。也就是说，如果割集中任一基本事件不发生，顶上事件就绝不发生。

（34）最小径集：凡是不能导致顶上事件发生的最低限度的基本事件的集合。

（35）可靠度（Reliability）：指产品在规定的条件下和规定的时间内，完成规定任务的概率。若一批产品的总数为 N，当 $t=0$ 时开始使用，随着时间增加，失效的产品数量 $r(t)$ 逐渐增加。若产品在任意时间 t 的可靠度为 $R(t)$，则

$$R(t)=\frac{N-r(t)}{N}$$

（36）成功概率：等于满足系统成功的各发展途径的概率和。

（37）失败概率：等于导致事故的各发展途径的概率和。

（38）最小割集：引起顶上事件发生的基本事件的最低限度的集合。

（39）最小径集：不引起顶上事件发生的最低限度的基本事件的集合。

（40）临界重要系数：基本事件的临界重要程度是通过临界重要系数表示出来的。临界重要系数是顶上时间发生概率的相对变化率与基本事件发生概率的相对变化率的比值。

（41）初始事件：可能引发系统安全性后果的系统内部的故障或外部的事件，是事故在未发生时，其发展过程中的危害事件或危险事件，如机器故障、设备损坏、能量外逸或失控、

人的误动作等。

（42）后续事件：一般是按一定顺序发生的，在初因事件发生后，可能相继发生的其他事件，这些事件可能是系统功能设计中所决定的某些备用设施或安全保证设施的启用，也可能是系统外部正常或非正常事件的发生。

（43）后果事件：由初因事件和后续事件的发生或不发生所构成的不同的结果。

（44）成功事件：每个系统都是由若干个元件组成的，每一个元件对规定的功能都具有和不具有两种可能。元件具有其规定功能，表明正常（成功）。在事件发展过程中出现的环节事件成功，事故不发生，则称为成功事件。

（45）失败事件：元件不具有其规定功能，表明失效（失败）；在事件发展过程中出现的环节事件都失败或部分失败，导致事故发生，则称为失败事件。

（46）事故连锁：事件树分析时，事件树各分支代表初始事件一旦发生后其可能的发展途径。其中，最终导致事故的途径即为事故连锁。

（47）系统分割：根据需要将系统分割成子系统或元件，然后逐个分析子系统或元件潜在的各种故障类型、原因及对子系统乃至整个系统产生的影响，并制定措施加以预防或消除。

（48）故障：元件、系统或子系统在规定期限内和运行条件下未按设计要求完成规定的功能或功能下降。

（49）故障原因：导致系统、产品产生故障的内部因素和外部因素的总和。

（50）故障类型：即故障的表现形式。故障的出现方式或故障对操作的影响。

（51）故障影响（或称故障后果）：是某种故障类型对系统、子系统、单元操作、功能或状态所造成的影响。

（52）故障检测机制：指由操作人员在正常操作过程中或由维修人员在检修活动中发现故障的方式或手段。

（53）故障严重度：用伤害程度、财产损失或系统永久破坏来衡量故障所能导致的最终后果严重程度的尺度。

（54）失效模式：又称为故障模式，一般指的是产品失效的表现形式；观察失效时所采取的方式。

（55）失效影响（又称为失效后果、故障后果）：失效对于某物品/项目（英文：item）的操作、功能或功能性，或者状态所造成的直接后果。

（56）约定级别（又称为约定级）：代表物品/项目复杂性的一种标识符。复杂性随级数接近于1而增加。

（57）局部影响：仅仅累及所分析物品/项目的失效影响。

（58）上阶影响：累及上一约定级别的失效影响。

（59）终末影响：累及最高约定级别或整个系统的失效影响。

（60）失效原因（又称为故障原因）：作为失效的根本原因的，或者启动导致失效的某一过程的，设计、加工处理、质量或零部件应用方面所存在的缺陷。

（61）严重程度（又称为严重度）：失效的后果。严重程度考虑的是最终可能出现的损伤程度、财产损失或系统损坏所决定的，失效最为糟糕的潜在后果。

（62）分析节点：又称工艺单元，指具体确定边界的设备（如两容器之间的管线）单元，对单元内工艺参数的偏差进行分析。

（63）操作步骤：间隙过程的不连续动作，或者是由HAZOP分析组分析的操作步骤。可能是手动、自动或计算机自动控制的操作，间隙过程每一步使用的偏差可能与连续过程不同。

（64）引导词：用于定性或定量设计工艺指标的简单词语，引导识别工艺过程的危险。

（65）工艺参数：与过程有关的物理和化学特性，包括概念性的项目如反应、混合、浓度、pH值及具体项目如温度、压力、相数及流量等。

（66）工艺指标：确定装置如何按照希望进行操作而不发生偏差，即工艺过程的正常操作条件。

（67）偏差：分析组使用引导词系统地对每个分析节点的工艺参数（如流量、压力等）进行分析后发现的系列偏离工艺指标的情况；偏差的形式通常是"引导词 + 工艺参数"。

（68）原因：发生偏差的原因。一旦找到发生偏差的原因，就意味着找到了对付偏差的方法和手段，这些原因可能是设备故障、人为失误、不可预料的工艺状态（如组成改变）、外界干扰（如电源故障）等。

（69）后果：偏差所造成的结果。后果分析是假定发生偏差时已有安全保护系统失效；不考虑那些细小的与安全无关的后果。

（70）物质系数（MF）：是表述物质在燃烧或其他化学反应时引起的火灾、爆炸时释放能量大小的内在特性，是一个最基础的数值。

（71）安全措施：指设计的工程系统或调节控制系统，用以避免或减轻偏差发生时所造成的后果（如报警、连锁、操作规程等）。

（72）补充措施：修改设计、操作规程，或者进一步进行分析研究（如增加压力报警、改变操作步骤的顺序等）的建议。

（73）材料特性：使用特定参数反映材料构成、组分、性能的综合描述。基础特性包括物理性能和化学性能。

（74）工艺条件：确保系统正常运转的物理要求和化学要求。

（75）发生概率：又称或然率、机会率或几率、可能性，表明一个事故发生可能性大小的参数。

（76）风险等级：生产作业场所可能受到风险威胁的危害程度。

（77）MORT的顶上事件（T）：可以是严重的人身伤亡、财物损失、企业经营业绩下降或其他损失（如舆论、公众形象等），对不希望事件前景的估计可用虚线与顶上事件T并列。

（78）缺陷事件：管理疏忽和风险树分析法（MORT）中这类事件包括顶上事件和中间事件。在MORT分析中主要指疏忽或适当的条件。

（79）基本事件：在管理疏忽和风险树分析法（MORT）中指基本功能或组成部分的失效。

（80）不发展事件：在管理疏忽和风险树分析法（MORT）中指因缺乏信息或后果，或缺乏解决方法而不再继续分析的事件。这类事件最终被转化为假定危险。

（81）正常事件：管理疏忽和风险树分析法（MORT）中指在正常情况下，应当或必然发生的事件。

（82）满意事件：管理疏忽和风险树分析法（MORT）中特指正常发生的中间事件。

（83）或门：一个或一个以上输入事件发生，输出事件即发生。

（84）与门：当且仅当所有输入事件都发生，输出事件才发生。

（85）条件或门：当一个或一个以上输入事件发生，且条件 a 被满足时，输出事件才发生。

（86）条件与门：当且仅当所有输入事件都发生，且条件 a 被满足时，输出事件才发生。

（87）转移符号：用来将某分析过程从树的某一部位转移到另一部位，前者表示从某处转出，后者表示转入某处。

（88）事故诱发因素：促进和加速危险源转化为事故的条件因素，也称触发因素。

（89）评价指标：指表征评价对象某项特性的参数。

（90）评价指标体系：指由表征评价对象各方面特性及其相互联系的多个指标所构成的具有内在结构的有机整体。

（91）评分标准：指依据技术标准和管理标准等对评价指标的描述。

（92）第三方损害指数：所谓"第三方损害"，主要是招由于管道员工的行为而造成的所有管道意外损害。

（93）腐蚀风险：腐蚀风险＝大气腐蚀（权重20%）＋管道内腐蚀（20%）＋埋地金属腐蚀（60%）。

（94）设计风险：包括管线安全系数、系统安全指数、疲劳、水击潜在破坏、管道系统水压试验以及土壤移动。

（95）事故类型：按伤害原因、方式和对象对事故进行的分类。

（96）社会风险：社会风险是在给定时间范围内所有暴露于风险中的人员所经历的风险，它反映的是危害的严重程度以及暴露于风险中的人数，通常用于表现人员伤亡风险。社会风险与危险发生地点无关，与人口密度有关。

（97）个体风险：个体风险用于表示特定时期和地点某个人的伤亡概率，个体生命损失可接受风险是社会可接受风险的最小单元。个人风险是指因各种潜在事故造成区域内某一个固定位置的人员个体死亡的概率，通常用每年个人死亡率表示。个体风险是某个人在给定时间段内所经历的风险，它反映的是危害的严重程度和个人受到危害影响的时间，暴露于危害中的人数多少并不显著影响个体风险。

（98）多米诺效应事故场景：预测某一危险源发生事故诱发其他单元或相近工厂发生二级事故，依次诱发三级或更高级别事故的过程。发生初始事故的单元为一级单元，由初始事故直接作用引发事故的单元称为二级单元，依次为三级单元、四级单元等。

（99）失效后果：失效给顾客带来的影响。失效强调的是产品本身的功能状态，事故强调的是造成损害的后果。失效并不都引起事故。

（100）喷射燃烧：由一定压力的单项或者两项截止泄漏或压力泄放，系统排放引起的喷射火。

（101）云团爆炸：爆炸性气体以液态储存，如果瞬间泄漏后遇到延迟点火或气态储存时泄漏到空气孔，遇到火源，则可能发生蒸气云爆炸。

（102）中毒：当外界某化学物质进入人体后，与人体组织发生反应，引起人体发生暂时或持久性损害的过程。

（103）发生频率：又称或然率、机会率或几率、可能性，表明一个事故发生可能性大小的参数。

（104）失效概率：结构或构件不能完成预定功能的概率。

（105）安全失效分数（Safe Failure Fraction，SFF）：安全失效和检测出的危险失效占全部随机硬件失效的比率。

（106）平均故障时间间隔（Mean Time Between Failure，MTBF）：指相邻两次故障之间的平均工作时间，也称为平均故障间隔。

（107）平均修理时间（Mean Time To Repair，MTTR）：从一个失效发生，到维修恢复其功能的平均时间。它包括从检测出失效，开始修复，到修复全部完成所需的时间。

（108）后果严重度：指潜在失效模式导致的最终破坏、伤害带来的损伤的范围或大小的组合。

（109）危险等级：危险的潜在严重性的量度，其量度依据的是人为差错、环境、设计特性、规程缺陷、子系统或部件的故障的最坏影响。

（110）安全联锁系统（Safety instrumentation System，SIS）：又称安全仪表系统。主要为工厂控制系统中报警和连锁部分，对控制系统中检测的结果实施报警动作或调节或停机控制，是工厂企业自动控制中的重要组成部分。

（111）紧急停车系统（Emergency Shutdown Device，ESD）:ESD 紧急停车系统按照安全独立原则要求，独立于 DCS 集散控制系统，其安全级别高于 DCS。在正常情况下，ESD 系统是处于静态的，不需要人为干预。作为安全保护系统，凌驾于生产过程控制之上，实时在线监测装置的安全性。只有当生产装置出现紧急情况时，才不需要经过 DCS 系统，而直接由 ESD 发出保护连锁信号，对现场设备进行安全保护，避免危险扩散造成巨大损失。

（112）基本过程控制系统（BPCS）：是执行基本过程控制功能的控制系统，它使生产过程的温度、压力、流量、液位等工艺参数维持在规定的正常范围之内。BPCS 是主动的、动态的，它必须根据系统的设定要求和生产过程的扰动状态不断地动态运行，才能保持生产过程的连续稳定运行。

（113）危险化学品：具有易燃、易爆、有毒、有害等特性，会对人员、设施、环境造成伤害或损害的化学品。

（114）单元：一个（套）生产装置、设施或场所，或同属一个生产经营单位的且边缘距离小于 500m 的几个（套）生产装置、设施或场所。

（115）临界量：对于某种或某类危险化学品规定的数量，若单元中的危险化学品数量等于或超过该数量，则该单元定为重大危险源。

（116）危险化学品重大危险源：长期地或临时地生产、加工、使用或储存危险化学品，且危险化学品的数量等于或超过临界量的单元。

（117）重大危险源：是指长期的或临时的生产、加工、使用或储存危险化学品，且危险化学品的数量等于或超过临界量的单元。

（118）临界量：指对于某种或某类危险物质规定的数量，若单元中的物质数量等于或超过该数量，则该单元定为重大危险源。

（119）危险性：具有造成不良后果的性质或倾向。包括危害物质、危害能力、影响范围等。可表达为绝对危险性和相对危险性。

（120）安全完整性等级（SIL）：安全完整性反映了 SIS 执行 SIF 时，在规定的状态和时间周期内，圆满完成 SIF 的绩效能力和可靠性水平。在 ANSI/ISA−84.01∶1996 中，将安全完整性等级（SIL）定义为 SIL1 到 SIL3 共三个等级，其中 SIL3 最高，SIL1 最低。

（121）特殊物质的危险性：定义物质危险性时，对重要的物质的特殊性质、重要物质在单元内与催化剂等其他物质混合的情况要重新进行评价。要根据该单元内重要物质的数量、在火灾或可能出现火灾的条件下对其特定性质所产生的影响来决定特殊物质危险性系数的标准。危险性系数是所研究的特定单元内重要物质在具体使用环境中的一个函数，不能用孤立的重要物质的性质来定义。因此，不同单元中某一物质危险系数可强可弱，如单元不同，即使是同样的重要物质也需要对特殊物质危险性系数加以改变。

（122）一般工艺过程危险性：这类危险性与单元内进行的工艺及其操作的基本类型有关。其操作过程包括：纯物理变化、单一连续反应、单一间歇反应、反应多重性、同一装置中进行不同的工艺操作、物质运输、可搬动容器。

（123）特殊工艺过程危险性：在重要物质或基本工艺和操作性质所评价的评分基础上，有些操作过程及其工艺会使总体的危险性增加。它们包括：低压、高压、低温、高温及腐蚀和侵蚀的危险性、接头和填料的危险性、振动及循环负荷疲劳危险性、难控制工艺反应、爆炸极限附近的操作、粉尘或雾滴爆炸的危险性、使用强气相氧化剂工艺、静电危险性等。数量的危险性：处理大量的可燃性和分解性物质时，要给予附加的危险性系数。计算所研究的单元中物质总量应考虑反应器、管道、供料槽、塔等设备内的全部物料数量。可以根据物质质量直接计算，也可以根据体积和密度计算。根据气体、固体、液体及其混合物的质量，可以进行危险性的比较。

（124）布置上的危险性：单元布置引起的危险性系数所考察的重要项目是大量可燃性物质在单元内存在的高度。单元的高度是指装置工艺单元和输送物质配管顶部从地面开始的高度，排气管、梁式升降机的横梁构造物不能用于决定高度；但一定要考虑蒸馏塔和反应塔的主配管位置、生成物塔顶冷凝器、上部供料容器等。

（125）毒性的危险性：它是关于毒性危险性的相对评分及其对综合危险性评价的影响。对健康的危害性可根据造成的原因和程度来考虑，有的可归因于维护及工艺不能控制或易发生火灾等异常工艺条件；有来自接头、基础、工艺排气等处经常发生的细微泄漏；还有由氮气、甲烷、二氧化碳等窒息性气体造成的对健康的危害。

（126）相对风险：设施、工艺装置、系统、设备零件或部件相当于其他设施、工艺单元、系统、设备零件或部件的风险。

（127）相对风险度：某种特定风险占系统风险的比率。

二、危险有害因素辨识方法

危险有害因素辨识方法对比见附表1。

附表1　危险有害因素辨识方法对比表

内容对比	质量功能展开分析法(QFD)	工作分解结构分解法(WBS)	事故树分析法(FTA)	故障类型和影响分析法(FMEA)	危害分析法(HAZID)	危险与可操作性分析法(HAZOP)	预先危险性分析法(PHA)	系统功能展开分析法(SFD)
方法简介	一种在设计阶段应用的系统方法,它采用一定的方法保证将顾客需求或市场的转移到产品寿命循环的有关各阶段的有关技术和措施中	将项目的可交付物和活动按照其内在的逻辑的过程或实施的过程顺序进行逐层分解而形成的结构图,并进行工作任务分配的方法。是一种自上而下的分析法	从结果到原因找出灾害事故有关的各种因素之间因果关系和逻辑系统的作图分析法	采用系统分割将设计阶段的各个组成部分的元件、组件、子系统等进行分析,查明故障类型及对系统影响程度并判明故障重要度。是一种自上而下的分析法	HAZID是一项技术,用于识别与所涉及的特殊活动相关的所有重大危险	一种系统的提出问题和分析问题的方法。其基本质特征是使用引导词,引导分析人员集中精力查找偏差和引起原因。是一种自上而下的分析法	开发或设计阶段对系统存在危险类型、危险产生条件、事故后果等进行分析,查明系统薄弱环节,危险部位等,并确定相应的安全措施或替代方案	一种运用矩阵方法对系统组成、组件进行展开,应用引导词查找危险差类型,应用矩阵法评估影响程度,应用事件树方法,并进行管理任务分配的方法。是一种自上而下的分析法
原理	将顾客需求分解到产品形成的各个过程,用质量屋和矩阵框架形式转化为对制度、工艺规定和质量控制措施,通过满足控制措施以保证实现顾客需求	把一个项目,按一定的原则分解,项目分解成一定的任务,任务再分解成一项项工作,再把一项项工作分配到每个人的日常活动中,直到分解不下去为止	由上事件开始向下分析能获得导致顶上事件发生的一切原因,用事件把这些原因通过逻辑门连接起来,通过逻辑找出导致事故的基本事件的最小组合(即最小割集)找出事故的最小割集,再找出危险最小割集,有针对性地采取措施,则可以防止顶上事件的发生	从元器件的故障开展,逐次分析对人员,操作机系统的影响及应采取的对策措施,要利用事故表进行逐项分析,对各项危险表进行逐项的重要度进行等级评价	识别一个项目所有可能出现的负面后果;然后识别发生时造成不良后果的危险,制定危险总清单后,对各项危险进行评审,确定其后果的重大危险,是否需要进一步评价	将引导词与工艺参数结合产生某种意义,通过产生的偏差与相关参数匹配失衡是否引起风险,从而查找设计意图违背的偏差,判断事故偏差的方法	利用对同类事件或产品危险进行比较分析	将状态展开至功能组件或以下后,引导或与功能组件结合,经过与危险有害因素判断可能危险类型比较判断可再根据危险类型与危害类型对比判断风险类型

续表

内容对比	质量功能展开分析法（QFD）	工作分解结构分解法（WBS）	事故树分析法（FTA）	故障类型和影响分析法（FMEA）	危害分析法（HAZID）	危险与可操作性分析法（HAZOP）	预先危险性分析法（PHA）	系统功能展开分析法（SFD）
步骤	（1）取得客户信息； （2）将客户信息转化为技术要求； （3）分析客户需求与技术要求之间的损失函数； （4）在项目范围内选择客户分解为支持的需求； （5）开发客户评估各技术要求之间的相关关系图； （6）为技术要求开发目标值； （7）确定技术要求的相关关系	（1）识别项目目标； （2）确定项目的类型； （3）确保所有的项目输出都与第二级元素有关； （4）将元素分解为逻辑物理结构。把横向关联结构分解为支持工作的需求； （5）保证确认了全部的工作； （6）继续将元素分解到工作包级； （7）与相关项目利益相关者一起审查WBS以确保覆盖了项目的所有工作	（1）确定和熟悉分析系统； （2）确定顶上事件； （3）调查原因事件； （4）确定不予考虑的事件； （5）确定分析的深度； （6）编制事故树； （7）事故树定性分析； （8）事故树定量分析	（1）明确系统组成和任务； （2）依据设计说明书详细说明系统情况； （3）找出潜在失效模式； （4）分析其后果，评估风险； （5）从而预先采取措施； （6）减小失效模式的严重度，降低可能发生的概率； （7）有效地提高产品质量和可靠性，确保顾客满意的系统化活动	（1）收集资料； （2）识别系统负面后果； （3）识别负面后果危险； （4）对各项危险进行评审，确定是否为重大危险； （5）汇总编制危险总名清单	（1）收集评价对象资料； （2）理解收集意图； （3）选择工艺单元； （4）选择工艺参数； （5）应用引导词； （6）列出偏差； （7）判断偏差意义； （8）列出偏差后果； （9）列出已有措施； （10）判断新增措施； （11）判断所有单元、节点都已研究	（1）收集资料； （2）了解开发系统； （3）认清潜在危险； （4）确定起因事件； （5）确定消除危险的方法； （6）确定预防措施； （7）汇总分析表	（1）明确系统范围、组成、流程和任务； （2）应用标准规范、项目管理原理等对系统进行功能展开分解； （3）应用已经识别出的危险与已经分解出的系统架构结合表构成两两组合矩阵逐项查找系统各部位和环节可能存在的危害因素； （4）依据危害因素类型对查找风险类型对风险进行评估，计算风险度； （5）针对中高度风险开展事件树分析，查找事故原因，并制定控制措施再评估，判断其是否可接受

续表

内容对比	质量功能展开分析法(QFD)	工作分解结构分析法(WBS)	事故树分析法(FTA)	故障类型及影响性分析法(FMEA)	危害分析法(HAZID)	危险与可操作性分析法(HAZOP)	预先危险性分析法(PHA)	系统功能展开分析法(SFD)
任务	(1) 完成从顾客需求到技术要求的转换; (2) 从顾客的角度对市场上同类产品进行评估; (3) 从技术的角度对市场上同类产品进行评估; (4) 确定顾客需求和技术要求的关系及相关程度; (5) 分析并确定技术要求之间相互制约关系; (6) 确定各技术要求的目标值	(1) 描述思路规划详细说明和项目设计; (2) 展示项目全貌并项目必须完成的各项工作; (3) 找出工作之间的相互联系结构; (4) 定义里程碑事件,可以向高层领导和客户汇报项目完成情况	(1) 确定顶上事件发生的概率; (2) 确定危险因素的重要度; (3) 层层分析,查找基础原因; (4) 查找预防对策	(1) 发现、评价产品/过程中潜在的失效及后果和原因机理; (2) 找出重大影响中有能造成系统失效的元器件; (3) 找到能够避免或减少潜在失效的措施(如安全防护设施、冗余措施等); (4) 将实现模式文件化,控制措施控制计划作为过程控制结果的输入; (5) 根据评估结果确定初始设计方案; (6) 根据评估结果确定故障管理实施方案	(1) 尽可能将不良后果进行结构化细分; (2) 通过损坏进一步细分不良后果; (3) 相关事件划分后,识别系统、流程以及发生时造成该后果的装置危险; (4) 将识别的不良后果及分析的危险清单; (5) 为下步HSE风险管理和措施提供数据	(1) 尽可能将危险消灭在项目实施早期; (2) 通过对识别处的分析关键控制环节; (3) 通过对系统失效后果对危害确定装置评价的主要危险点; (4) 为技术措施的编制提供技术依据; (5) 形成的分析记录可作为企业危险存在消除或控制危险的证明; (6) 为操作措施编制提供依据,指导编制操作手册供参考依据	(1) 大体识别出与系统相关的主要危险及危险度; (2) 鉴别产生危险的原因; (3) 预测事故发生对人员和系统的影响序列; (4) 按系统测性、诊断性、测试性,使用和补给提供(维修、维护和勤务)对危害失效规模武进行划分; (5) 判别危险等级,并提出消除或控制危险的对策措施; (6) 制定有效的维护计划,以降低或减轻失效的可能性	(1) 编制各种类型系统功能划分原则和功能展开矩阵; (2) 编制各种类型系统的协调性和匹配能力; (3) 设计危害因素识别引导词和危害因素辨识矩阵; (4) 编制各种类型系统危害因素清单; (5) 编制危害因素风险评价准则; (6) 编制风险等级分级依据表; (7) 编制相关危害因素确定方法; (8) 设计风险分级防控机制、防控指引和对策清单; (9) 编制油气集输系统安全功能审计检查表

续表

内容对比		质量功能展开分析法(QFD)	工作分解结构分解法(WBS)	事故树分析法(FTA)	故障类型和影响分析法(FMEA)	危害分析法(HAZID)	危险与操作性分析法(HAZOP)	预先危险性分析法(PHA)	系统功能展开分析法(SFD)
设计方案确定		(1)产品技术要求目标值;(2)产品概念设计和初步设计	(1)工作包分解到人;(2)确定工作里程碑;(3)优化工作时间和方案	(1)计算顶上事件发生概率,确定事故控制目标值;(2)与事件树分析法相结合找出工艺优化途径	(1)优化功能组件配置;(2)优选设计方案;(3)确定安全措施防护安全等级	(1)组建分析小组;(2)收集基础资料;(3)明确分析范围			(1)风险管理需求清单;(2)风险项目安全技术规范清单;(3)风险控制方式设计
零件规划		(1)根据产品规划矩阵确定的产品技术要求确定的关键部件、子系统及零件特性;(2)利用FMEA和FTA分析可能故障和质量问题;(3)策划预防措施							(1)编制功能矩阵展开方式;(2)风险程度对应措施表;(3)安全功能规划
零件与工艺设计		(1)详细设计;(2)选择工艺实施方案;(3)完成产品工艺过程设计(制造工艺设计和装配工艺)							(1)详细设计;(2)选择安全防护设施;(3)形成工艺安全审核计划
工艺规划		(1)利用工艺规划矩阵;(2)确定工艺步骤;(3)确定关键程度							(1)利用工艺规划矩阵;(2)确定工艺步骤;(3)确定关键关键程度

续表

内容对比		质量功能展开分析法（QFD）	工作分解结构分析法（WBS）	事故树分析法（FTA）	故障类型和影响分析法（FMEA）	危害分析法（HAZID）	危险与可操作性分析法（HAZOP）	预先危险性分析法（PHA）	系统功能展开分析法（SFD）
工艺/质量控制		确定具体工艺/质量控制方法（控制参数、控制点，样本容量及检验方法等）。							（1）确定安全系统防护类型；（2）确定防止工艺系统出现连锁失效控制措施
配套工具		亲和图（Affinity Diagrams）。使具有深层结构特征的顾客需求"浮出水面"。关系图（Relations Diagrams）。用以发现优先需求，造成产品质量流程问题的根本原因以及沉默顾客的需求。树图（Hierarchy Trees）。用来寻找亲和图和树图中的缺陷和遗漏。各种矩阵（Various Matrixes）。用来表示各指标之间的关系，优先顺序以及责任等。流程决策程序图（Process Decision Program Diagrams）。用以分析可能造成新产品或服务失败的潜在因素。层级分析法（Analytic Hierarchy Process）。对一系列的顾客需求进行优先次序排列，并选出满足这些需求的设计。蓝图（Blueprinting）。对提供产品或服务的整个流程进行分析、描述。质量屋（House of Quality）							质量功能展开法（QFD），将系统结构特征、结构层级展示出来，显示系统的关键节点。工作任务分解法（WBS）使管理者清晰知道系统正常运行的管理环节。目标管理法，使各级管理者了解了目标管理，使各级管理环节。全生命周期管理论，使系统管理与产品或项目的各个阶段具体任务和使命进行有机结合，便于查找。相互作用矩阵法（IAM），将危害因素与系统集体的能模块、功能组件、元件进行结合分析以确定是否存在危害因素

三、物质系数和特性表

物质系数和特性表见附表 2。

附表 2　物质系数和特性表

序号	化学物名称	物质系数 MF	燃烧热 H_c BUT/1b×10³	毒性系数 N_h	燃烧系数 N_f	化学不稳定性 N_r	闪点 ℉	沸点 ℉
1	醋酸	14	5.6	3	2	1	103	244
2	酸酐	14	7.1	3	2	1	126	282
3	丙酮	16	12.3	1	3	0	−4	133
4	丙酮合氰化氢	24	11.2	4	2	2	165	203
5	乙腈	16	12.6	3	3	0	42	179
6	乙酰氯	24	2.5	3	3	2	40	124
7	乙炔	29	20.7	0	4	3	气	−118
8	乙酰基乙醇氨	14	9.4	1	1	1	355	304~308
9	过氧化乙酰	40	6.4	1	2	4	—	[4]
10	乙酰水杨酸[8]	16	8.9	1	1	0	—	—
11	乙酰基柠檬酸三丁酯	4	10.9	0	1	0	400	343 [1]
12	丙烯醛	19	11.8	4	3	3	−15	127
13	丙烯酰胺	24	9.5	3	2	2	—	257 [1]
14	丙烯酸	24	7.6	3	2	2	124	286
15	丙烯腈	24	13.7	4	3	2	32	171
16	烯丙醇	16	13.7	4	3	1	72	207
17	烯丙胺	16	15.4	4	3	1	−4	128
18	烯丙基溴	16	5.9	3	3	1	28	160
19	烯丙基氯	16	9.7	3	3	1	−20	113
20	烯丙醚	24	16	3	3	2	20	203
21	氯化铝	24	[2]	3	0	2	—	[3]
22	氨	4	8	3	1	0	气	−28
23	硝酸铵	29	12.4 [7]	0	0	3	—	410
24	醋酸戊酯	16	14.6	1	3	0	60	300
25	硝酸戊酯	10	11.5	2	2	0	118	306~315

序号	化学物名称	物质系数 MF	燃烧热 H_c BUT/1b $\times 10^3$	毒性系数 N_h	燃烧系数 N_f	化学不稳定性 N_r	闪点 ℉	沸点 ℉
26	苯胺	10	15.0	3	2	0	158	364
27	氯酸钡	14	[2]	2	0	1	—	—
28	硬脂酸钡	4	8.9	0	1	0	—	—
29	苯甲醛	10	13.7	2	2	0	148	354
30	苯	16	17.3	2	3	0	12	176
31	苯甲酸	14	11	2	3	1	250	482
32	醋酸苄酯	4	12.3	1	1	0	195	417
33	苄醇	4	13.8	2	1	0	200	403
34	苄基氯	14	12.6	2	2	1	162	387
35	过氧化苯甲酰	40	12	1	3	4	—	—
36	双酚 A	14	14.1	2	1	1	175	428
37	溴	1	0	3	0	0	—	138
38	溴苯	10	8.1	2	2	0	124	313
39	邻-溴甲苯	10	8.5	2	2	0	174	359
40	1,3-丁二烯	24	19.2	2	4	2	−105	24
41	丁烷	21	19.7	1	4	0	−76	31
42	1-丁醇	16	14.3	1	3	0	84	243
43	1-丁烯	21	19.5	1	4	0	气	21
44	醋酸丁酯	16	12.2	1	3	0	72	260
45	丙烯酸丁酯	24	14.2	2	2	2	103	300
46	（正）丁胺	16	16.3	3	3	0	10	171
47	溴代丁烷	16	7.6	2	3	0	65	215
48	氯丁烷	16	11.4	2	3	0	15	170
49	2,3-环氧丁烷	24	14.3	2	3	2	5	149
50	丁基醚	16	16.3	2	3	1	92	288
51	特丁基过氧化氢	40	11.9	1	4	4	<80 或更高	[9]
52	硝酸丁酯	29	11.1	1	3	3	97	277

序号	化学物名称	物质系数 MF	燃烧热 H_c BUT/1b × 10³	毒性系数 N_h	燃烧系数 N_f	化学不稳定性 N_r	闪点 ℉	沸点 ℉
53	过氧化乙酸特丁酯	40	10.6	2	3	4	< 80	[4]
54	过氧化苯甲酸特丁酯	40	12.2	1	3	4	>190	[4]
55	过氧化特丁酯	29	14.5	1	3	3	64	176
56	碳化钙	24	9.1	3	3	2	—	—
57	硬脂酸钙 [6]	4	—	0	1	0	—	—
58	一硫化碳	1	6.1	3	4	0	−22	115
59	一氧化碳	2l	4.3	3	4	0	气	−313
60	氯气	1	0	4	0	0	气	−29
61	二氧化碳	40	0.7	3	1	4	气	50
62	氯乙酰氯	14	2.5	3	0	1	—	223
63	氯苯	16	10.9	2	3	0	84	270
64	三氯甲烷	1	1.5	2	0	0	—	143
65	氯甲基乙基醚	14	5.7	2	1	0	—	—
66	1- 氯 -l- 硝基乙烷	29	3.5	3	2	3	133	344
67	邻 – 氯酚	10	9.2	3	2	0	147	47
68	三氯硝基甲烷	29	5.8 [7]	4	0	3	—	234
69	2- 氯丙烷	21	10.1	2	4	0	−26	95
70	氯苯乙烯	24	12.5	2	1	2	165	372
71	氧杂萘邻酮	24	12	2	1	2	—	554
72	异丙基苯	16	18.0	2	3	1	96	306
73	异丙基过氧化氢	40	13.7	1	2	4	175	[4]
74	氨基氰	29	7	4	1	3	286	500
75	环丁烷	21	19.1	1	4	0	气	55
76	环己烷	16	18.7	1	3	0	−4	179
77	环己醇	10	15	1	2	0	154	322
78	环丙烷	21	21.3	1	4	0	气	−29
79	DER① 331	14	13.7	1	1	1	485	878

续表

序号	化学物名称	物质系数 MF	燃烧热 H_c BUT/1b$\times 10^3$	毒性系数 N_h	燃烧系数 N_f	化学不稳定性 N_r	闪点 ℉	沸点 ℉
80	二氯苯	10	8.1	2	2	0	151	357
81	1,2-二氯乙烯	24	6.9	2	3	2	36～39	140
82	1,3-二氯丙烯	16	6.0	3	3	0	95	219
83	2,3-二氯丙烯	16	5.9	2	3	0	59	201
84	3,5-二氯代水杨酸	24	5.3	0	1	2	—	—
85	二氯苯乙烯	24	9.3	2	1	2	225	—
86	过氧化二枯基	29	15.4	0	1	3	—	—
87	二聚环戊二烯	16	17.9	1	3	1	90	342
88	柴油	10	18.7	0	2	0	100～130	315
89	二乙醇胺	4	10.0	1	1	0	342	514
90	二乙胺	16	16.5	3	3	0	-18	132
91	间-二乙基苯	10	18.0	2	2	0	133	358
92	碳酸二乙酯	16	9.1	2	3	1	77	259
93	二甘醇	4	8.7	1	1	0	255	472
94	二乙醚	21	14.5	2	4	1	-49	94
95	二乙基过氧化物	40	12.2	—	4	4	[4]	[4]
96	二异丁烯	16	19	1	3	0	23	214
97	二异丙基苯	10	17.9	0	2	0	170	401
98	二甲胺	21	15.2	3	4	0	气	44
99	2,2-二甲基-1-丙醇	16	14.8	2	3	0	98	237
100	1,2-二硝基苯	40	7.2	3	1	4	302	606
101	2,4-二硝基苯酚	40	6.1	3	1	4	—	—
102	1,4-二恶烷	16	10.5	2	3	1	54	214
103	二氧戊环	24	9.1	1	3	2	35	165
104	二苯醚	4	14.9	1	1	0	239	496
105	二丙二醇	4	10.8	0	1	0	250	449

序号	化学物名称	物质系数 MF	燃烧热 H_c BUT/1b $\times 10^3$	毒性系数 N_h	燃烧系数 N_f	化学不稳定性 N_r	闪点 ℉	沸点 ℉
106	二特丁基过氧化物	40	14.5	3	2	4	65	231
107	二乙烯基乙炔	29	18.2	—	3	3	< −4	183
108	二乙烯基苯	24	17.4	2	2	2	157	392
109	二乙烯基醚	24	14.5	2	3	2	< −22	102
110	DOWANOL①DM	10	10.0	2	2	0	197[seta]	381
111	DOWANOL①EB	10	12.9	1	2	0	150	340
112	DOWANOL①PM	16	11.1	0	3	0	90 [seta]	248
113	DOWANOL①PnB	10	—	0	2	0	138	338
114	DOWICIL①75	24	7.0	2	2	2	—	—
115	DOWICIL①200	24	9.3	2	2	2	—	—
116	DOWFROST①	4	9.1	0	1	0	215[Toc]	370
117	DOWFROST①HD	1	—	0	0	0	None	—
118	DOWFROSI①250	1	—	0	0	0	300[seta]	—
119	DOWTHERM①4000	4	7.0	1	1	0	252[seta]	—
120	DOWIHERM①A	4	15.5	2	1	0	232	495
121	DOWTHERM①G	4	15.5	1	1	0	266[seta]	551
122	DOWTHERM①HT	4	—	1	1	0	322[Toc]	650
123	DOWTERM①J	10	17.8	1	2	0	136[seta]	358
124	DOWTHFEM①LF	4	16	1	1	0	240	550~558
125	DOWTHERM①Q	4	17.3	1	1	0	249[seta]	513
126	DOWTHERM①SR−1	14	7	1	1	0	232	325
127	DURSBAN①	14	19.8	1	2	1	81~110	—
128	3- 氯 -1,2- 环氧丙烷	24	7.2	3	3	2	88	241
129	乙烷	21	20.4	1	4	0	气	−128
130	乙醇胺	10	9.5	2	1	0	185	339
131	醋酸乙酯	16	10.1	1	3	0	24	171

序号	化学物名称	物质系数 MF	燃烧热 H_c BUT/1b $\times 10^3$	毒性系数 N_h	燃烧系数 N_f	化学不稳定性 N_r	闪点 ℉	沸点 ℉
132	丙烯酸乙酯	24	11.0	2	3	2	48	211
133	乙醇	16	11.5	0	3	0	55	173
134	乙胺	21	16.3	3	4	0	< 0	62
135	乙苯	16	17.6	2	3	0	70	277
136	苯甲酸乙酯	4	12.2	1	1	0	190	414
137	溴乙烷	4	5.6	2	1	0	None	100
138	乙基丁基胺	16	17	3	3	0	64	232
139	乙基丁基碳酸脂	14	10.6	2	2	1	122	275
140	丁酸乙酯	16	12.2	0	3	0	75	248
141	氯乙烷	21	8.2	1	4	0	−58	54
142	氯甲酸乙酯	16	5.2	3	3	1	61	203
143	乙烯	24	20.8	1	4	2	气	−155
144	碳酸乙酯	14	5.3	2	1	1	290	351
145	乙二胺	10	12.4	3	2	0	110	239
146	1,2-二氯乙烷	16	4.6	2	3	0	56	181～183
147	乙二醇	4	7.3	1	1	0	232	387
148	乙二醇二甲醚	10	11.6	2	2	0	29	174
149	乙二醇单醋酸酯	4	8.0	0	1	0	215	347
150	氮丙啶	29	13	4	3	3	12	135
151	环氧乙烷	29	11.7	3	4	3	−4	51
152	乙醚	21	14.4	2	4	1	−49	94
153	甲酸乙酯	16	8.7	2	3	0	−4	130
154	2-乙基己醛	14	16.2	2	2	1	112	325
155	1,1-二氯乙烷	16	4.5	2	3	0	2	135～138
156	乙硫醇	21	12.7	2	4	0	< 0	95
157	硝酸乙酯	40	6.4	2	3	4	50	190
158	乙氧基丙烷	16	15.2	1	3	0	< −4	147

序号	化学物名称	物质系数 MF	燃烧热 H_c BUT/1b$\times 10^3$	毒性系数 N_h	燃烧系数 N_f	化学不稳定性 N_r	闪点 ℉	沸点 ℉
159	对–乙基甲苯	10	17.7	3	2	0	887	324
160	氟	40	—	4	0	0	气	−307
161	氟(代)苯	16	13.4	3	3	0	5	185
162	甲醛(无水气体)	21	8	3	4	0	气	−6
163	甲醛,液体（37%～56%）	10	—	3	2	0	140～181	206～212
164	甲酸	10	3.0	3	2	0	122	213
165	#1 燃料油	10	18.7	0	2	0	100～162	304～574
166	#2 燃料油	10	18.7	0	2	0	162～204	—
167	#4 燃料油	10	18.7	0	2	0	142～204	—
168	#6 燃料油	10	18.7	0	2	0	150～270	—
169	呋喃	21	12.6	1	4	1	< 32	88
170	汽油	16	18.8	1	3	0	−45	100～400
171	甘油	4	6.9	1	1	0	390	554
172	乙醇腈	14	7.6	1	1	1	—	—
173	（正）庚烷	16	19.2	1	3	0	25	209
174	六氯丁二烯	14	2.0	2	1	1	—	—
175	六氯二苯醚	14	5.5	2	1	1	—	—
176	己醛	16	15.5	2	3	1	90	268
177	己烷	16	19.2	1	3	0	−7	156
178	无水肼	29	7.7	3	3	3	100	236
179	氢	21	51.6	0	4	0	气	−423
180	氰化氢	24	10.3	4	4	2	0	79
181	过氧化氢（40%～60%）	14	[2]	2	0	1	—	226～237
182	硫化氢	21	6.5	4	4	0	气	−76
183	羟胺	29	3.2	2	0	3	[4]	158
184	2–羟乙基丙烯酸酯 羟丙基丙烯酸酯	24	8.9	2	1	2	214	410

续表

序号	化学物名称	物质系数 MF	燃烧热 H_c BUT/1b $\times 10^3$	毒性系数 N_h	燃烧系数 N_f	化学不稳定性 N_r	闪点 ℉	沸点 ℉
185	羟丙基丙烯酸酯	24	10.4	3	1	2	207	410
186	异丁烷	21	19.4	1	4	0	气	11
187	异丁醇	16	14.2	1	3	0	82	225
188	异丁胺	16	16.2	2	3	0	15	150
189	异丁基氯	16	11.4	2	3	0	< 70	156
190	异戊烷	21	21	1	4	0	< −60	82
191	异戊间二烯	24	18.9	2	4	2	−65	93
192	异丙醇	16	13.1	1	3	0	53	181
193	异丙基乙炔	24	—	2	4	2	< 19	92
194	醋酸异丙醇	16	11.2	1	3	0	34	194
195	异丙胺	21	15.5	3	4	0	−15	93
196	异丙基氯	21	10	2	4	0	−26	95
197	异丙醚	16	15.6	2	3	1	−28	156
198	喷气式发动机燃料 A&A–1	10	21.7	0	2	0	110～150	400～550
199	喷气式发动机燃料 B	16	21.7	1	3	0	−10～30	—
200	煤油	10	18.7	0	2	0	100～162	304～574
201	十二烷基溴	4	12.9	1	1	0	291	356
202	十二烷基硫醇	4	16.8	2	1	0	262	289
203	十二烷基过氧化物	40	15	0	1	4	—	—
204	LORSBAN*4E	14	3	1	2	1	85	165
205	润滑油	4	19	0	1	0	300～450	680
206	镁	14	10.6	0	1	1	—	2025
207	马来酸酐	14	5.9	3	1	1	215	395
208	甲基丙烯酸	24	9.3	3	2	2	171	325
209	甲烷	21	21.5	1	4	0	气	−258
210	醋酸甲酯	16	8.5	1	3	0	14	140

序号	化学物名称	物质系数 MF	燃烧热 H_c BUT/1b×10^3	毒性系数 N_h	燃烧系数 N_f	化学不稳定性 N_r	闪点 ℉	沸点 ℉
211	甲基乙炔	24	20	2	4	2	气	−10
212	丙烯酸甲酯	24	18.7	3	3	2	27	177
213	甲醇	16	8.6	1	3	0	52	147
214	甲胺	21	13.2	3	4	0	气	21
215	甲基戊基甲酮	10	15.4	1	2	0	102	302
216	硼酸甲酯	16	—	2	3	1	< 80	156
217	碳酸二甲酯	16	6.2	2	3	1	66	192
218	甲基纤维素（袋装）	4	6.5	0	1	0	—	—
219	甲基纤维素粉[8]	16	6.5	0	1	0	—	—
220	氯甲烷	21	5.5	1	4	0	−50	12
221	氯醋酸甲酯	14	5.1	2	2	1	135	266
222	甲基环己烷	16	19.0	2	3	0	25	214
223	甲基环戊二烯	14	17.4	1	2	1	120	163
224	二氯甲烷	4	2.3	2	1	0	—	104
225	撑二苯基二异氰酸盐	14	12.6	2	1	1	460	[9]
226	甲醚	21	12.4	2	4	1	气	−11
227	甲基乙基甲酮	16	13.5	1	3	0	16	176
228	甲酸甲酯	21	6.4	2	4	0	−2	89
229	甲肼	24	10.9	4	3	2	21	190
230	甲基乙丁基甲酮	16	16.6	2	3	1	64	242
231	甲硫醇	21	10.0	4	4	—	气	43
232	甲基丙烯酸甲酯	24	11.9	2	3	2	50	213
233	2-甲基丙烯醛	24	15.4	3	3	2	35	154
234	甲基乙烯基甲酮	24	13.4	4	3	2	20	179
235	石油	4	17.0	0	1	0	380	680
236	重质灯油	10	17.6	0	2	0	275	480～680
237	氯苯	16	11.3	2	3	0	84	270

序号	化学物名称	物质系数 MF	燃烧热 H_c BUT/1b $\times 10^3$	毒性系数 N_h	燃烧系数 N_f	化学不稳定性 N_r	闪点 ℉	沸点 ℉
238	一氨基乙醇	10	9.6	2	2	0	185	339
239	石脑油	16	18	1	3	0	28	212~320
240	萘	10	16.7	2	2	0	174	424
241	硝基苯	14	10.4	3	2	1	190	411
242	硝基联苯	4	12.7	2	1	0	290	626
243	硝基氯苯	4	7.8	3	1	0	216	457~475
244	硝基乙烷	29	7.7	1	3	3	82	237
245	硝化甘油	40	7.8	2	2	4	[4]	[4]
246	硝基甲烷	40	5.0	1	3	4	95	213
247	硝基丙烷	24	9.7	1	3	2	75~93	249~269
248	对-硝基甲苯	14	11.2	3	1	1	223	460
249	N-SERV[a]	14	15.0	2	2	1	102	300
250	（正）辛烷	16	20.5	0	3	0	56	258
251	辛硫醇	10	16.5	2	2	0	115	318~329
252	油酸	4	16.8	0	1	0	372	547
253	氧己环	16	13.7	2	3	1	-4	178
254	戊烷	21	19.4	1	4	0	< -40	97
255	过醋酸	40	4.8	3	2	4	105	221
256	高氯酸	29	[2]	3	0	3	—	66 [9]
257	原油	16	21.3	1	3	0	20~90	—
258	苯酚	10	13.4	4	2	0	175	358
259	2-皮考啉	10	15	2	2	0	102	262
260	聚乙烯	10	18.7	—	—	—	NA	NA
261	发泡聚苯乙烯	16	17.1	—	—	—	NA	NA
262	聚苯乙烯片料	10	—	—	—	—	NA	NA
263	钾(金属)	24	—	3	3	2	—	1410
264	氯酸钾	14	[2]	1	0	1	—	752

序号	化学物名称	物质系数 MF	燃烧热 H_c BUT/1b $\times 10^3$	毒性系数 N_h	燃烧系数 N_f	化学不稳定性 N_r	闪点 ℉	沸点 ℉
265	硝酸钾	29	[2]	1	0	3	—	752
266	高氯酸钾	14	—	1	0	1	—	—
267	过四氧化二钾	14	—	3	0	1	—	[9]
268	丙醛	16	12.5	2	3	1	−22	120
269	丙烷	21	19.9	1	4	0	气	−44
270	1,3-二氨基丙烷	16	13.6	2	3	0	75	276
271	炔丙醇	29	12.6	4	3	3	97	237~239
272	炔丙基溴	40	13.7 [7]	4	3	4	50	192
273	丙腈	16	15.0	4	3	1	36	207
274	醋酸丙酯	16	11.2	1	3	0	55	215
275	丙醇	16	12.4	1	3	0	74	207
276	正丙胺	16	15.8	3	3	0	−35	120
277	丙苯	16	17.3	2	3	0	86	319
278	1-氯丙烷	16	10	2	3	0	< 0	115
279	丙烯	21	19.7	1	4	1	−162	−52
280	二氯丙烯	16	6.3	2	3	0	60	205
281	丙二醇	4	9.3	0	1	0	210	370
282	氧化丙烯	24	13.2	3	4	2	−35	94
283	n-丙醚	16	15.7	1	3	0	70	194
284	n-硝酸丙酯	29	7.4	2	3	3	68	230
285	吡啶	16	5.9	2	3	0	68	240
286	钠	24	—	3	3	2	—	1619
287	氯酸钠	24	—	1	0	2	—	[4]
288	重铬酸钠	14	—	1	0	1	—	[4]
289	氢化钠	24	—	3	3	2	—	[4]
290	次硫酸钠	24	—	2	1	2	—	[4]
291	高氯酸钠	14	—	2	0	1	—	[4]

序号	化学物名称	物质系数 MF	燃烧热 H_c BUT/1b×10^3	毒性系数 N_h	燃烧系数 N_f	化学不稳定性 N_r	闪点 ℉	沸点 ℉
292	过氧化钾	14	—	3	0	1	—	[4]
293	硬脂酸	4	15.9	1	1	0	385	726
294	苯乙烯	24	17.4	2	3	2	88	293
295	氯化硫	14	1.8	3	1	1 [5]	245	280
296	二氧化硫	1	0.0	3	0	0	气	14
297	SYLTHERM*800	4	12.3	1	1	0	>320 [10]	398
298	SYLTHERM*XLT	10	14.1	1	2	0	108	345
299	TELONE*11	16	3.2	2	3	0	83	220
300	TELONE*C–17	16	2.7	3	3	1	79	200
301	甲苯	16	17.4	2	3	0	40	232
302	甲苯 –2,4– 二异氰酸盐	24	10.6	3	1	2	270	484
303	三丁胺	10	17.8	3	2	0	145	417
304	1,2,4– 三氯化苯	4	6.2	2	1	0	222	415
305	1,1,1– 三氯乙烷	4	3.1	2	1	0	None	165
306	三氯乙烯	10	2.7	2	1	0	None	189
307	1,2,3– 三氯丙烷	10	4.3	3	2	0	160	313
308	三乙醇胺	14	10.1	2	1	1	354	650
309	三乙基铝	29	16.9	3	4	3	—	365
310	三乙胺	16	17.8	3	3	0	16	193
311	三甘醇	4	9.3	1	1	0	350	546
312	三异丁基铝	29	18.9	3	4	3	32	414
313	三异丙基苯	4	18.1	0	1	0	207	495
314	三甲基铝	29	16.5	—	3	3	—	—
315	三丙胺	10	17.8	2	2	0	105	313
316	乙烯基醋酸酯	24	9.7	2	3	2	18	163
317	乙烯基乙炔	29	19.5	2	4	3	气	41

序号	化学物名称	物质系数 MF	燃烧热 H_c BUT/1b $\times 10^3$	毒性系数 N_h	燃烧系数 N_f	化学不稳定性 N_r	闪点 ℉	沸点 ℉
318	乙烯基烯丙醚	24	15.5	2	3	2	< 68	153
319	乙烯基丁基醚	24	15.4	2	3	2	15	202
320	氯乙烯	24	8.0	2	4	2	−108	7
321	4- 乙烯基环己烯	24	19	0	3	2	61	266
322	乙烯基·乙基醚	24	14	2	4	2	< −50	96
323	1,1- 二氯乙烯	24	4.2	2	4	2	0	89
324	乙烯基·甲苯	24	17.5	2	2	2	125	334
325	对二甲苯	16	17.6	2	3	0	77	279
326	氯酸锌	14	[2]	1	0	1	—	—
327	硬脂酸锌[8]	4	10.1	0	1	0	530	—
328	乙醛	24	10.5	3	4	2	−36	69
329	邻 – 溴甲苯	10	8.5	2	2	0	174	359
330	1,3- 丁二烯	24	19.2	2	4	2	−105	24
331	丁烷	21	19.7	1	4	0	−76	31
332	1- 丁醇	16	14.3	1	3	0	84	243
333	1- 丁烯	21	19.5	1	4	0	气	21
334	醋酸丁酯	16	12.2	1	3	0	72	260
335	丙烯酸丁酯	24	14.2	2	2	2	103	300

a 道化学公司的注册商标(应用此数据时需进一步查阅道化学第七版)。

注1:燃烧热(H_c)是燃烧所产生的水处于气态时测得的值,当 H_c 以千卡 / 摩尔(kcal/mol)的形式给出时,可乘以 1800 除以分了质量转换成英制热单位 / 磅(Btu/lb。1Btu = 252cal)

注2:[1]真空蒸馏;[2]具有强氧化性的氧化剂;[3]升华;[4]加热爆炸;[5]在水中分解;[6]MF 是经过包装的物质的值;[7]H_c 相当于 6 倍分解热(H_d)的值;[8]作为粉尘进行评价;[9]分解;[10]在高于 600℉下长期使用,闪点可能降至 95℉;Seta–Seta 闪点测定法(参考 NFPA321);NA- 不适合;TOC- 特征开杯法;由特征闭杯法测得的其他闪点(TOC)。